高层建筑设计与技术

（第二版）

刘建荣　主编

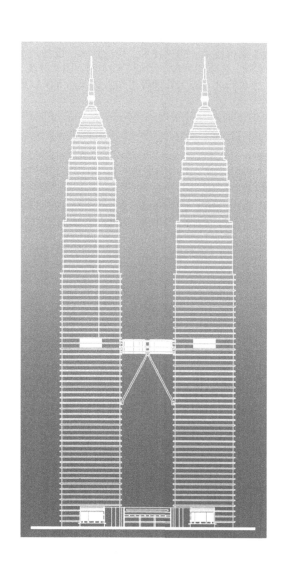

中国建筑工业出版社

图书在版编目（CIP）数据

高层建筑设计与技术 / 刘建荣主编 . —2 版 . —北京：中国建筑工业出版社，2018.4（2024.7重印）

ISBN 978-7-112-21619-2

Ⅰ.①高…　Ⅱ.①刘…　Ⅲ.①高层建筑—结构设计　Ⅳ.①TU973

中国版本图书馆 CIP 数据核字（2017）第 301482 号

高层建筑既是城市形象的展示，也是各种技术的高度集成。本书自2005年第一版面市以来，一直深受读者喜爱。这10余年间，高层建筑，尤其摩天大楼在观念、技术和艺术等方面都有了飞速的发展和进步。基于此，结合国家当前的规范对该书进行了修编。

本书仍然由高层建筑结构体系选择、高层建筑造型设计、高层建筑标准层设计、高层建筑裙房与地下车库设计、高层建筑设备系统与建筑设计五个部分组成。其中针对工程设计过程中工程设计负责人应具备的相关专业知识，全面论述了高层建筑内外空间环境、平面空间布局、建筑造型、结构技术、防火技术、构造技术、设备技术等之间的协调配合关系。全书理论联系实际，各章均列举了大量工程实例，图文并茂。

本书可供建筑设计与建筑规划、建筑管理、施工管理等工作人员及高等院校相关专业师生教学参考。

责任编辑：王玉容
责任校对：王雪竹

高层建筑设计与技术（第二版）

刘建荣　主编

*

中国建筑工业出版社出版、发行（北京海淀三里河路9号）
各地新华书店、建筑书店经销
北京点击世代文化传媒有限公司制版
建工社（河北）印刷有限公司印刷

*

开本：880×1230毫米　1/16　印张：18¼　字数：382千字
2018年7月第二版　2024年7月第二十次印刷
定价：68.00元
ISBN 978-7-112-21619-2
（31269）

自 2005 年本书第一版面世以来，深受读者的喜爱。在过去的 10 余年间，高层建筑尤其是摩天大楼又有了新的进步和发展。其间，中国和中东地区的摩天大楼如雨后春笋般地拔地而起，第一版前言图 0-1 和第二版前言图 0-1 所作的不同时期世界十大高层建筑统计就很显著地反映了这一特征。

作为世界经济引擎的中国，随着城市化集中度的提升和超大城市模式的蔓延，摩天大楼是市场经济的选择也是城市建设中难以避免的课题。根据统计，摩天大楼不仅在我国经济发达的一线城市蔚然成风，在省会城市，甚至在地级市中也不断涌现。以 200m 以上的建成高楼数量统计为例，世界排名前十的城市中，我国占据了六席。

高层建筑，特别是摩天大楼既是城市形象的展示，也是各种技术的高度集成。这 10 余年来，高层建筑发展的知识和技术积累也必然要求高层建筑教育教学内容的更新。

从宏观角度看，在可持续的发展背景下，绿色高层建筑不仅是观念的更新，更是实践和突破的需要。从关键技术看，技术整合的作用远大于单项技术的突破，因此 BIM 技术提供了高层建筑从设计、施工到运营管理的全套技术平台。从技术细节看，结构体系、结构分析、材料技术的发展仍然是高层建筑的技术基石，设备技术的绿色化、智能化、精细化提升高层建筑的环境品质和性能，电梯控制和制造能力的提升满足了摩天大楼的交通需求，消防工程技术的进步保障了高层建筑的安全与疏散……

正是基于上述思考与分析，我们对《高层建筑设计与技术》进行了修编。修编并未改变第一版的编写框架，全书仍然由高层建筑结构体系选择、高层建筑造型设计、高层建筑标准层设计、裙房与地下车库设计、高层建筑设备系统与建筑设计五个部分组成。主要针对近 10 余年来的高层建筑发展以及国家相关规范的更新进行修编。由于我们学识有限，难免出现差错，敬请广大读者批评指正。

本书可供建筑设计人员、建筑施工及管理相关专业人员参考，也可作为高等学校的研究生学习阶段的教材。

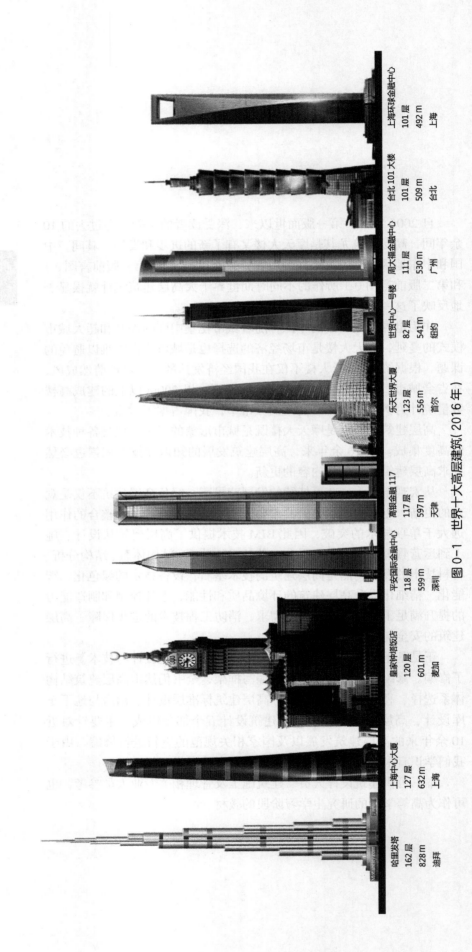

哈里发塔　上海中心大厦　皇家钟塔饭店　平安国际金融中心　高银金融117　乐天世界大厦　世界中心一号楼　周大福金融中心　台北101大楼　上海环球金融中心
162层　127层　120层　118层　117层　123层　82层　111层　101层　101层
828m　632m　601m　599m　597m　556m　541m　530m　509m　492m
迪拜　上海　麦加　深圳　天津　首尔　纽约　广州　台北　上海

图 0-1　世界十大高层建筑（2016 年）

自 19 世纪末芝加哥创建第一幢高层建筑至今已有一百多年的历史，高层建筑由最初所在的美国逐步发展到世界各地，尤其在人口密集、用地紧张的地区，高层建筑的发展更快。到了 20 世纪后期，亚洲已成为高层建筑发展最快的地区。2004 年全世界建筑高度排行榜上，处在前十位的高层建筑有 8 幢都建造在亚洲，见图 0-1。

我国高层建筑始建于 20 世纪 30 年代。新中国成立前，上海是高层建筑最集中的城市，8～22 层的高层建筑共有 93 幢，建筑面积 105 万 m^2。1934 年建成的上海国际饭店 22 层，高 82.51m，是当时中国最高的建筑。新中国成立后至 20 世纪 80 年代以前，由于经济发展水平较低，国内建造的高层建筑很少。20 世纪 80 年代以后，在改革开放的大好形势下，经济迅猛增长，高层建筑在北京、深圳、广州、上海等城市开始发展。1985 年建成的深圳，国贸中心 50 层，高 160m，成为我国第一幢超高层建筑；1983 年建成的北京长城饭店是国内第一幢全玻璃幕墙的高层建筑。然而我国高层建筑发展最快的时期是在 20 世纪 90 年代以后。在短短的 10 多年间，全国各地建成的高层建筑数以万计。现今高层建筑几乎已成为许多大中城市的主角，控制着城市的天际线，并成为城市新的标志。最新的信息表明，截至 2001 年底，上海建成的高层建筑达 4226 幢，建筑面积 7410 万 m^2，远远超过香港，不仅在全国居于首位，在世界上也是排名第一。预计到 2005 年，上海的高层建筑将达到 7000 幢。不过上海市政府已制定相关政策，控制高层建筑增长过快，以减少其所带来的负面影响。

高层建筑的迅速发展，也引起了高等建筑教育教学内容的变革。高层建筑设计是多学科、多工种的共同创造性活动。建筑技术已成为影响高层建筑设计的重要因素。它包括结构选型、建筑防火、给排水、空调与通风、电气设备与控制、建筑节能及与之相关的构造技术等。在这种形势下，本人萌发了在研究生教学中开设一门既讲高层建筑设计，又讲与高层建筑相关技术的新课。经过两年的准备，我于 1993 年开始在硕士研究生教学中开出了《高层建筑设计与技术》这门新课。内容包括：高层建筑结构体系选择、高层建筑造型设计、高层建筑标准层设计、裙房与地下车库设计、高层建筑设备系统与建筑设计的配合 (空调通风系统、给排水系统、电气设备系统) 等五部分。经过 10 多年教学实践和工程设计实践的不断总结，《高层建筑设计与技术》这门课的内容已逐步成熟和完善，受到学生的普遍好评，并希望我把多年积累的资料写成一本书。

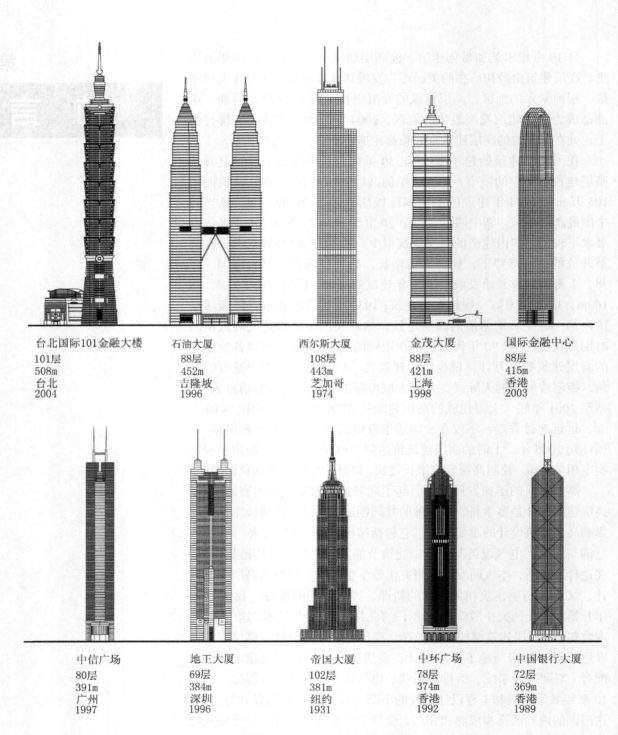

台北国际101金融大楼
101层
508m
台北
2004

石油大厦
88层
452m
吉隆坡
1996

西尔斯大厦
108层
443m
芝加哥
1974

金茂大厦
88层
421m
上海
1998

国际金融中心
88层
415m
香港
2003

中信广场
80层
391m
广州
1997

地王大厦
69层
384m
深圳
1996

帝国大厦
102层
381m
纽约
1931

中环广场
78层
374m
香港
1992

中国银行大厦
72层
369m
香港
1989

图 0-1　世界十大高层建筑（2004 年以前）

现在与读者见面的这本《高层建筑设计与技术》是根据我的 200 多页讲稿写成的，增补了部分实例，完善了讲稿的文字内容。由于编著的工作繁重，时间又不宜拖得太长，于是我邀请了重庆大学建筑城规学院的 4 位年轻学者、博士共同参与编写。由于我们 5 位作者都是从事建筑学教学和科研设计工作的，所以有关空调、水、电方面的内容邀请了高川云、龙莉莉、王圃、陈金华、王晓静 5 位先生帮忙审阅，在此向他们表示衷心的感谢！同时还要感谢为本书提供资料的单位和个人。本书涉及的内容广，我们的学识有限，难免出现差错，敬请广大读者批评指正。

本书可供建筑规划与建筑设计人员、建筑管理与施工管理人员、高等学校的教师与学生参考。

各章作者姓名：

第一章　王雪松　刘建荣

第二章　覃　琳　刘建荣　王雪松

第三章　翁　季　刘建荣

第四章　翁　季　刘建荣

第五章　孙　雁　刘建荣

参加描图的工作人员：应　文　王　敏　刘　培　刘　红

孙　威　杨宇振　刘晓晖　陈　璐

谭　岚　温　泉　吴丽佳　黄　莉

杨宇静　彭　瑜　郭　颖　聂　可

主编著　刘建荣

2004 年 10 月于重庆

目　录

第一章　高层建筑结构体系选择

第一节　结构艺术

一、结构艺术的概念

结构艺术，对于传统的建筑艺术来讲，是相对新的概念。它建立在对工程原理——特别是结构原理和性能——充分理解的基础上，并包含着三个基本要素：效能、经济和雅致。

结构的效能，主要应考虑充分发挥结构材料的力学性能，有效减少结构材料的消耗，达到"少费多用（More with less）"的目的。尤其是在一些大的工程项目，如大跨度的桥梁、高层建筑以及大跨度屋盖的建设中，结构效能就成为十分重要的议题。从历史上看，对于轻质高强材料的追寻和合理使用也始终贯穿着建筑结构发展的整个历程，并将永远延续下去。中古时代的设计者们用石材作为哥特式大教堂的骨架，而工业革命以来的工程师则利用钢、铁和混凝土构造新颖轻型的形式，它们不仅结构坚固，而且具有轻巧精美的外形。

结构的经济，即结构的经济性，就是要求用较少的钱建尽可能多的建筑，这是为社会所普遍接受的观点。无论何种业主，在建设工作中要求将结构作得更为经济永远是头等重要的事。于是，在很多设计师的心目中都把结构艺术的经济性看作设计的障碍，但一些艺术家却更愿意把它视为结构艺术创造的灵感源泉。建筑史上的一些伟大作品正是来源于此。

不过，用最少的材料和造价进行设计还是不够的，单纯的效能和经济观点已经造出太多没有吸引力的结构物。所以，在这两方面外还必须补充雅致这个要素，即用美学的原则来表现结构，使结构物升华为结构艺术。当然，美学原则不能损害结构的性能，也不能使其造价变得十分昂贵。

意大利著名结构工程师和建筑师奈尔维曾经谈道：一个在技术上完善的作品，有可能在艺术效果上甚差，但是，无论古代还是现代，却没有一个从美学观点上公认的杰作而在技术上却不是一个优秀的作品。从这段话可以得知，优秀的作品必须具备技术和艺术两方面的高品质。同时，考虑到社会现实的因素，结构的经济性也不可忽略。总之，结构物只有同时具备了以上三方面基本要素时，才可能升华为结构艺术。

二、结构工程师与建筑师

从工业革命开始，新的社会分工使结构工程成为区别于建筑的一个单独学科。结构与建筑的关系，结构工程师与建筑师之间的关系成为建筑领域的热点话题，对于他们的恰当理解和合理解释，不仅关系到结构工程师和建筑师的个人创造，甚至会影响建筑的未来走向。

一般来讲，结构工程师主要关心一幢建筑物的结构形式及其结构构件，而建筑师则主要关心空间布局以及建筑功能、体型、机械系统与建筑结构的综合协调问题。虽然，结构工程师和建筑师的角色各具独立性，但却丝毫没有排他性。只有通过他们间的合作，那些大型复杂的建筑才能设计得既具美学效果又符合结构标准。

建筑创作是一项集体创造活动，建筑师不但要和工程师在一起工作，还要时常和机械工程师或电气工程师一起工作．通常，建筑师在这一合作团体中扮演着导演的角色，正如奈尔维所说："为了能够进行高度创造性的建筑设计活动，建筑师不必对一切细节都具有专门知识，但对建筑工业的每一部门都应该具有清晰的一般概念，这正如一个优秀的交响乐队指挥一样，必须懂得每一个乐器的可能性和局限性。"

但由于结构工程对于建筑物的形态和功能有更多的介入和影响，所以结构工程师和建筑师之间存在更密切的交流。那么，对于建筑师来说"怎样去掌握和运用结构原理"就成为非常关键的问题。

首先应清晰地认识到，建筑和结构这两类设计人员毕竟主要地是在不同领域里进行工作的，他们对结构原理掌握的深度和应用的层面有着很大差别。H·W·罗森迟尔在其专为建筑师而写的《结构的确定》一书中指出："量的分析是为实践之目的所需要的。但计算不能认为就是目的，而且这应当留给专家们去做。对于建筑师来说，至为重要的，乃是导致这些计算，而且体现着结构原理的构思过程。"在这里，"结构构思"作为建筑师所应具备的基本素质而提出。

奈尔维对于这一问题有着更为宽广的理解和更为精辟的阐述，他认为，现代建筑设计所要求的宏伟的结构方案"使得建筑师必须要理解结构构思，而且应该达到这样一个深度和广度：使其能把这种基于物理学、数学和经验资料之上而产生的观念，转化为一种非同一般的综合体，转化为一种直觉和与之同时产生的敏感力"。

综上所述，结构的运用及结构艺术的创造并非仅仅是结构工程师的事情。建筑师应该了解一定的结构技术原理与知识、了解各类结构的受力特征，以便在建筑创作构思过程中，综合处理好功能、技术、艺术、经济等方面的矛盾。因此，"结构构思"是建筑师综合创造力的体现，是建筑师全面把握建筑创作活动的保障。

三、结构艺术的典范

在高层建筑100年左右的发展历程中，涌现出大量杰出的高层建筑范例，其中，不乏结构艺术的典范。

（一）芝加哥汉考克大厦（John Hancock Center）

芝加哥汉考克大厦（图1-1-1）建成于1968年，高约344m，共100层，由美国SOM事务所设计。大厦平面为矩形，采用平顶锥体

图1-1-1　芝加哥汉考克大厦外观

收分造型，基座为 80.8m×50.3m 的矩形平面，屋顶平面尺寸减少至 50.3m×30.5m。内部功能从上至下分别是公寓、办公及商业用房。

芝加哥汉考克大厦作为高层建筑发展的第二阶段的代表作，无论在技术上还是在艺术上都堪称惊人之作。它最显著的特色是完全暴露在外观上的 X 形支撑。

从技术上看，大厦四个立面上的共 20 个 X 形支撑与角柱、水平窗和裙梁共同组成了高效的建筑抗侧力系统，使得该建筑的用钢量得以大大减少，远低于其他类似建筑，如它的单位面积用钢量就比纽约世界贸易中心减少 20%。而且，它的锥体造型使它的侧移幅度比同类塔楼减少 10%～15%。

从艺术手法上看，它被认为是高技派（High-Tech）的先驱之一。所以，在其问世之初，曾被贬为"构筑物"。但艺术的标准总是在不断变化、更新。汉考克大厦的造型及立面的处理充分表现了对结构性能的深刻掌握，表现了工业时代特有的准确性和逻辑性。其表现手法既不矫揉造作，也不为形式而形式，而是努力运用先进的结构技术所进行的革新与创造，是结构艺术的佳作。

（二）芝加哥西尔斯大厦（Sears Tower）

芝加哥西尔斯大厦（图 1-1-2）建成于 1974 年，高约 443m，共 109 层，由美国 SOM 事务所设计。它曾经拥有世界第一高楼的荣誉长达 22 年。

它由成束捆扎在一起，22.85m 见方的 9 个相同尺寸的筒体组成，形成框筒束结构（又称束筒结构）。并在第 35 层、第 66 层、第 90 层的三个避难层或设备层设置一层高的桁架，形成三道圈梁，以提高框筒束抵抗竖向变形的能力。

从造型上看，西尔斯大厦的 9 个筒体分别在不同的高度上截止。50 层以下为 9 个竖筒；51～66 层去掉平面对角端部的一对竖筒；67～90 层去掉另一对角端部的一对竖筒，形成了十字形平面，91～109 层只剩下 2 个竖筒。这样的造型和汉考克大厦的锥体造型类似，可以减小建筑物顶部的侧移，又避免了锥体造型在施工中的麻烦。

同时，形成了优美而富有变化的城市景观。有评论道：如果说，汉考克大厦的渐变形成了一个较为平滑而坚如磐石的建筑体量，那么，西尔斯大厦通过每个筒体截断的渐变使人们在围绕这座城市走动时感受有一种新鲜的印象。

（三）香港中国银行大厦（Bank of China, HK）

香港中国银行大厦简称中银大厦（图 1-1-3），建成于 1988 年，高约 368.5m，共 70 层。由著名华裔建筑师贝聿铭设计，底层平面为 52m×52m 的正方形，上部造型为由正方形对角线划分出来的 4 个三角形所形成的参差收分体量。

从结构体系上看，它具有大型支撑筒体系和框筒束体系的双重特

图 1-1-2 芝加哥西尔斯大厦外观

图 1-1-3 香港中国银行大厦外观

征。一方面，大楼由4个平面形状相同的框筒组成，在不同高度上截割，类似于西尔斯大厦的处理手法，但不同之处在于它不是水平截割筒体，而是斜向截割，从而，在外观上强调了三角形的母题。另一方面，它又由8片平面支撑和5根型钢混凝土柱组成，其中4片支撑沿四边垂直布置，另4片沿对角线斜向布置。8片支撑共有5个交汇点（四角和中心），布置5根柱子（中心柱到25层终止，4根角柱落地）。与汉考克大厦相比，它将水平巨型支撑隐藏在玻璃幕墙之后，使大厦显得更加简洁明快、挺拔有力。

在中银大厦里，设计者将汉考克大厦对角支撑的思路和西尔斯大厦分段截割筒体的思路独创地集聚在一起，巧妙地解决了超高层建筑抵抗侧向力的问题，并将含蓄深沉的建筑隐喻同抽象简洁的建筑造型完美结合，使建筑获得了效能、经济与雅致的统一。

（四）明尼苏达联邦储备银行（Federal Reserve Bank Building）

明尼苏达联邦储备银行（图1-1-4）位于美国明尼苏达州明尼阿波利斯市，建成于1974年，平面呈长方形，体量为简洁的棱柱体。它是世界上较早把悬挂结构用于高层建筑的实例。

图1-1-4　明尼苏达联邦储备银行外观

从结构上看，大厦12层楼的荷载通过吊杆悬挂在四榀高为8.5m、跨度为84m的桁架大梁上，并采用两条工字形钢作成悬链，对悬挂体系起辅助稳定作用。桁架大梁支撑在端部的两个巨大筒体上，从而在建筑底部形成了一片完全开敞的场地。

从艺术上看，空旷的底座、竖实的顶冠、精巧的钢链索、明亮的玻璃窗和悬挂在两座坚实混凝土塔楼间的箱形钢梁等单元构件，辉光相映，充分表现了结构的重要性。它们组合在一起形成了一幢匀称得体的建筑，再现了结构艺术的成就。

第二节 高层建筑结构设计的特点及发展趋势

一、高层建筑结构的内力与变形

高层建筑整个结构单元的简化计算模型就是一根竖向悬臂梁，受竖向荷载和水平荷载的共同作用，竖向荷载 W 在竖向构件中产生的轴力 N、水平荷载 q 在悬臂梁底部产生的倾覆弯矩 M 和在顶端产生的水平侧移 Δ 与建筑高度 H（图 1-2-1）有如下关系：

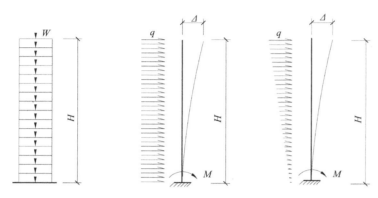

图 1-2-1 荷载、内力、侧移图

$N=WH$

$M=qH^2/2$（水平均布荷载） $M=qH^2/3$（水平倒三角形荷载）

$\Delta=qH^4/8EI$（水平均布荷载） $\Delta=11qH^4/120EI$（水平倒三角形荷载）

E——结构材料的弹性模量 I——悬臂杆横截面惯性矩

同低层建筑相比，高层建筑结构的内力与变形有以下的特征：

（一）水平荷载成为决定因素（强度设计）

在低层建筑中，一般是以重力为代表的竖向荷载控制着结构设计。在高层建筑中，尽管竖向荷载仍对结构设计产生重要影响，但水平荷载却往往起着决定性的作用。随着建筑层数的增多、建筑高度的增加，水平荷载更加成为结构设计的控制因素。

一方面，建筑的竖向荷载所造成的结构应力与建筑高度的一次方成正比，而水平荷载所造成的结构应力与建筑高度的二次方成正比，说明水平荷载对结构的作用远大于竖向荷载。

另一方面，对某一高度的高层建筑来讲，竖向荷载大体上是定值，而作为水平荷载的风荷载和地震作用，其数值随高层建筑结构动力特征的不同而有较大幅度的变化，因此水平荷载的作用更显突出。

（二）侧移成为控制指标（刚度设计）

与低层建筑不同，结构侧移已成为高层建筑结构设计中的关键因素。随着建筑高度的增加，在水平荷载作用下，结构的侧向变形迅速增大。因为结构顶点的侧移 Δ 与建筑高度 H 的 4 次方成正比。

高层建筑结构设计不仅要求结构有足够的强度，还要有足够的抗推刚度，使结构在水平荷载作用下的侧移被控制在某一限度之内。这是因为侧移与高层建筑的安全和使用都有密切关系：

（1）过大的侧向变形会使结构产生过大的附加内力，这种内力与位移的加大成正比（即附加内力越大产生的位移也越大），形成恶性循环，以致加速建筑物的倒塌。

（2）过大的侧向变形会导致结构性的损坏或裂缝，从而危及结构的正常使用和耐久性。

（3）过大的侧向变形会使隔墙、围护墙、幕墙、电梯及各种饰面出现破坏或裂缝。

（4）过大的侧向变形会影响人的正常工作与生活。

整体而言，高层建筑结构在水平荷载作用下要满足结构顶点水平位移、层间水平位移的一定的限值要求，同时，高层建筑结构通常还要满足风振加速度的一定的限值要求。

（三）结构延性是重要设计指标（延性设计）

高层建筑的抗震设计要求建筑物达到"小震不坏、大震不倒"的标准。即在发生概率较大的小地震作用下，建筑结构保持在弹性阶段工作，不受损坏；在遇到相当于设计烈度的地震时，建筑物经一般修理仍可继续使用；而在发生概率很小的强烈地震作用下，建筑物的损坏不致引起倒塌。

为了达到这方面的要求，必须使结构在强震作用下当构件进入屈服阶段后，具有良好的塑性变形能力——即结构在维持一定承载力的前提下，具有经受较大塑性变形的能力，以便通过结构的塑性变形吸收地震所输入的能量，避免结构倒塌。结构的这种塑性变形能力，称为结构的延性。

为了使结构具有较好的延性，需要从结构材料、结构体系、结构总体布置、构件设计、节点连接构造等方面采取恰当的措施来保证。

二、构件的基本形式

虽然高层建筑的结构体系多种多样，然而组成这些结构体系的构件不外乎以下 3 种基本形式：线形构件、平面构件和立体构件（图1-2-2）。

（一）线性构件

具有较大长细比的细长构件称为线形构件或线构件。当它作为框架中的柱或梁使用时，主要承受弯矩、剪力和压力，其变形中最主要的部分是垂直于杆轴方向的弯曲变形。当它作为桁架或支撑中的弦杆和腹杆使用时，主要是承受轴向压力或拉力，轴向压缩或拉伸是其变形的主要部分。线构件是组成框架体系、框—撑体系、框—墙体系和板—柱体系的基本构件。

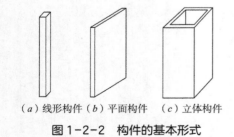

（a）线形构件 （b）平面构件　（c）立体构件

图 1-2-2　构件的基本形式

（二）平面构件

具有较大横截面宽厚比的片状构件，称为平面构件或面构件。作为楼板使用时，承受平面外弯矩，垂直其平面的挠度是它变形的特点。作为墙体使用时，承受着沿其平面作用的水平剪力、弯矩和一部分竖向压力，弯曲变形和剪切变形是其变形的主要部分。面构件平面外的刚度和承载力均很小，结构分析中常略去不计。面构件是组成全墙体系、框—墙体系、框支墙体系的基本构件。

（三）立体构件

由线构件或面构件组成的具有较大横截面尺寸和较小壁厚的整体筒状构件，称为立体构件，又称空间构件。框筒就是由梁和柱等线形构件组成的立体构件。实腹墙筒、空腹墙筒和支撑筒则是由 3 片及 3 片以上的实心墙体、带孔墙体或平面支撑围成的立体构件。在高层建筑中，立体构件作为竖向筒体使用时，主要承受倾覆力矩、水平剪力和扭转力矩。与线构件和面构件相比，立体构件具有大得多的侧向刚度和较大的抗扭刚度，在水平荷载作用下所产生的侧移值较小，因而特别适用于高层建筑结构。立体构件是框筒体系、筒中筒体系、框筒束体系、支撑框筒体系和大型支撑筒体系中的基本构件。

三、高层建筑结构布置的原则

（一）结构平面布置

在满足建筑功能的前提下，结构平面布置应简单、规则、对齐、对称，力求使平面刚度中心与质量中心重合，或尽量减少两者之间的距离，以降低扭转的不利影响。从抗震设计的要求出发，宜采用方形、矩形、圆形、Y 形、△形等建筑平面。从抗风设计的要求出发，建筑平面宜采用风荷载体形系数较小的形状，如圆形、椭圆形和各种弧线形状等。

对有抗震设防要求的混凝土高层建筑，其平面的长宽比宜控制在一定的范围之内（图 1-2-3），避免两端受到不同地震运动的作用而产生复杂的应力情况；同样，平面中突出部位的长宽比也需要控制（图 1-2-3），并在平面凹角处采用加强措施，同时避免在拐角部位布置电梯间和楼梯间。因为这些部位应力往往比较集中，而电梯间和楼梯间没有平面内强度和刚度都很大的楼板贯通。

钢筋混凝土高层建筑平面长宽比的限值宜满足表 1-2-1 的规定。

钢筋混凝土高层建筑平面中各种长宽比的限值			表 1-2-1
设防烈度	L/B	l/B_{max}	l/b
6 度、7 度	≤ 6.0	≤ 0.35	≤ 2.0
8 度、9 度	≤ 5.0	≤ 0.30	≤ 1.5

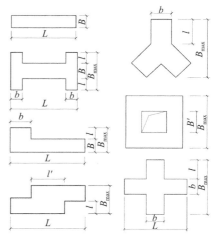

图 1-2-3　各种类型的建筑平面

高层民用建筑钢结构及其抗侧力结构的平面布置宜规则、对称，并应具有良好的整体性。不规则的建筑方案应按规定采取加强措施；特别不规则的建筑方案应进行专门研究和论证，采用特别的加强措施；严重不规则的建筑方案不应采用。

平面不规则的主要类型见表1-2-2。当存在表1-2-2的情况时，属于不规则的建筑，当存在多项不规则或某项不规则超过规定的参考指标较多时，应属于特别不规则的建筑。

钢结构高层建筑平面不规则的主要类型　　　　　　　　　　表 1-2-2

不规则类型	定义和参考指标
扭转不规则	在规定的水平力及偶然偏心作用下，楼层两端弹性水平位移（或层间位移）的最大值与其平均值的比值大于1.2
偏心布置	任一层的偏心率大于0.15，或相邻层质心相差大于相应边长的15%
凹凸不规则	结构平面凹进的尺寸大于相应投影方向总尺寸的30%
楼板局部不连续	楼板的尺寸和平面刚度急剧变化。例如，有效楼板宽度小于该层楼板典型宽度的50%，或开洞面积大于该层楼面面积的30%，或有较大的楼层错层

（二）结构竖向布置

建筑的竖向体形应力求规则、均匀和连续。结构的侧向刚度沿竖向应均匀变化，由下至上逐渐减小，不发生突变，尽量避免夹层、错层、抽柱及过大的外挑和内收等情况。

对有抗震设防要求的混凝土高层建筑，当结构上部楼层收进部位到室外地面的高度 H_1 与房屋高度 H 之比大于 0.2 时，上部楼层收进后的水平尺寸 B_1 不宜小于下部楼层水平尺寸 B 的 75%；当上部结构楼层相对于下部楼层外挑时，上部楼层水平尺寸 B_1 不宜大于下部楼层的水平尺寸 B 的 1.1 倍，且水平外挑尺寸 a 不宜大于 4m，见图 1-2-4。

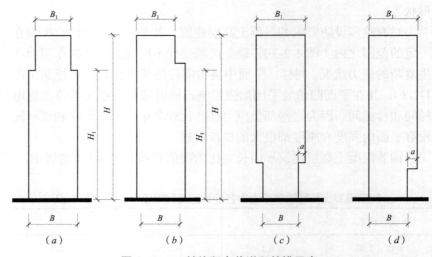

图 1-2-4　结构竖向收进和外挑示意

高层民用建筑钢结构竖向不规则的主要类型见表 1-2-3。

钢结构高层建筑竖向不规则的主要类型　　　　表 1-2-3

不规则类型	定义和参考指标
侧向刚度不规则	该层的侧向刚度小于相邻上一层的 70%，或小于其上相邻三个楼层侧向刚度平均值的 80%；除顶层或出屋面小建筑外，局部收进的水平向尺寸大于相邻下一层的 25%
竖向抗侧力构件不连续	竖向抗侧力构件（柱、支撑、剪力墙）的内力由水平转换构件（梁、桁架等）向下传递
楼层承载力突变	抗侧力结构的层间受剪承载力小于相邻上一楼层的 80%

（三）高宽比的限制

建筑的高宽比是指建筑总高度与建筑平面宽度的比值。它的数值大小和建筑的抗震性能密切相关，如果高宽比较大，就表明结构比较柔，在水平力的作用下其侧移较大，结构的抗倾覆能力也较差，所以，在进行高层建筑结构设计时，就必须对高宽比进行限制。

根据我国《高层建筑混凝土结构技术规程》JGJ3-2010 和《高层民用建筑钢结构技术规程》JGJ99-2015 的规定，对于钢筋混凝土结构高层建筑，其高宽比应满足表 1-2-4 的规定。对于钢结构高层建筑，其高宽比应满足表 1-2-5 的规定。

钢筋混凝土高层建筑结构适用的最大高宽比　　　　表 1-2-4

结构体系	非抗震设计	抗震设防烈度		
		6 度、7 度	8 度	9 度
框架	5	4	3	—
板柱 - 剪力墙	6	5	4	—
框架 - 剪力墙、剪力墙	7	6	5	4
框架 - 核心筒	8	7	6	4
筒中筒	8	8	7	5

高层民用建筑钢结构适用的最大高宽比　　　　表 1-2-5

烈度	6、7	8	9
最大高宽比	6.5	6.0	5.5

四、高层建筑结构体系的适用范围

（一）结构体系与建筑内部空间

高层建筑对内部空间的需要，因建筑的使用功能不同而不同。而各种结构体系所能提供的内部空间是不同的，见表 1-2-6。因此，在建筑方案设计阶段，应考虑建筑使用功能对内部空间的需求，并结合其他条件综合考虑，确定一种实用、经济、有效的结构体系。

常用结构体系所能提供的内部空间　　　　　　　　　表 1-2-6

结构体系	框架	承重墙	框-墙	框筒	筒中筒	框筒束
结构平面	∴∴∴	‖‖‖	∴‖∴	▫	▢	▦
建筑平面布置	灵活	限制大	比较灵活	灵活	比较灵活	灵活
内部空间	大空间	小空间	较大空间	大空间	较大空间	大空间

（二）结构体系适用的建筑高度

随着高层建筑的发展，新的结构体系不断涌现，而每一种结构体系，在高度方面也都有它的最大适用范围，因此，在建筑方案设计阶段，就应结合建筑设计的各种需要，进行结构体系的选择。

根据我国《高层建筑混凝土结构技术规程》JGJ3-2010 和《高层民用建筑钢结构技术规程》JGJ99-2015 的规定，对于钢筋混凝土结构高层建筑，其高度应满足表 1-2-7 或表 1-2-8 的规定，对于钢结构高层建筑应满足表 1-2-9 的规定。

A 级高度钢筋混凝土高层建筑的最大适用高度（m）　　表 1-2-7

结构体系		非抗震设计	抗震设防烈度				
			6 度	7 度	8 度		9 度
					0.20g	0.30g	
框架		70	60	50	40	35	—
框架 - 剪力墙		150	130	120	100	80	50
剪力墙	全部落地剪力墙	150	140	120	100	80	60
	部分框支剪力墙	130	120	100	80	50	不应采用
筒体	框架 - 核心筒	160	150	130	100	90	70
	筒中筒	200	180	150	120	100	80
板柱 - 剪力墙		110	80	70	55	40	不应采用

B 级高度钢筋混凝土高层建筑的最大适用高度（m）　　表 1-2-8

结构体系		非抗震设计	抗震设防烈度			
			6 度	7 度	8 度	
					0.20g	0.30g
框架 - 剪力墙		170	160	140	120	100
剪力墙	全部落地剪力墙	180	170	150	130	110
	部分框支剪力墙	150	140	120	100	80
筒体	框架 - 核心筒	220	210	180	140	120
	筒中筒	300	280	230	170	150

注释：A 级高度钢筋混凝土高层建筑指符合表 1-2-7 高度限值的建筑，也是目前数量最多、应用最广泛的建筑。当框架 - 剪力墙、剪力墙及筒体结构超出表 1-2-7 的高度时，列入 B 级高度高层建筑。B 级高度高层建筑的最大适用高度不宜超过表 1-2-8 的规定，并应遵守《高层建筑混凝土结构技术规程》JGJ3-2010 所规定的更严格的计算和构造措施。为保证 B 级高度高层建筑的设计质量，抗震设计的 B 级高度的高层建筑，应进行超限高层的抗震设防专项审查复核。

高层民用建筑钢结构适用的最大高度（m）						表 1-2-9
结构类型	6度、7度（0.10g）	7度（0.15g）	8度		9度	非抗震设计
			（0.20g）	（0.30g）		
框架	110	90	90	70	50	110
框架—中心支撑	220	200	180	150	120	240
框架—偏心支撑 框架—屈曲约束支撑 框架—延性墙板	240	220	200	180	160	260
简体（框筒，筒中筒，桁架筒，束筒） 矩形框架	300	280	260	240	180	360

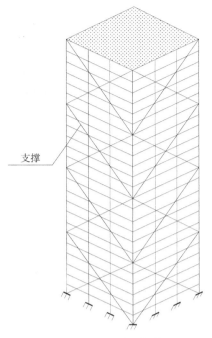

图 1-2-5 支撑框筒

五、高层建筑结构的发展趋势

虽然，对于高层建筑存在很多争论，但由于世界人口不断增加，可利用土地资源不断减少，高层建筑并未停止它前进的步伐，特别是在发展中国家，这一趋势更加明显。

在 21 世纪，高层建筑继续向着更高的高度，更大的体量和更加综合的功能发展，对高层建筑结构提出了更高的要求。在确保结构安全的前提下，为了进一步节约材料和降低造价，结构设计概念在不断更新，呈现出以下几种发展趋势：

（一）竖向抗推体系支撑化、周边化、空间化

由于水平荷载成为高层建筑结构设计的控制性因素，所以它要解决的核心问题是建立有效的竖向抗推体系，以抵抗各种水平力。在高层建筑抗推体系的发展过程中，有一个从平面体系发展到立体体系的演化过程，即从框架体系到剪力墙体系，再到简体体系。

但随着建筑高度的不断增加，体量的不断加大以及建筑功能的日趋复杂，即使是空心简体体系也满足不了高层建筑不断发展的要求。因为其固有的剪力滞后效应，削弱了它的抗推刚度和水平承载力。特别是当建筑平面尺寸较大，或柱距较大时，剪力滞后效应就更加严重。为改善这一情况，在框筒中增设支撑（图 1-2-5），或斜向布置抗剪墙板（图 1-2-6），成为强化空心简体的有力措施。美国芝加哥翁泰雷中心（图 1-2-7）就是结构支撑化的典型范例。

过去的高层建筑常将抗推构件布置在建筑物中心，或分散布置，由于高层建筑的层数多、重心高，地震时很容易发生扭转。而上述布置方式抗扭能力差，现在高层建筑抗推构件的布置逐渐转向沿房屋周边布置，以便能提供足够的抗扭力矩。此外，还出现了另一种趋势，即把抵抗倾覆力矩的构件，向房屋四角集中，在转角处形成一个巨柱，并利用交叉斜杆连成一个立体支撑体系；由于巨大角柱在抵抗任何方向倾覆力矩时都具有最大的力臂，从而更能充分发掘结构和材料的潜力。同时，构件沿周边布置还可以形成空间结构，能抵抗更大的倾

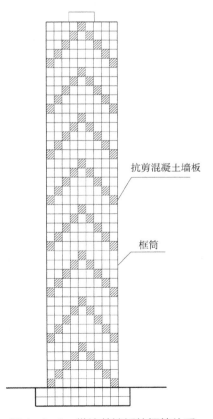

图 1-2-6 带抗剪墙板的框筒体系

抗剪混凝土墙板

框筒

覆力矩。美国芝加哥市拟建的 136 层综合大厦的设计方案（图 1-2-8、图 1-2-9）及已建成的香港中国银行大厦就是此种趋势的反映。

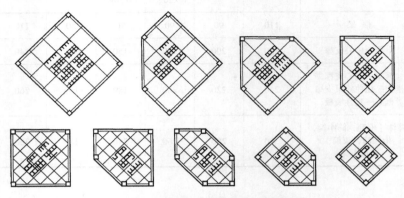

图 1-2-8　芝加哥市拟建摩天大楼设计方案

图 1-2-7　美国芝加哥翁泰雷中心外观

（二）建筑体形的革新变化

过去的高层建筑的体形比较规则单一，被人们俗称为方盒子，而现在，高层建筑的体形是越来越丰富了，这是来自城市规划和建筑造型的需要，而且结构分析水平的提高也为此提供了有力的保障；最后，超级高层建筑的出现为建筑体形的革新变化提供了机遇。

日本东京拟建的 Millennium Tower（图 1-2-10），高 800m，采用圆锥状体形，底面周长 600m，可容纳 5 万居民，由英国著名建筑师福斯特（Norman·Foster）进行方案设计。与芝加哥汉考克大厦的角锥体量相比，圆锥体造型在高层建筑结构上还有更加突出的优点：

①具有最小的风荷载体形系数；

②上部逐渐缩小，减少了上部的风荷载和地震作用，从而缓和了超高层建筑的倾覆问题；

③倾斜外柱轴向力的水平分力可以部分抵消水平荷载。

联体高层建筑在国内外都得到较多的采用，如马来西亚佩重纳斯双塔（图 1-2-11）、日本大阪梅田大厦（图 1-2-12）、中国深圳佳宁娜广场（图 1-2-13）和中国上海证券大厦（图 1-2-14）等。

联体结构将各独立建筑通过连接体构成一个整体，使高层建筑结构特征由竖向悬臂梁改变成为巨型框架，从而刚度得到提高，振动周期变短、侧移减小。但联体结构在水平力作用下的受力和变形十分复杂，由一般的设计经验难以估计，需要进行详细的结构受力分析。联体高层建筑适合于将体形、平面和刚度相同或相近的独立结构连接成整体，宜采用双轴对称的形式，连接部分与主体之间宜采用刚性连接，并加强连接部分的构造措施。

1993 年建成的日本大阪梅田大厦是抗震设计的典型联体结构。它在两座高层建筑的顶部设置了钢结构的屋顶花园作为连接体，在地面组装，整体提升，安装就位。梅田大厦进行了详细的三维空间结构分析，结果表明其自振周期降低、结构内力和位移均降低了约 50%。

图 1-2-9　芝加哥市拟建摩天大楼
方案外观

图 1-2-12　日本大阪梅田大厦外观

图 1-2-10　日本东京拟建的
Millennium Tower 外观

图 1-2-11　马来西亚佩重纳斯
双塔外观

图 1-2-13　中国深圳佳宁娜广场外观

（三）轻质高强材料的运用

随着建筑高度的增加，结构面积所占的比例越来越大，建筑经济性的问题突出。同时，建筑越高，自重越大，引起的地震水平作用就越大，对高层建筑结构十分不利。而且，过于笨重的结构构件也限制了建筑师创作的自由，影响了建筑的美观。因此，在高层建筑中采用各种高强材料（如高强钢、高强混凝土等）和各种轻型材料（如轻骨料混凝土、轻型隔墙、轻质外墙板等）已越来越多。

从高强混凝土的使用情况来看，国外高强混凝土的应用较早，混凝土的强度等级已经达到 C80～C120。在型钢混凝土结构中，强度可以达到 C135。在一些特殊工程中，甚至采用了 C400 的高强混凝土。如在美国西雅图市的联合广场 2 号大楼（Two Union Square，1990年）采用了钢管混凝土柱，其直径 3.05m 的钢柱内就填充了 C135 的高强混凝土。国内高强混凝土的运用较晚，但发展很快，在已建成20～30 余座高层建筑中，采用了 C60～C80 的高强混凝土。深圳的贤成大厦、广州的中天广场和上海的金茂大厦都采用了 C60 的高强混凝土。

除高强混凝土外，轻骨料混凝土和高性能混凝土也是结构材料的发展方向，如美国休斯敦贝壳广场 1 号大厦（One Shell Plaza），高 218m，52 层，1971 年建成，采用的轻质高强混凝土的重度仅为 18kN/m³，折算为荷载大约是 6kN/m²，比我国高层建筑混凝土自重（15kN/m²～18kN/m²）轻一倍以上。

图 1-2-14　中国上海证券大厦外观

第三节　钢筋混凝土结构体系

钢筋混凝土是工业革命以来最常用的结构材料之一,在高层建筑结构中,占有一席之地。尤其在我国,钢筋混凝土结构处于绝对主导的地位。这是因为它强度高、刚度大、防火性能好、具有良好的技术经济性能。而且,经过长期的工程实践,我国对这类结构的研究、设计、施工都有坚实的基础和丰富的经验。

同时,随着高强、高性能混凝土的不断发展,钢筋混凝土今后仍然是我国高层建筑的主要结构材料。特别是与钢结构结合使用后,将满足超高层和大空间结构不断发展的需要,是未来摩天大楼主体结构的发展方向。

一、三种钢筋混凝土基本结构体系简介

在高层建筑中,有类型丰富多样的钢筋混凝土结构体系,但最基本的仍然是框架体系、剪力墙体系和筒体体系这三种类型。

(一)框架体系

整个结构的纵向和横向全部由框架单一构件组成的体系称为框架体系(图1-3-1)。框架既负担重力荷载,又负担水平荷载。框架体系的优点是建筑平面布置灵活,可提供较大的内部空间。但由于本体系属于柔性结构体系,在水平荷载作用下,它的强度低,刚度小、水平位移大,所以在高烈度地震区不宜采用。目前,主要用于10～12层左右的商场、办公楼等建筑,如果过高,就要靠加大梁、柱截面来抵抗水平荷载,从而导致结构的不经济。此外,还应严格控制它的高、宽、比,保证整体结构的抗侧稳定。

(a)纵向框架体系　　　　　(b)横向框架体系

图1-3-1　框架体系

(二)剪力墙体系

所谓剪力墙体系(图1-3-2),是指该体系中竖向承重结构全部由一系列横向和纵向的钢筋混凝土剪力墙所组成,剪力墙不仅承受重力荷载作用,而且还要承受风、地震等水平荷载的作用。同框架体系相比,该体系侧向刚度大、侧移小,属于刚性结构体系。从理论上讲,

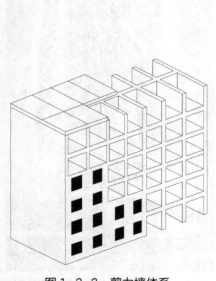

图1-3-2　剪力墙体系

它可建造上百层的民用建筑（如朝鲜平壤的柳京大厦），但从技术经济的角度来看，地震区的剪力墙体系一般控制在 35 层、总高 110m 为宜。由于剪力墙的间距比较小，一般为 3～6m，所以建筑平面布置不够灵活，使用受到限制。象高层公寓、高层宾馆等空间要求较小、分隔墙较多的建筑比较适合采用这种体系。近年来，随着结构水平的不断提高，剪力墙的间距逐步扩大为 6～8m，从而，使剪力墙体系在高层住宅、高层办公建筑中也获得更多的应用。

（三）筒体体系

筒体结构由框架或剪力墙合成竖向井筒，并以各层楼板将井筒四壁相互连接起来，形成一个空间构架。筒体结构比单片框架或剪力墙的空间刚度大得多，在水平荷载作用下，整个筒体就像一根粗壮的拔地而起的悬臂梁把水平力传至地面。筒体结构不仅能承受竖向荷载，而且能承受很大的水平荷载。另外，筒体结构所构成的内部空间较大，建筑平面布局灵活，因而能适应多种类型的建筑。

筒体可分为实腹式筒体和空腹式筒体两种，由剪力墙围合成的筒体称为实腹式筒体，或称墙式筒体（墙筒）。由密集立柱围合成的筒体则称为空腹式筒体，或称框架式筒体（框筒）。

单个筒体很少独立使用，一般是多个筒体相互嵌套或积聚成束使用（如筒中筒结构、成束筒结构等），或者是与框架等结构结合使用（如框架—筒体结构体系），见图 1-3-3。

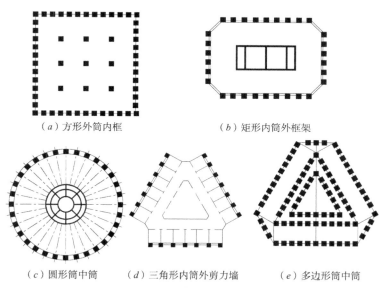

（a）方形外筒内框　　　　　（b）矩形内筒外框架

（c）圆形筒中筒　　　（d）三角形内筒外剪力墙　　　（e）多边形筒中筒

图 1-3-3　筒体平面形式与结构类型

二、常用钢筋混凝土结构体系

在实践过程中，以上三种基本结构体系是远不够用的。在它们的基础上，针对不同建筑高度和建筑类型的需要，又发展了如框支剪力墙、框架—剪力墙、框架—筒体、筒中筒、成束筒等结构体系。

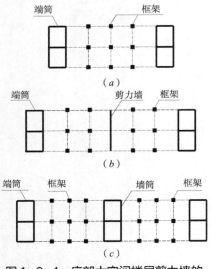

图1-3-4 底部大空间楼层剪力墙的
最佳布置方案

（一）框支剪力墙体系

1.体系构成和适用范围

该体系在高层旅馆、高层综合楼中运用较多。它们共同的特征就是建筑上部为小空间，如客房、住宅等；底部为大空间，如商场、门厅、宴会厅、地下车库等公共用房。针对这种情况，建筑上部采用剪力墙结构，下部采用框架体系比较符合建筑功能对空间使用的要求，因而就形成了框支剪力墙体系。

2.受力特征

该体系上部刚度大，底部刚度小，上下刚度在交接处产生突变。地震时，底部框架极容易遭到严重破坏，从而引起结构的整体失效。因此在设计时，应注意增加底部框架的刚度和承载力，缩小建筑上下的刚度差距。

3.底部大空间楼层结构布置

为了缩小该体系高层建筑上下之间刚度的差距，应将上部结构中的一部分剪力墙延伸至底部大空间，以增加下部结构的刚度，同时，落地剪力墙中应既有纵向墙体又有横向墙体。根据研究，最好的布置方式是：将纵向和横向落地剪力墙集中布置在大空间区域的两端或较为独立的区域，并将纵、横墙体连为整体，形成封闭筒体，最大限度地提高建筑下部的刚度，并且也有利于建筑平面布置，见图1-3-4。

4.工程实例

北京中国国际贸易中心中国大饭店，见图1-3-5，图1-3-6。

中国大饭店总建筑面积约95000m²，地上21层，地下两层，高76m。建筑平面为东西长117m、南北宽21m的弧形建筑，底层层高为6m，标准层层高为2.95m。该大楼按8度抗震设防。主体结构采用框—支剪力墙体系，第4层以上为钢筋混凝土横向剪力墙体系，第3层以下为框—墙体系，第4层楼板为转换层楼盖，并在房屋的两端各设置两道加厚的钢筋混凝土落地墙。

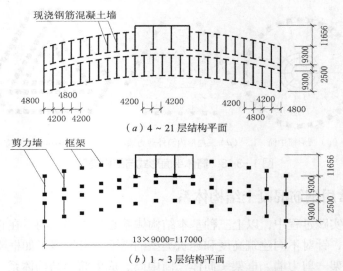

图1-3-5 北京中国国际贸易中心中国大饭店（单位：mm）

图 1-3-6　北京中国国际贸易中心中国大饭店外观

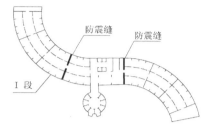

（a）建筑平面

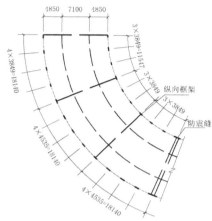

（b）Ⅰ段标准层结构平面

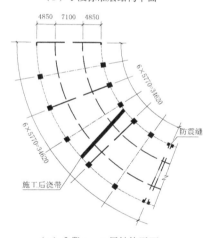

（c）Ⅰ段1～4层结构平面

图 1-3-7　上海华亭宾馆

（二）框架—剪力墙体系

1. 体系构成与受力特征

框架—剪力墙体系，是在框架体系的基础上增设一定数量的纵向和横向剪力墙，并使框架柱、楼板有可靠连接而形成的结构体系。建筑的竖向荷载由框架柱和剪力墙共同承担，而水平荷载则主要由刚度较大的剪力墙来承受。

2. 适用范围

框架—剪力墙体系将框架体系和剪力墙体系结合起来，融为一体，取长补短，使整个结构体系的刚度适当，并能为建筑设计提供较大的自由度。所以，在高层建筑的各种结构体系之中，该体系是一种经济有效的、应用范围较为广泛的结构体系。与框架结构相比，它能用于层数更多的高层建筑。

3. 结构布置

在框架—剪力墙体系中，框架结构的布置方法和纯框架结构相同，关键是如何合理布置剪力墙的位置。除考虑建筑使用功能的需要外，剪力墙的布置还应符合以下原则：

（1）剪力墙是框架—剪力墙体系中的主要抗震构件，应该沿建筑平面的主要轴线方向布置，保证可以承担来自任何方向的水平地震作用。

（2）剪力墙的数量要适当。太多，结构抗推刚度太大，地震力加大，不经济；太少，结构抗推刚度不足，不符合设计要求。

（3）每个方向剪力墙的布置均应尽量做到：分散、均匀、周边和对称四准则。

（4）应适当多设置一些双肢或多肢墙，保证建筑的稳定性。

4. 工程实例

上海华亭宾馆，见图 1-3-7，图 1-3-8。

图 1-3-8　上海华亭宾馆外观

华亭宾馆主楼建筑面积达 8 万多平方米，地下一层，地上 29 层，总高 90m。平面是由两段弯曲方向相反的圆弧组成的 S 形。抗震设防烈度为 6 度。主楼六层以上为客房，五层为技术设备层，四层以下为公用部分。主体结构采用以纵、横承重墙为主、纵向框架为辅的框架—剪力墙体系。

（三）框架—筒体体系

1. 体系构成与受力特征

由筒体和框架共同组成的结构体系称为框架—筒体体系。筒体是一个立体构件，具有很大的抗推刚度和强度，作为该体系的主要抗侧力构件，承担起绝大部分的水平荷载。而框架主要承担重力荷载。从建筑平面布置来看，通常将所有服务性用房和公用设施都集中布置于筒体内，以保证框架大空间的完整性，从而有效提高建筑平面的利用率。

2. 体系分类

根据筒体的数量和位置，可将框架—筒体体系分为芯筒—框架体系和多筒—框架体系两类。

（1）芯筒—框架体系

芯筒—框架体系是指将筒体布置在建筑的核心部分，并在外围布置框架的结构体系，见图 1-3-9。

（2）多筒—框架体系

多筒—框架体系包括：

①两个端筒＋框架（图 1-3-10）；

②芯筒＋端筒＋框架（图 1-3-11）；

③芯筒＋角筒＋框架等类型（图 1-3-12、图 1-3-13）。

第①种类型的突出特点是可以在建筑中部获得开敞大空间，第②种类型适用于平面形状比较狭长的高层建筑，第③种类型适用于平面尺寸较大的各种多边形高层建筑。

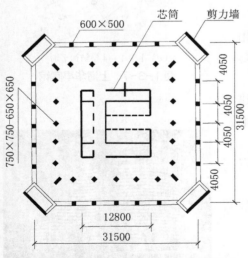

图 1-3-9　南京金陵饭店标准层结构平面
（单位：mm）

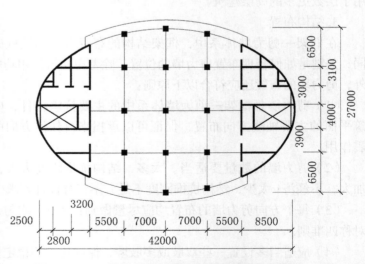

图 1-3-10　兰州工贸大厦标准层结构平面（单位：mm）

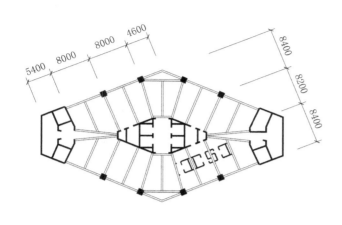

图 1-3-11 深圳北方大厦标准层结构平面（单位：mm）

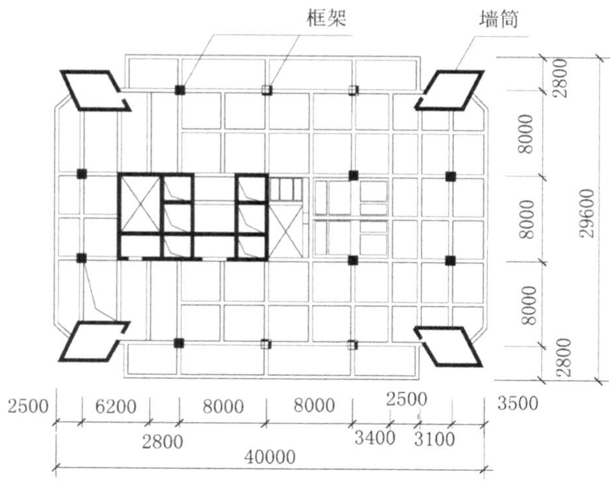

图 1-3-12 深圳中国银行大厦标准层结构平面（单位：mm）

3. 适用范围

在该体系中，由于有立体构件——筒体的存在，使得它的刚度大大加强，能抵抗更大的侧向力的作用。同时，该体系能充分有效地利用建筑面积，具有良好的技术经济指标。其中，芯筒—框架体系主要用于平面形状比较规整，并采用核心式建筑平面布置的方案。由于多筒—框架体系有多个筒体，与芯筒—框架体系相比，有更广的应用范围，但它有两个或更多数量的筒体，其平面利用率会有所降低。

4. 工程实例

（1）广州潮汕大厦（图 1-3-14）

潮汕大厦采用圆角方形平面，总建筑面积 62900m²，主楼地下两层，地上 38 层，总高 137.6m，抗震设防烈度为 7 度，采用芯筒—框架体系。

（2）兰州工贸大厦（图 1-3-10）

兰州工贸大厦是一幢集办公、营业、展销等功能为一体的综合性建筑。主楼采用椭圆形平面，长短轴长度分别为 42m 和 27m，地下两层，地上 21 层，总高度 93m，为了满足建筑展销功能对大空间的需要，并结合竖向交通组织，采用多筒—框架体系。

（3）深圳北方大厦（图 1-3-11）

深圳北方大厦是一幢高层宾馆，主楼采用菱形平面，地下一层，地上 25 层，主体高 81.6m，抗震设防烈度为 6 度，采用多筒—框架体系。

（4）深圳中国银行大厦（图 1-3-12、图 1-3-13）

深圳中国银行大厦采用矩形平面，地下 1 层，地上 38 层，总高 130m，抗震设防烈度为 7 度，主楼采用多筒—框架体系。

（四）筒中筒体系

1. 体系构成与适用范围

由两个及两个以上的筒体内外嵌套所组成的结构体系，称为筒中筒体系。根据筒体嵌套数量的不同，又分为二重筒体系、三重筒体系

图 1-3-13 深圳中国银行大厦外观

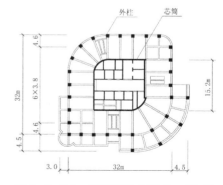

图 1-3-14 广州潮汕大厦 8～25 层结构平面

等，如图 1-3-15。在钢筋混凝土筒中筒体系中，芯筒一般布置成辅助房间和交通空间，多采用实腹墙筒，外筒一般都是采用由密柱深梁型框架围成的空腹框筒，以满足建筑设计的需要。

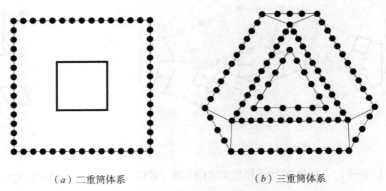

（a）二重筒体系　　　　（b）三重筒体系

图 1-3-15　筒体体系

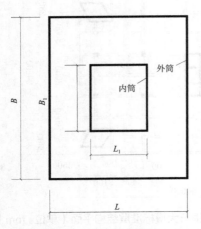

图 1-3-16　内外筒平面尺寸要求

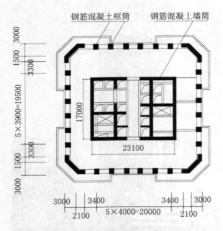

图 1-3-17　广东国际大厦主楼标准层
结构平面（单位：mm）

图 1-3-18　广东国际大厦外观

筒中筒结构形成的内部空间较大，加上其抗侧力性能好，特别适用于建造办公、旅馆等多功能的超高层建筑。一般情况下，该体系用于 30 层以下的建筑是不经济的，也是不必要的。

2. 受力特征

在筒中筒体系中，由于是几重筒体共同工作，故比单筒的抗侧力和水平力要强得多。一般来讲，外圈的框筒具有很大的整体抗弯能力，但抗剪能力不高；内圈的墙筒抗弯能力比框筒小，但它的抗剪能力很强。二者配合，相得益彰。

但由于剪力滞后效应（所谓剪力滞后效应是指空腹筒体在水平力作用下，各框架柱的轴力和轴向变形不再一致，而呈曲线形分布，角柱出现应力集中的情况，其轴向力最大，这就降低了筒体的立体空间效能和结构抵抗水平荷载的能力）的存在，大大消弱了框筒作为立体构件的空间工作特性，使柱的承载力没有得到充分发挥，降低了框筒抵抗水平荷载的能力。因此，努力减轻剪力滞后效应的影响是框筒结构设计的重点和难点。

3. 设计要点

筒中筒体系常用的平面形状有圆形、方形和矩形，也可用于椭圆形、三角形和多边形等。在矩形框筒体系中，长、短边长度比值不宜大于 1.5。框筒柱距不宜大于 3m，个别可扩大到 4.5m，但一般不应大于层高。横梁高度在 0.6 ~ 1.5m 左右。为保证外框筒的整体工作，开窗面积不宜大于 50%，不得大于 60%。为保证内、外筒的共同工作，内筒长度 L_1 不应小于外筒长度 L 的 1/3；同样，内筒宽度 B_1 也不应小于外筒宽度 B 的 1/3，见图 1-3-16。

4. 工程实例

（1）广东国际大厦（图 1-3-17、图 1-3-18）

广东国际大厦主楼采用方形平面，地下两层，地上 62 层，高 196m。采用筒中筒结构体系，内筒为实腹墙筒、外筒为空腹框筒。

角柱采用八字形截面，加强了角部的整体性。楼板采用 220 厚无粘结预应力平板，层高仅为 3m。

（2）香港中环广场（图 1-3-19、图 1-3-20）

香港中环广场主楼采用切角的三角形平面，总建筑面积约 14 万 m^2，地上 75 层，总高 301m，采用筒中筒结构体系。三角形外框筒柱距为 4.6m，在第五层楼板处沿外框筒设置大截面转换梁，使得四层以下的框筒柱距扩大到 9.2m。

图 1-3-20　香港中环广场外观

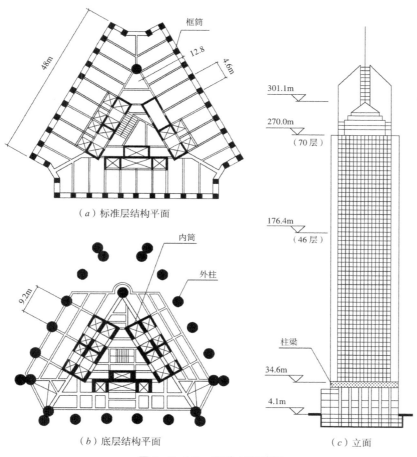

（a）标准层结构平面

（b）底层结构平面

（c）立面

图 1-3-19　香港中环广场

（五）框筒束体系

1. 体系构成

框筒束体系是由两个及两个以上的框筒并置在一起所形成的结构体系。

2. 受力特征

框筒束体系抗剪能力较差，为保证该体系的整体性，应设置内墙筒，或者沿两个主轴方向设置一定长度的剪力墙，与框筒束配合使用，以增强整个体系抵抗水平剪力的能力。

3. 适用范围

由于框筒束能够利用若干个框筒组合成各种不同的平面形状，而且其中的每一个单筒又可根据上面各层楼面面积的实际需要，在任何高度终止，灵活性很大。所以，钢筋混凝土框筒束体系在高层建筑结构中的应用也日益广泛。

4. 工程实例

（1）美国芝加哥 One Magnificent Mile 大厦（图1-3-21）

芝加哥 One Magnificent Mile 大厦是一幢综合性高层建筑，20层以下作为商业、办公，上部为公寓。采用框筒束结构体系，该体系由3个六边形钢筋混凝土框筒组成，根据场地条件、建筑功能和建筑景观的需要，3个框筒分别在第22层、第49层和第57层截止。

（2）美国迈阿密市东南金融中心（图1-3-22、图1-3-23）

迈阿密市东南金融中心为高层办公楼，地上55层，高约225m，1983年建成。平面呈梯形，采用两个框筒（一个为矩形，另一个为三角形）形成的框筒束结构体系，在两个框筒的公共边采用了一段钢筋混凝土墙，以提高结构的抗推刚度。由于梯形框筒束的长边已达到64m，为减少温度应力，在两个框筒的交接处设置了一个 V 形槽。

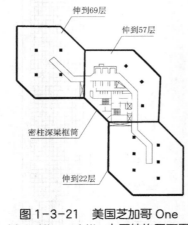

图1-3-21 美国芝加哥 One Magnificent Mile 大厦结构平面图

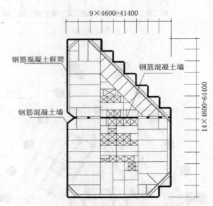

图1-3-22 美国迈阿密市东南金融中心结构平面图（单位：mm）

图1-3-23 美国迈阿密市东南金融中心外观

三、适应高层住宅的钢筋混凝土结构体系

在我国，高层住宅和高层商住楼占高层建筑总量的比例相当大。而且，在进入21世纪后，随着国家经济的高速发展，人民居住水平的不断提高，这一趋势更加显著。但由于高层住宅建筑设计有其特殊的地方，如交通服务面积较小，且需集中布置，各房间划分不规则，室内空间要求完整，立面开窗较零散等，这些都对高层建筑结构设计提出了新的要求。对于这类高层建筑，我国大都采用钢筋混凝土结构体系。

经过10多年的工程实践，我国高层住宅结构体系已经逐步成型，形成了短肢剪力墙、异形柱框架和扁柱（异形柱）—筒体三大结构体系，基本满足了不同种类高层住宅的需要。

（一）短肢剪力墙体系

1. 体系构成及特点

短肢剪力墙是指墙肢的长度为厚度的 4～6 倍范围内的剪力墙，它介于异形框架柱（肢长与厚度之比为 2～4 倍）和一般剪力墙（肢长大于厚度 6 倍）之间。短肢的常用形状有 T 形、L 形、十形等，常设置在房间隔墙的交接处，用连系梁将它们相互连接成整体，以构成结构体系。

短肢剪力墙体系最突出的特点是可利用隔墙的位置来布置竖向构件，基本不与建筑使用功能发生矛盾。其结构平面布置灵活，剪力墙的位置、数量的多少，肢的长短可根据抗侧力的需要而定，容易使平面刚度中心与形心重合或接近，减少扭转的作用。连接各墙的连系梁可隐藏在隔墙中，基本保证了室内空间的完整性。应用在塔式高层住宅时，可将交通服务区域处理成筒体，形成框架—筒体结构体系，以提高结构的整体抗推性能。

2. 结构布置原则

短肢剪力墙体系的结构布置应遵循以下原则：

①各短肢剪力墙应尽量对齐，拉直；

②短肢剪力墙应尽量分布均匀，数量适中；

③在平面转角和凸凹处应布置短肢剪力墙，并考虑设置连系梁；

④每道短肢剪力墙宜有两个方向的梁与之相连，即一般不采用一字形的短肢剪力墙；

⑤短肢剪力墙的厚度以采用 200mm、250mm、300mm 为宜；

⑥在必要时也可以混合布置方柱或扁柱。

3. 工程实例

某高层住宅，见图 1-3-24。该住宅为每层 8 户，共 31 层的塔式高楼，

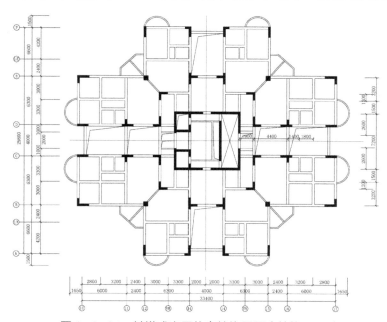

图 1-3-24　某塔式高层住宅结构平面（单位：mm）

从底至顶均为住宅用途，不存在结构转换问题。由于建筑高度较高，采用筒体包裹交通服务核心，其余部分采用短肢剪力墙，大都采用T形、L形，且基本对齐，拉直。由于建筑设计的要求，局部采用了一字形剪力墙和矩形柱。在平面凹槽部分设置了连系梁，以减轻应力集中的现象。

（二）异形柱框架体系

1. 体系构成及特点

异形柱框架体系属于框架体系的一个分支，只不过异形柱和通常框架所用的方柱、矩形柱、多边形柱、圆柱等不同，异形柱的截面形式与建筑平面布置密切相关，因为通常都是利用隔墙的位置来放置异形柱，以协调建筑与结构的关系，异形柱的常见形式有T形、L形、十形等，特殊情况下也可采用一字形。从住宅净高的要求来看，异形柱框架梁的高度以500mm左右为宜，所以梁的跨度在3~6m之间。异形柱肢的厚度一般与隔墙厚度一致或接近，使得抹灰完成后，室内空间完整，不露柱角。

2. 适用范围

异形柱框架体系是框架体系的一个分支，因此它的抗侧向力水平不高，常用于7度以下抗震设计、12层以下的住宅。在广东省《钢筋混凝土异形柱设计规程》DBJ/T15—15—95中规定，异形柱适用于高度不超过35m的建筑。由于异形柱框架体系的历史不长，又未经过强烈地震的考验，对其抗震性能还有不同意见，所以在采用时应谨慎。

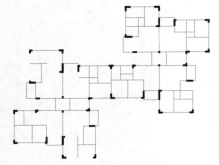

图1-3-25　某10层框架住宅结构平面

3. 工程实例

广州某10层框架住宅，如图1-3-25。平面为两个风车形的组合，主要采用异形柱（肢厚200mm），局部采用矩形柱（450mm×450mm），框架主梁截面尺寸为200mm×600mm。

（三）扁柱（异形柱）—筒体体系

1. 体系构成与适用范围

该体系属于框架—筒体体系的一个分支，只不过在这里框架柱不再是规则的形状，替换成了扁柱或异形柱。扁柱是将常用的矩形柱沿一个方向拉长形成的，异形柱是由肢长与厚度之比为2~4倍的墙肢组成。这样的变化是为了让框架—筒体体系更好地适应高层住宅建筑设计的需要，协调建筑与结构的关系。在塔式高层住宅中，常利用交通服务部分设置核心筒，通过框架梁与扁柱、异形柱共同组成框架—筒体体系。

由于核心筒体的存在，扁柱（异形柱）—筒体体系有更大的抵抗水平荷载的能力，因此它适用于30层左右，建筑高度在100m以内的高层塔式住宅。

2. 结构布置原则

扁柱（异形柱）—筒体体系的结构布置应遵循以下原则：

①扁柱、异形柱需按一定规律布置，使柱网规整，且上下对齐，尽量避免设置结构转换层。

②扁柱、异形柱平面结构布置——其长边方向应在纵横两个方向都有分布，避免平面两个方向的刚度差异过大。

③异形柱墙肢厚度不宜小于300mm，扁柱沿高度方向变截面时要避免刚度突变。

3. 工程实例

某高层塔式住宅，见图1-3-26。采用井字形平面，共31层，每层8户。结构采用扁柱（异形柱）—筒体体系，在山墙及分户墙处，局部设置剪力墙，既提高了结构的抗推性能，又不影响住户的使用。

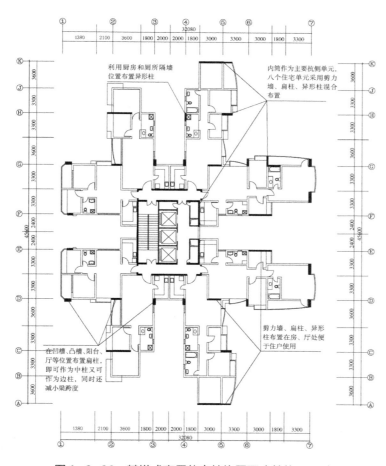

图1-3-26　某塔式高层住宅结构平面（单位：mm）

四、新型钢筋混凝土结构体系

20世纪70年代以来，高层建筑的结构体系越来越受到建筑形式和建筑美学的巨大影响。为了适应场地条件、城市规划、使用功能和建筑造型等的不同要求，建筑体型日益多样化。对于高层建筑结构设计提出了更高的要求，在此背景下，钢筋混凝土高层建筑体系又有了新发展。

（一）刚臂芯筒—框架体系

1. 体系构成

刚臂芯筒—框架体系是在芯筒—框体架体系的基础上，沿房屋高度方向每20层左右，于设备层、避难层或结构转换层，由芯筒伸出纵、横向刚臂与结构的外圈框架柱相连，并沿外圈框架设置一层楼高的圈梁或桁架，所形成的结构新体系，见图1-3-27。

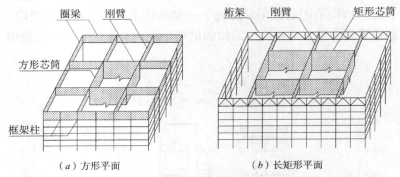

（a）方形平面　　　　　　　　（b）长矩形平面

图1-3-27　刚臂芯筒－框架体系

2. 体系特点与适用范围

与芯筒框架体系相比较，刚臂芯筒—框架体系通过设置"刚臂"将外圈框架柱与芯筒连为一体，形成一个整体构件来抵抗倾覆力矩，这样就相当于加大了力偶臂，从而大大提高了结构的抗推刚度。因此，它适用于更高的高层建筑。与筒中筒体系相比，由于它没有立面开洞率的限制，就为建筑立面造型提供了更大的自由度，也为使用者提供了更为开阔的视线景观；因此，它的适用范围也得到进一步的拓展。

3. 结构布置

该体系结构布置的重点是刚臂的布置。刚臂对芯筒—框架结构的加强作用主要取决于刚臂的道数及沿高度所处的位置，其布置原则如下：

（1）刚臂横贯房屋全宽，对建筑空间的利用有一定的妨碍。所以，刚臂一般是布置在设备层或避难层内。根据建筑使用要求和结构条件，刚臂可采用带通行洞口的钢筋混凝土实腹梁、钢筋混凝土空腹梁、钢桁架或钢筋混凝土桁架。

（2）刚臂设置在顶层（帽梁或帽桁架），效果最为显著。当建筑层数较多，需要设置多道刚臂时，刚臂沿竖向按等间距布置最为有效。一般以每隔20层左右设置一道刚臂（腰梁或腰桁架）为好。

（3）对于采用正交柱网的方形建筑平面，刚臂应沿建筑纵、横两个方向设置。若建筑平面和芯筒平面均为长矩形时，也可仅沿建筑横向设置多根刚臂。对于圆形平面建筑，刚臂应沿径向均匀布置，并与外围的环形圈梁相连接。

（4）在楼层平面上，刚臂的轴线应位于芯筒外墙或内隔墙轴线的延长线上，以确保刚臂根部的有效嵌固。在设置刚臂的楼层，应沿建筑外圈框架设置一层楼高的圈梁或桁架。

4. 工程实例

（1）深圳市商业中心大厦（图1-3-28）

深圳市商业中心大厦由两座圆柱形主楼及裙房组成，塔楼地下3层、地上49层，高167.25m，采用钢筋混凝土"刚臂芯筒—框架"体系。在第28层（设备层兼避难层）和第49层（设备层）各设置一道一层高的带洞口的实腹式刚臂，并在这两个楼层的外圈框架设置一层高的框架环梁。

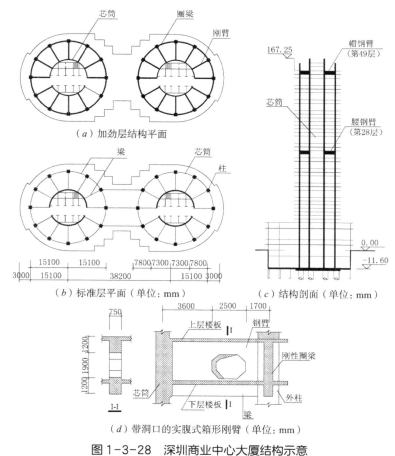

（a）加劲层结构平面

（b）标准层平面（单位：mm）

（c）结构剖面（单位：mm）

（d）带洞口的实腹式箱形刚臂（单位：mm）

图1-3-28　深圳商业中心大厦结构示意

（2）上海金陵大厦（图1-3-29）

上海金陵大厦主楼呈单轴对称六边形，地下2层、地上37层，高140m。经过方案比较，采用钢筋混凝土"刚臂芯筒—框架"体系。在第20层（避难层）和第35层（设备层）各设置一道一层楼高的刚臂。

（二）巨型框架体系

1. 受力特征

巨型框架体系由两级结构组成，即主框架和次框架。主框架是一种大型的跨层框架，每隔若干层设置一根大截面框架梁，每隔若干开间设置一根大截面框架柱，如图1-3-30。主框架大梁之间的几个楼层则另设置柱网尺寸较小的次框架，次框架仅负担这几个楼层的竖向荷

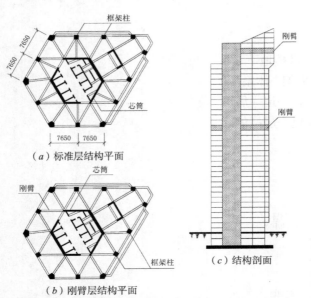

图 1-3-29 上海金陵大厦结构示意（单位：mm）

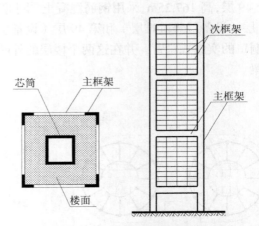

图 1-3-30 巨型框架体系的构成

载，并将它传给主框架大梁。水平荷载由主框架承担。

在巨型框架结构中，由于在建筑物周边设置了主框架，可以提供很大的抗扭力矩和抗倾覆力矩，使得建筑的侧移大为减少，可以适用于更高的高层建筑。

2. 体系构成

巨型框架体系的构成方式有如下两种：

（1）由钢筋混凝土墙围成的芯筒与外圈的大型主框架及小型次框架组成。大型的主框架各层大梁之间设置小型的次框架，承担各个分区段内若干楼层的竖向荷载。其构成示意图参见图 1-3-31。

（2）由几个分开布置的钢筋混凝土墙筒直接充当大型主框架的柱，每隔若干层设置的大截面梁或桁架就直接搁置在墙筒之上，从而形成主框架。每层大梁之上另设若干层小型次框架，承担中间楼层的竖向荷载。整个体系的构成参见图 1-3-32、图 1-3-33。

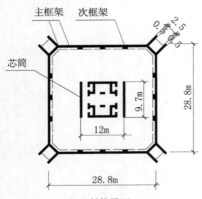

（a）结构平面

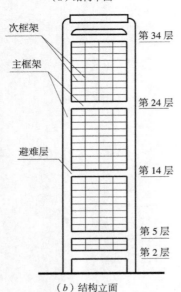

（b）结构立面

图 1-3-31 深圳新华大厦巨型框架
体系（单位：m）

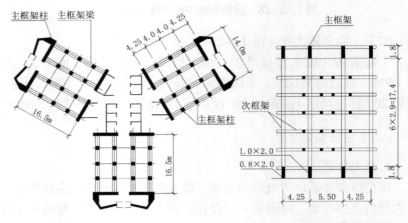

（a）主框架结构平面 （b）次框架结构剖面

图 1-3-32 深圳亚洲大酒店巨型框架体系（单位：m）

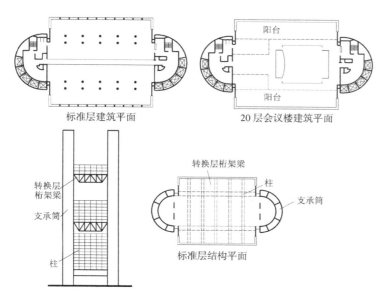

标准层建筑平面　　　　20层会议楼建筑平面

转换层桁架梁

支承筒

柱

转换层桁架梁

柱

支承筒

标准层结构平面

图1-3-33　新加坡华侨银行巨型框架体系

3. 适用范围

在一般的框架结构中，框架从上到下的柱网尺寸是相同的，不易改变，柱子截面尺寸也比较大。因此，框架体系仅适用于从顶层到底层使用性质大体相同的楼房。

在巨型框架结构中，主框架各层大梁之间的各个次框架是相互独立的，因而柱网的形式和尺寸均可互不相同，如果使用功能需要还可抽去某些楼层的一些柱子，扩大柱网，甚至在一个区段的顶层把次框架的柱子全部取消，变为无柱大空间。所以，巨型框架主要用于建筑内部空间上下变化很大的建筑，特别是在多功能高层综合体中采用。

4. 工程实例

（1）深圳新华大厦（图1-3-31）

深圳新华大厦采用正方形平面，边长28.8m，地面以上共35层，主体结构采用钢筋混凝土巨型框架结构体系，由芯筒和外圈大型框架组成。平面四角的大截面双肢柱作为四边主框架的4根角柱，沿建筑高度从下到上分别每隔2层、8层、9层设置钢筋混凝土大截面梁，与4根角柱一起构成主框架。在主框架各层大梁之间设置2～9层不等的次框架，分别承担各个区段内的竖向荷载和局部水平荷载。

（2）深圳亚洲大酒店（图1-3-32、图1-3-34）

深圳亚洲大酒店，地下一层、地上33层，高114.1m，平面为Y形。主楼采用钢筋混凝土巨型框架体系，是利用建筑平面中心部位的三角形芯筒和三个翼肢的端筒作为主框架的立柱，每隔6层设置的箱形楼盖作为大梁，构成的大型主框架。在主框架的每层大梁上建立一个6层楼高的次框架。次框架柱在每榀次框架的第6层楼板处终止，形成顶层的无柱大空间。

（3）新加坡华侨银行（图1-3-33）

新加坡华侨银行，共54层，以两个端部半圆形核心筒作为巨型

图1-3-34　深圳亚洲大酒店外观

框架柱，每隔14层设置巨型桁架作为巨型框架梁，组成单跨4层巨型框架。

（三）竖筒悬挂体系

1.体系概述

建立竖筒悬挂体系的首要条件是：建筑需采用核心式平面布置，结构上可利用楼面中心部位的公用面积做成竖向芯筒，作为结构体系的主要承力构件。然后，在竖筒的顶部，或者每隔若干层在竖筒的中段，沿径向伸出若干根悬臂桁架，再在每榀桁架的端部悬挂一根吊杆，或者在每榀桁架的根部和端部各悬挂一根吊杆，以吊挂其下各楼层的楼盖大梁。图1-3-35是在顶部设置悬臂桁架的竖筒悬挂体系的结构示意图。

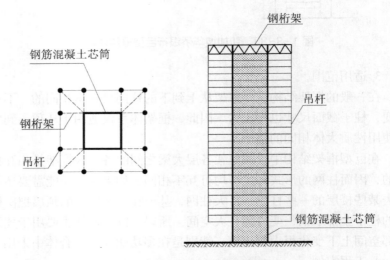

图1-3-35 竖筒悬挂体系

2.体系构成

竖筒悬挂体系由芯筒、桁架、吊杆、楼盖四部分组成，如图1-3-35所示。

（1）芯筒

竖向芯筒是该体系唯一的抗推、承压、受弯构件，通常采用钢筋混凝土墙筒。其平面形状可以是圆形、椭圆形、方形、矩形和多边形，但应与楼面形状一致，使各方向悬臂长度接近，简化结构。

（2）吊杆

每根吊杆吊挂10~20层左右的楼层，承受很大的轴向拉力，一般采用高强钢或高强钢丝束制作。为了提高悬挂体系的稳定性，可采取对吊杆施加预应力的办法。

（3）楼盖

楼盖一般由径向梁、环向梁和楼板组成。径向梁的支承方式有两种：

①一端吊挂式：一端悬挂在楼面外圈吊杆上（或搁在由吊杆悬挂的外环梁上），另一端搁在钢筋混凝土芯筒上；

②两端吊挂式：外端吊挂与上相同，内端吊挂在内圈吊杆上（或搁在由内圈吊杆悬挂的内环梁上），梁内端与芯筒脱开。

在以上两种吊挂方式中，第①种方式耐震性能较差，第②种方式耐震性能较好。

3. 适用范围

（1）采用一端吊挂式楼盖的楼房，抗震设防烈度为 6 度或 7 度时，楼房的高度应分别不超过 80m 和 60m；竖向芯筒的高宽比不宜大于 8（非地震区）、6（6 度设防）、5（7 度设防）。

（2）采用两端吊挂式楼盖的楼房，可用于高烈度区，楼房高度也可适当增高；竖向芯筒的高、宽比可比上述限值适当放宽，但任何情况下均不得大于 8。

4. 工程实例

德国慕尼黑 BMW 公司办公大楼（图 1-3-36）。

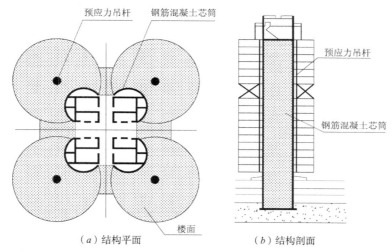

（a）结构平面　　　　（b）结构剖面

图 1-3-36　德国慕尼黑 BMW 公司办公大楼

BMW 公司办公大楼建于 1972 年，由底层的公共用房、碗状陈列馆和高层办公楼三部分组成。高层办公楼共 22 层，平面由四个花瓣组成，结构采用竖筒悬挂体系，利用顶层和中部的设备层设置桁架、吊杆等悬挂体系。

第四节　钢结构体系

一、钢结构的特点

（一）钢结构概述

在我国，高层建筑主要采用钢筋混凝土结构体系，这是因为钢结构用钢量大，造价高，设计、施工技术较为复杂，配套材料、技术不全等因素造成的。但近年来，情况有所改变，北京、深圳、上海等地相继修建了钢结构及钢—混凝土混合结构的高楼数十幢。

随着经济的发展、技术的进步，钢结构高层建筑的优点日益显露出来。尽管同钢筋混凝土结构相比，钢结构的用钢量较大，耐火性能差，但它具有面积利用系数大，抗震性能好，结构自重轻，基础费用少、施工工期短等优势。从多方面的综合效益来看，在高层建筑领域，钢结构与钢筋混凝土结构的差距正在缩小，在不远的将来，钢结构将在高层建筑中占有更大的份额。

高层建筑钢结构根据制作的材料不同，可分为钢结构、钢—混凝土混合结构、型钢混凝土结构和钢管混凝土结构。

（二）钢—混凝土混合结构

钢结构具有截面小，工期短，使用空间大等优点。钢筋混凝土结构具有刚度大，用钢量小，造价低，防火性能好等优点。钢—混凝土混合结构一般是指由钢筋混凝土筒体或剪力墙以及钢框架组成抗侧力体系，以刚度很大的钢筋混凝土部分承受风力和地震作用，钢框架主要承受竖向荷载，这样可以充分发挥两种结构材料各自的优势，达到良好的技术经济效果。

同钢结构相比，钢—混凝土混合结构用钢量省，造价较低，更适合我国国情。以上海静安希尔顿饭店和上海锦江饭店为例作一比较，见表1-4-1。可以看出，前者比后者用钢量少20kg/m²；同时，由于采用了钢筋混凝土核心筒、剪力墙，型钢用量减少70kg/m²，经济效果显著。

上海静安希尔顿饭店和上海锦江饭店结构技术经济指标　　表 1-4-1

项目	上海静安希尔顿饭店	上海锦江饭店
层数（层）	44	44
面积（m²）	52000m²	48000m²
结构	钢筋混凝土剪力墙和核心筒、钢框架	钢框架、钢支撑和钢板剪力墙
单位面积用钢量（kg/m²）	130	150
型钢用量（kg/m²）	50	120
底层钢柱截面（mm）	$400 \times 400 \times 75 \times 75$	$700 \times 700 \times 67 \times 67$
设防标准	7度设防	风力设计、7度校核

（三）型钢混凝土结构

型钢混凝土结构又称钢骨混凝土结构，也称为劲性钢筋混凝土结构。型钢混凝土结构，是指梁、柱、墙等杆件和构件，以型钢为骨架，外包钢筋混凝土所形成的组合结构。此类构件的特点是：

①钢筋混凝土与型钢形成整体，共同受力；

②与全钢结构相比较，可节约钢材 1/3 左右；

③包裹在型钢外面的钢筋混凝土，不仅在刚度和强度上发挥作用，而且可以取代型钢外的防火和防锈材料，更加耐久，并可节约维护费用；

④可加快施工进度，其施工速度比钢筋混凝土结构快，比全钢结构稍慢。

国内外高层建筑中，完整地对梁、柱、支撑及剪力墙等均采用型钢混凝土的工程实例很少。它主要用于下列情况：用作上部钢结构与钢筋混凝土地下室（或基础）之间的过渡层；用作外筒结构的柱子；用作钢—混凝土结构的外框架柱；用作框架柱及内筒。

就我国当前的经济、技术条件而言，对于地震区的高层建筑，型钢混凝土结构比全钢结构更具有竞争力。

（四）钢管混凝土结构

钢管混凝土结构是型钢混凝土结构的一个分支。钢管混凝土通常用于柱，即在钢管（方管或圆管）中灌注混凝土，形成两种材料的组合构件，钢管通常采用圆管最为有效。它的主要受力机制是：

①利用钢管对混凝土的约束作用，使其中的混凝土处于三向受压状态，从而大大提高其抗压强度和变形能力；

②借助内填混凝土来增强薄壁钢管的抗屈曲强度和稳定性。

钢管混凝土柱有良好的力学经济性能，同一般型钢混凝土柱比较，在同等条件下，钢管混凝土柱可节约 30% 的用钢量。同钢筋混凝土柱比较，可节省水泥 70%，节约钢材 10%，节省模板 100%，而造价大致相等。

近 10 多年来，钢管混凝土结构已广泛应用于各种类型的高层建筑。在美国、日本、澳大利亚等国家，建成的钢管混凝土结构高层建筑已经超过 40 幢。在我国，建成的和拟建的钢管混凝土结构高层建筑也近 10 幢。就世界范围而言，钢管混凝土结构在高层建筑中的应用比例将日益增大。

（五）钢结构的特点

同钢筋混凝土结构体系相比，钢结构具有如下特点：

1.节约结构面积

在钢筋混凝土高层建筑中，除采用 C100 的高强混凝土外，一般来说，其竖向构件的截面相当大，而占用较多的建筑使用面积，使单位有效使用面积的造价增高。而钢材的抗拉、抗压、抗剪强度都要比钢筋混凝土高得多。所以在高层建筑中，用钢构件来取代钢筋混凝土构件，可使构件截面减小，结构所占用的面积减少，从而增大使用面积。以上海静安希尔顿饭店为例，在表 1-4-2 中所列出的三种结构类型设计方案中，钢结构比钢筋混凝土结构约可增大 6% 的使用面积。

上海静安希尔顿饭店三种结构方案中结构面积的比较　　　表 1-4-2

结构类型\\项目	钢筋混凝土结构	钢结构	钢—混凝土混合结构
结构面积（m²）	4700	1320	1730
结构面积／建筑总面积	9%	2.5%	3.3%

2. 减轻结构自重、降低基础工程造价

钢结构具有自重轻的特点。一般的钢筋混凝土高楼，典型楼层的自重约为 12~18kN/m²；而钢结构高层建筑典型楼层的自重约为 8~10kN/m²。后者约比前者减轻自重 30% 以上。例如，在上海静安希尔顿酒店三种结构类型对比设计方案中（表 1-4-3），钢结构方案可以减轻自重 42%。同时，减轻结构自重可以减小地震作用，基础荷载也大为减轻，从而降低基础的施工难度和工程造价。

上海静安希尔顿酒店三种结构方案的自重　　　表 1-4-3

结构方案	建筑总重（kN）	单位面积自重（kN/m²）		基底单位面积压力（kN/m²）
钢筋混凝土结构	941000	18.0	100%	770
钢结构	546000	10.5	58%	450
钢—混凝土混合结构	664000	12.8	71%	550

3. 缩短施工周期

在高层建筑中，建造工期的长短，也是确定结构方案的一个十分重要的因素。因为施工速度的快慢关系到建筑能否早日投入使用，尽快收回投资。

钢结构的施工特点是钢构件在工厂制作，然后在现场安装。钢构件安装时，一般不搭设大量的脚手架，同时采用压型钢板作为混凝土楼板的永久性模板，无需另行支设模板。而且混凝土楼板的施工可与钢构件安装交叉进行。钢筋混凝土结构除钢筋可在车间内下料外，大量的支模、钢筋绑扎和混凝土浇筑等工作均需现场进行。因此，钢结构的施工速度通常可快于钢筋混凝土结构约 20%~30%。

例如，采用钢筋混凝土结构的北京国际饭店、北京国际大厦、南京金陵饭店和深圳国贸中心，施工周期分别为 43 个月、36 个月、37 个月和 43 个月。而采用钢结构的上海瑞金大厦、北京香格里拉饭店、上海静安希尔顿酒店和北京长富宫中心，施工周期分别为 20 个月、24 个月、30 个月和 30 个月。由于国外钢结构技术比国内成熟先进，其钢结构高层建筑的施工速度更快，如美国芝加哥西尔斯大厦，共 109 层，高 443m，结构用钢量为 76000t，仅用 15 个月，主体结构就全部完工，充分体现了钢结构的高速度。

4. 抗震性能好

相对于钢材来说，混凝土的抗拉和抗剪强度均较低，延性也差，混凝土构件开裂后的承载力和变形能力将迅速降低。钢材基本上属于各向同性的材料，抗压、抗拉和抗剪强度均很高，更重要的是它具有良好的延性。在地震作用下，钢结构因有良好的延性，不仅能减弱地震反应，而且属于较理想的弹塑性结构，具有抵抗强烈地震的变形能力。所以，钢结构特别适合用于地震区的高层建筑。

5. 用钢量较大

一般来讲，钢结构高层建筑的用钢量比较高，不包括基础及地下室，上部高层钢结构的造价一般为同样高度钢筋混凝土结构造价的1.5 ~ 2.0倍，从而增加了投资。然而，由于建筑技术的进步、钢材性能的提高、结构体系的改进及计算理论的发展，钢结构高层建筑的用钢量有逐年下降的趋势。例如：1931年在纽约建成的102层帝国大厦，用钢量为206kg/m²；而1968年在芝加哥建成的100层汉考克大厦，用钢量仅为146kg/m²。个别实例如此，总的趋势也是一样。上海民用建筑设计院搜集并整理了美国不同年代、不同层数钢结构建筑的用钢量，其平均值列于表1-4-4。统计数字表明，随着时代的进步，31层以上高层建筑的用钢量约下降了35% ~ 43%。

美国不同年代钢结构高层建筑用钢量比较 表 1-4-4

房屋层数 建成日期	21 ~ 30层		31 ~ 42层		43层以上	
	用钢量 （kg/m²）	相对值	用钢量 （kg/m²）	相对值	用钢量 （kg/m²）	相对值
1965年以前	110（16幢）	100%	144（14幢）	100%	163（14幢）	100%
1966年以后	103（8幢）	94%	93（6幢）	65%	93（12幢）	57%

随着我国社会经济技术水平的不断提高，结构用钢量的不断降低，钢结构在高层建筑中的运用将不断增加。

6. 耐火性能差

钢结构是不耐火的结构，钢结构在火灾烈焰下，构件温度迅速上升，钢材的屈服强度和弹性模量随温度上升而急剧下降。当结构温度达到350℃及500℃时，其强度可分别下降30%及50%，至600℃时，结构完全丧失承载能力，变形迅速增大，导致结构倒塌。因此，《高层民用建筑钢结构技术规程》JGJ99-98规定，对钢结构中的梁、柱、支撑及作承重用的压型钢板等要采用喷涂防火涂料保护。

（六）钢结构体系的发展演化

1883年美国芝加哥采用钢框架建成世界上第一幢现代高层建筑——10层的家庭生命保险公司大楼以后，钢结构高层建筑得到了较快的发展。1931年，美国纽约又建成当时世界上最高的帝国大厦，102层，高381m。二次世界大战以后，高层钢结构发展更为迅速。1968年在芝加哥建成了100层、高334m的汉考克大厦；1973年在纽约建成110层、高412m的世界贸易中心；1974年又在芝加哥建成西尔斯大厦，109层，高443m。正是由于高层建筑的兴起与发展形势的需要，促进了多种高层钢结构体系的衍生和进步。

随着高层建筑的发展，新的钢结构体系不断涌现。框架体系在沿用多年之后，由于结构自身力学特性的局限，对于30层以上的高层建筑，就显得不再经济有效。于是出现了框架—支撑体系。即在框架体系中增设支撑，水平荷载主要由支撑来承担，从而能用于30层以上的高层建筑。然而，当建筑层数增多时，由于支撑的高、宽比值超过一定限度，水平荷载倾覆力矩引起的支撑柱的轴压应力很大，结构侧移也较大，不能符合要求。于是，又衍生出支撑—刚臂体系，利用外柱来提高结构体系的抗倾覆能力。

由于高层建筑发展的需要、工程实践经验的积累以及新的设计概念的出现，立体构件在高楼结构体系中得到实际应用，从而出现了以立体构件为主的框筒体系、支撑框筒体系、筒中筒体系和框筒束体系。

二、钢结构体系

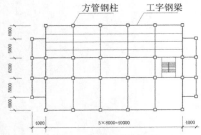

图 1-4-1 北京长富宫中心标准层结构平面

（一）框架体系

1. 体系构成

框架体系是指沿建筑的纵向和横向，均采用框架作为主要构件所构成的结构体系。框架既是承重构件，也是抵抗侧力的构件。地震区的高层钢框架结构，其框架梁柱的连接，一般均采取刚性连接。其他的一些次要结构可采用铰接，以减小构件尺寸和简化连接构造。

2. 受力特点和适用范围

钢框架结构抵抗侧力的水平不强。当水平荷载较大时，为提供足够的抗弯刚度，梁柱截面会变得很大，以至超出经济的范围。所以钢框架结构高层建筑的高度受到一定的限制。

采用钢框架结构的高层建筑，框架底层往往出现塑性变形集中现象。这是因为建筑地面以下基础部分的抗推刚度很大，相对而言，建筑底层的抗推刚度就很小，形成刚度突变。在遭遇地震时，建筑容易因框架底层的塑性变形集中而导致破坏。如果在框架的地上一二层采用型钢混凝土，可以减小该处刚度的突变。

由于框架体系能够提供较大的内部使用空间，因而建筑布置灵活，能适应多种建筑功能的需要。此外，框架体系的杆件类型少，构造简单，施工周期短。所以，对层数不太多的高层建筑来说，框架体系是一种应用比较广泛的结构体系。从技术经济的角度考虑，钢框架结构体系一般仅用于30层以下的高层建筑。

3. 工程实例

北京长富宫中心（图1-4-1、图1-4-2）

北京长富宫中心为地下两层、地上25层，高91m的旅馆建筑，平面尺寸为48m×25.8m。标准层层高3.3m，采用钢框架结构体系，第2层以下（包括地下室）为型钢混凝土结构，第3层以上为钢结构。

图 1-4-2 北京长富宫中心外观

（二）框—撑体系

1. 体系构成

在框架体系中的部分框架柱之间，沿结构的纵、横两个方向均布置一定数量的竖向支撑，所形成的结构体系称为框架—支撑体系，简称框—撑体系。考虑到建筑造型和立面的要求，以及建筑底部的通行需要，支撑大多布置在平面中心部位的服务区域周围。

支撑类型的选择与建筑的抗震要求、建筑的层高、柱距以及建筑的使用要求有关，通常可将支撑分为轴交支撑、跨层支撑、偏交支撑和嵌入式墙板等几种：

（1）轴交支撑：是指其中水平杆、竖杆和斜杆的轴心线交汇于一点的支撑。轴交支撑是传统的和最常用的方式，见图1-4-3。

（2）偏交支撑：是指其中水平杆、竖杆和斜杆的轴心线并非交汇于一点的支撑。偏交支撑同轴交支撑相比，具有可增加结构延性，节约用钢量，降低造价等优点，见图1-4-4。

（3）跨层支撑：是指节间高度跨越两个以上楼层的支撑。它可减少杆件和节点的数量，并可提高支撑的功效，符合超高层建筑中支撑大型化的发展趋势，见图1-4-5。

（4）嵌入式墙板：由于以上三种支撑的截面尺寸受杆件长细比的限制，其截面尺寸较大，受压时也容易失稳。所以可采用嵌入式墙板作为支撑来承担结构的水平剪力。常见的种类有钢板剪力墙墙板、内藏钢板支撑的混凝土剪力墙墙板和带竖缝的混凝土剪力墙墙板。

2. 受力特点和适用范围

在水平荷载作用下，钢框架梁柱主要以剪弯变形为主；而支撑的变形主要是轴向拉伸或压缩。因此，在同等杆件截面和同级水平荷载作用下，支撑的侧移值要比框架的侧移值小得多；即表明支撑的抗推刚度比框架大很多。又由于支撑和框架之间良好的协同工作性能，所以与框架体系相比，框—撑体系有更大的抗推刚度，能用于更高的高层建筑。

在框—撑体系中，框架的布置原则和柱网尺寸，基本上与框架体系相同，因此它也具有平面布置灵活的特点，适用于多种建筑功能的需要。由于框—撑体系的抗推刚度比框架体系要大，一般而言，框—撑体系可用于地震区40层以下的高层建筑。

3. 工程实例

（1）加拿大蒙特尔贝尔公司和国家银行大厦（图1-4-5）

加拿大蒙特尔贝尔公司和国家银行大厦，地上38层，高127m，七层以上为钢结构，采用框—撑体系。支撑沿建筑中心的服务竖井四周布置，但人字形支撑的每一个节间跨越了三个楼层。由于支撑的节间长，宽度大，同一方向仅需布置一列支撑，既方便了施工，又提高了抗侧力的有效性。

（2）北京京广中心大厦（图1-4-6、图1-4-7）

北京京广中心大厦建筑平面为90°夹角的扇梯形平面，地下3层，

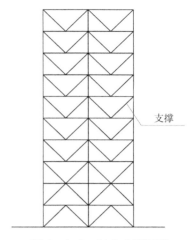

图1-4-3　轴交支撑示意

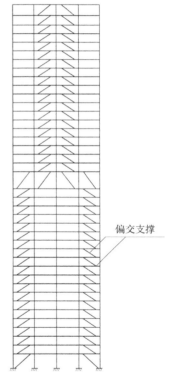

图1-4-4　偏交支撑示意

地上 52 层，高 196m。该建筑为多功能大厦，上部公寓，中部办公，下部旅馆。采用框—撑结构体系，竖向支撑均布置在核心区柱间内，并在核心区两端形成三角形支撑小筒体，使该结构的抗推刚度又大为提高。竖向支撑主要采用带竖缝的预制墙板。地下部分采用型钢混凝土框架和混凝土剪力墙。

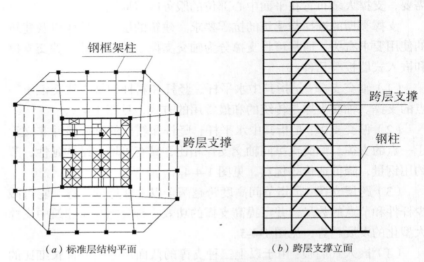

（a）标准层结构平面　　　　　（b）跨层支撑立面

图 1-4-5　加拿大蒙特利尔贝尔公司和国家银行大厦

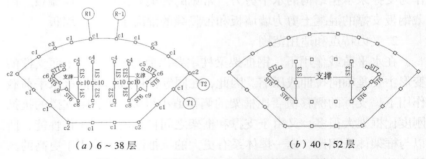

（a）6～38 层　　　　　（b）40～52 层

图 1-4-6　北京京广中心大厦结构平面示意

（三）支撑—刚臂体系

1. 体系构成

该体系由框—撑体系演化而来，即沿建筑的纵横双向，在建筑顶层以及每隔 15 层左右，从支撑向外伸出一榀一层楼高的桁架，形成一道道刚臂，与外柱相连，并在该楼层沿外圈框架设置一层楼高的桁架，形成一道道环梁，使外圈框架柱与内部支撑连为一个整体，共同抵抗水平荷载引起的倾覆力矩，见图 1-4-8。

2. 受力特点与适用范围

在框—撑体系中，支撑是主要的抗弯构件，通常设置在建筑平面中心服务竖井周边，而服务竖井的面积较小（一般为标准层面积的15% 左右），因此支撑的宽度较小；又由于支撑抗推能力的大小与支撑的高、宽比值成反比，所以框—撑体系的高度受到限制。

图 1-4-7　北京京广中心大厦外观

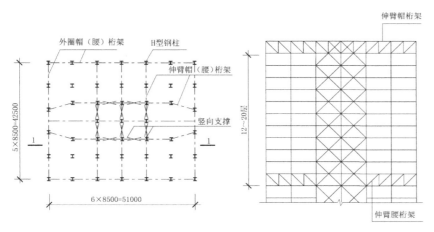

图 1-4-8　支撑—刚臂体系的构成

在支撑—刚臂体系中，由于刚臂的加入减少了结构的侧移，并使外柱参与结构整体抗弯，加大了抗侧力体系的高、宽比值，从而提高了该体系的抗推效能，增加了该体系的适用建筑高度。一般来说，60层以下的高层建筑采用该体系是可能的。

3. 工程实例

（1）北京京城大厦（图 1-4-9、图 1-4-10）

北京京城大厦，地下4层，地上48层，高173m。该建筑为多功能大厦，上部公寓，下部办公。主楼平面为带锯齿边的正方形，柱网沿楼面对角线方向布置，柱距为4.8m，采用全钢的支撑—刚臂体系。支撑是采用外包混凝土内藏人字形钢板支撑的预制混凝土墙板。为了进一步增强高楼的抗推刚度，在第48层和第27层各设置8榀伸臂桁架，与外框架柱相连，同时在该两个楼层伸臂桁架的外圈设置腰桁架和帽桁架。

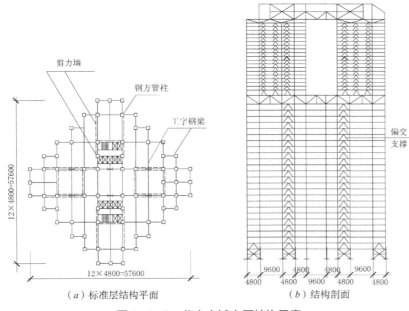

图 1-4-9　北京京城大厦结构示意

图 1-4-10　北京京城大厦外观

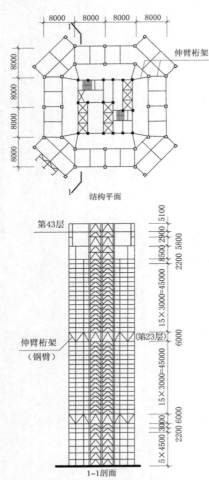

图 1-4-11　上海新锦江饭店结构示意
（单位：mm）

图 1-4-12　上海新锦江饭店外观

（2）上海新锦江饭店（图 1-4-11、图 1-4-12）

上海新锦江饭店，地下 1 层，地上 44 层，高 153m。主楼采用全钢的支撑—刚臂体系。柱网基本尺寸为 8m×8m。支撑沿楼面中心服务竖井周边布置，形成支撑芯筒。在第 23 层及 43 层设置两道伸臂桁架，与外柱相连。

（四）框筒体系

1. 体系构成

该体系又称为外筒体系。其外圈由密柱、深梁和框架围成框筒，它具有很大的抗推刚度，几乎承担了所有的水平荷载。在建筑内部仅设一般框架，承受竖向重力荷载，构造简单，而且可以采用较大跨度，为建筑提供大空间。为了保证框筒体系密柱、深梁的实现，减少剪力滞后效应的影响，并考虑到建筑功能的需要，钢框筒的外立面开洞率一般控制在 30% 左右。

2. 受力特点与适用范围

筒体结构体系和前述框架、框—撑、支撑—刚臂体系相比，具有如下特点：

①抗侧力构件由建筑平面中心移向周边，加大了抗侧力体系的宽度，减小了其高、宽比。

②用立体构件替代平面构件，提高了抗侧力体系的效能。

③抗侧力构件与承重构件二者合一，加大了抗侧力构件所承担的重力荷载，并避免了抗侧力竖向构件出现过大拉力。

框筒体系就是在上述条件和思路的指导下，将建筑外圈框架加以改进（密柱深梁），演化而来。它不仅使建筑向更高的高度发展成为可能（一般来说，100 层以内的高层建筑采用框筒体系是合理的），而且为高层建筑内部提供了类似框架体系的灵活大空间。

框筒体系用于方形、圆形、正多边形等具有双对称轴的平面最为有效。但是，该体系用钢量较大，外圈框架密柱深梁，柱距较小，立面开洞率受到限制，这是在建筑设计中必须考虑到的。

3. 工程实例

（1）美国芝加哥标准石油公司大厦（图 1-4-13、图 1-4-14）

美国芝加哥标准石油公司大厦，地下 5 层，地上 82 层，高 342m，楼层平面尺寸为 59.2m×59.2m，楼面核心服务区尺寸为 29m×29m。大楼主体结构采用框筒体系。外圈采用柱距为 3.05m，窗裙梁高 1.68m 的密柱、深梁型钢框筒，承担全部水平荷载。楼面核心区采用一般框架，仅承担重力荷载。建筑外立面开洞率为 28%。

（2）美国纽约世界贸易中心（图 1-4-15、图 1-4-16）

美国纽约世界贸易中心由两幢 110 层高的方形塔楼及 4 幢裙房组成。其中，塔楼地下 6 层，地上 110 层。楼层平面尺寸为 63.5m×63.5m，楼面核心服务区尺寸为 42m×42m。两幢塔楼均采用框筒体系。外圈为密柱、深梁型钢框筒，由 240 根钢柱组成。柱距为 1.02m，窗裙梁高为 1.32m，承担全部水平荷载。楼面核心区采用一

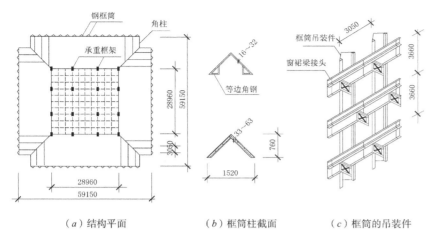

（a）结构平面　　　（b）框筒柱截面　　　（c）框筒的吊装件

图1-4-13　芝加哥标准石油公司框筒体系（单位：mm）

图1-4-14　芝加哥标准石油公司外观

般框架，仅承担重力荷载。建筑外立面开洞率为24%。为了增强框筒的竖向抗剪刚度，减小框筒的剪力滞后效应，利用每隔32层所布置的设备层，沿框筒设置一道7m高的钢板圈梁。

（五）筒中筒体系

1. 体系构成

筒中筒体系由两个及两个以上的内、外框筒组成。它与框筒体系的不同之处就是将原来的承重框架换成由密柱、深梁组成的内框筒，与外框筒协同工作。为了进一步提高结构抵抗水平荷载的能力，通常还在内框筒中设置支撑。由于外筒的侧向刚度比内筒大很多，所以外筒是主要的抗侧力结构，而内筒将承担较大的水平剪力。

2. 受力特点与适用范围

筒中筒体系进一步提高了结构的抗推刚度，减小了结构顶点位移。还可以利用建筑的顶层和设备层、避难层等设置内外框筒之间的伸臂桁架，提高结构的整体抗弯能力。可以说，筒中筒体系是一个比框筒体系更强、更有效的抗侧力体系，它完全可以抵御强烈的地震。即使用于高烈度区，其高度也可达100层左右。

但同框筒体系一样，它所适用的平面形状，外圈框筒柱的柱距及外立面的开洞率也受到一定的限制，亦对建筑设计提出了一定的要求。

3. 工程实例

（1）北京中国国际贸易中心主楼（图1-4-17、图1-4-18）

北京中国国际贸易中心主楼，地下两层，地上39层，高155m。结构主体采用钢结构筒中筒体系。地下室为钢筋混凝土结构，地面以上第1～第3层，采用型钢混凝土结构，第4层以上为钢结构。内、外框筒的平面尺寸分别为21m×21m和45m×45m，柱距均为3m。内外框筒之间用跨度为12m的钢梁连接。为进一步提高结构体系抵抗水平力的能力，在内框筒四个面的两端边柱列内设置支撑。此外，还在第20层和第38层的设备层内，沿内外框筒各设置一圈高5.4m

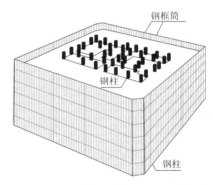

图1-4-15　美国纽约世界贸易中心框筒体系示意

图1-4-16　美国纽约世界贸易中心外观

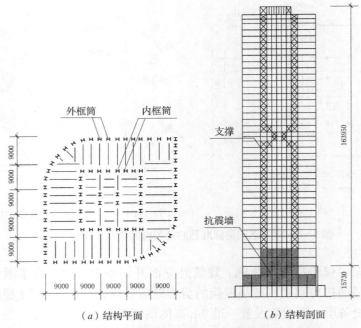

图1-4-17 北京中国国际贸易中心主楼结构示意（单位：mm）

图1-4-18 北京中国国际贸易中心外观

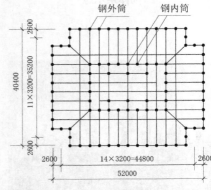

图1-4-19 上海国际贸易中心大厦标准层结构平面（单位：mm）

的钢桁架，形成两道钢圈梁。支撑和桁架的布置，有利于减小剪力滞后效应，减轻内框筒角柱的应力集中，提高内框筒的整体抗弯能力。

（2）上海国际贸易中心大厦（图1-4-19）

上海国际贸易中心大厦地下两层，地上35层，高约130m。建筑平面为四角收进的矩形，平面尺寸为40.4m×50m。结构为全钢结构，采用筒中筒体系，内筒宽16m，内外筒柱距均为3.2m，内、外筒之间跨度为12.2m，用钢梁连接，梁高600。由于建筑高度不高，内筒柱间未设竖向支撑。地下室部分采用型钢混凝土。

（六）框筒束体系

1. 体系构成

框筒束体系是由两个及两个以上框筒并置连接在一起的结构体系。或者说，框筒束体系是由一个外筒在其内部增设一榀或数榀腹板框架相连而成。腹板框架可以是由密柱、深梁形成的框架，也可以是支撑，或者是两者的组合体。框筒束中的每一个框筒单元，可以是圆形、方形、矩形、三角形、梯形、弧型或其他任何形状（图1-4-20），而且每一个单筒都可以根据实际需要，在任何高度处终止，而不影响整个结构体系的完整性。

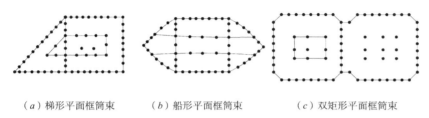

（a）梯形平面框筒束　　（b）船形平面框筒束　　（c）双矩形平面框筒束

图1-4-20　采用框筒束的复杂建筑平面

2. 受力特点与适用范围

由于在纵横双向上，框筒束体系均有多榀腹板框架，使剪力滞后现象大有改善。同时，腹板框架的存在提高了外筒的整体抗弯刚度和抗弯能力，也提高了结构的抗剪能力。所以，相比框筒体系，它在抗弯能力、抗剪能力和侧向刚度方面均得到较大提高。

和框筒体系相比，框筒束体系更加灵活多变，应用范围也更广。一方面，它适用于各种平面形式，而框筒体系要求平面形状具有双对称轴，所以平面形状以圆形、方形、正多边形为多。另一方面，它对形体的制约也较少，例如在框筒体系中，矩形平面长边和短边之比应≤1.5，并且边长≤45m，而框筒束体系则没有此限制，而且它的立面开洞率比框筒体系要大，这就为建筑造型创造了更好的条件。一般来说，框筒束体系可用于高烈度区110层以下的高层建筑。

3. 工程实例

美国芝加哥西尔斯大厦（图1-4-21）

美国芝加哥西尔斯大厦，109层，高443m。建筑底层平面尺寸为68.6m×68.6m，高、宽比为6.5，采用钢框筒束体系。

该建筑所采用的框筒束体系的构成是：在外圈大框筒的内部，按井字形，沿纵、横两个方向各设置两榀密柱型框架，将一个大框筒分隔成9个并联的子框筒，每个子框筒的平面尺寸均为22.9m×22.9m，内、外框架的柱距均采用4.57m。按照各楼层使用面积向上逐渐减少的要求，到第51层时，减去对角线上的两个子框筒；到第67层时，再减去另一对角线上的两个子框筒；第91层以上，再减去3个子框筒，仅保留2个子框筒到顶。

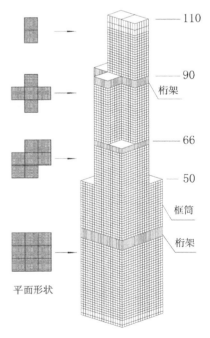

平面形状

图1-4-21　芝加哥西尔斯大厦结构示意（单位：m）

为了进一步减小框筒的剪力滞后效应，利用第35层、第66层、第90层三个设备层和避难层，沿内、外框架各设置一层楼高的桁架，形成三道圈梁，来提高框筒抵抗竖向变形的能力。

（七）巨型支撑筒体系（巨型桁架体系）

1.体系构成

巨型支撑筒体系又称为巨型桁架体系，是由大型立体支撑、平面内小框架及内部钢框架所组成。在体系中，大型立体支撑是主构件，承担着整座大楼的绝大部分竖向荷载和水平荷载；支撑平面内的小框架及内部钢框架是次构件，担负着将若干楼层竖向荷载和局部水平荷载向主构件传递的任务。

大型立体支撑的主要组成部分是沿建筑物周边布置的大型支撑，支撑的每一个面都是横跨整个边长的单列支撑，各个面的支撑杆件在建筑物的转角处交汇，并共用一根竖杆件。在建筑物内部，有时也沿对角线方向布置支撑，其作用是将建筑物内部的竖向荷载传递至外圈支撑的角柱，以加大角柱的竖向压力，避免支撑的角柱在水平荷载引起的倾覆力矩作用下出现拉应力。

2.受力特点与适用范围

由于巨型支撑筒体系中的抗推竖向构件由楼面中间部位向楼面周边转移，并向四角集中，所以该体系可以获得构件抗力矩的最大力臂，形成一种新型的高效抗侧力体系。其特点为：

①大型支撑的斜杆将水平剪力转换成斜向轴力，不仅使结构的刚度大为提高，还可充分发挥材料的性能，减少结构断面尺寸，节约材料；

②大型支撑布置在建筑周边，并交汇于4个角柱，加大了抗力矩的力偶臂，简化了基础施工；

③次构件的柱可用吊杆替代，以充分发挥钢材的抗拉强度，可节约钢材40%；

④各内柱可以上、下不对齐，并根据各层空间的不同需要加以变更，因而设计更加灵活。

该体系适用于建筑内部需要大空间，并能灵活分隔的高层建筑，适用于强风、高烈度地区的140层以下的高层建筑。

3.工程实例

（1）美国芝加哥汉考克大厦（图1-4-22）

美国芝加哥汉考克大厦，100层，高332m，是一幢集办公、公寓、停车和商场于一体的多功能建筑物。其在下部各层设置商业和办公空间，在中间各层设置停车库，上面各层为公寓，顶层为豪华公寓。由于公寓的进深不能太大，所以大厦采用下大上小的矩形截锥体。底层平面尺寸为79.2m×48.7m，顶层平面尺寸为48.6m×30.4m。结构采用钢支撑筒体系，由于沿框筒周圈设置了大型交叉支撑，外圈框筒的柱距在底层的最大尺寸达到了13.2m。

该大厦的截锥体形对于抵抗水平力也有帮助，一方面，倾斜支撑

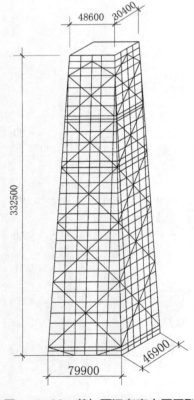

图1-4-22　芝加哥汉考克大厦巨型支撑框筒体系示意

轴向力的水平分量可以抵消一部分水平荷载；另一方面，采用截锥体形后，降低了建筑的重心，也就减小了水平力引起的倾覆力矩。

（2）香港中国银行大厦（图1-4-23）

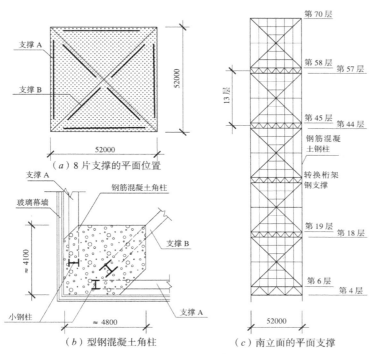

（a）8片支撑的平面位置

（b）型钢混凝土角柱　　（c）南立面的平面支撑

图1-4-23　香港中国银行巨型桁架体系示意（单位：mm）

香港中国银行大厦，地上70层，高368.5m。建筑底层平面采用52m×52m的正方形，并沿对角线方向，将正方形划分为形状为三角形的四个区，向上每隔若干层（25层或13层）切去一个区，到楼房的顶部，楼层平面成为原面积1/4的三角形。结构上配合采用巨型支撑筒体系，整座建筑由8片平面支撑和5根型钢混凝土柱所组成。其中4片支撑沿方形平面周边布置，另4片支撑沿方形平面对角线布置，各片支撑交汇于平面四角和中心的5根型钢混凝土柱。在周边支撑和对角线支撑中分别设置5根小钢柱和两根小钢柱，承担楼层重力荷载，并向支撑角柱传递。

（八）巨型框架体系

1. 体系构成

巨型框架体系是由柱距很大的立体柱和跨度很大的立体梁组成。它与一般框架的构件为实腹截面不同，它的梁和柱都是空心的立体构件，一般有以下三种类型：

①桁架型。即巨型框架的"梁"是由4榀桁架围成的立体桁架，巨型框架的"柱"是由4片支撑围成的立体支撑。

②斜格型。即巨型框架的"梁"和"柱"，都是由4片斜格式多重腹杆桁架围成的立体杆件。

③框筒型，即巨型框架的"柱"是由一个小框筒构成的，"梁"则是由立体桁架构成的，见图1-4-24。

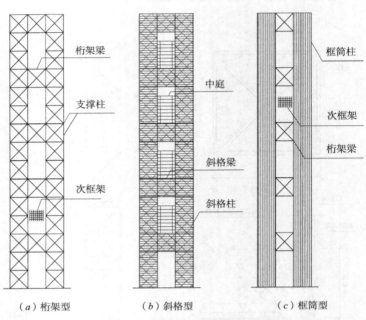

（a）桁架型　　　　（b）斜格型　　　　（c）框筒型

图1-4-24　巨型框架的三种基本类型

巨型框架的"柱"，一般是布置在建筑的四角；多于4根时，除角柱外，其余的柱也是沿建筑的周边布置。巨型框架的"梁"，一般是每隔12～15个楼层设置1根。其中间楼层则是仅承担重力荷载的一般小框架，称为子结构。

2. 受力特点与适用范围

由于巨型框架体系的"柱"布置在建筑的四角，所以它和框筒体系相比，具有更大的抵抗倾覆力矩的能力。在巨型框架的不同节间，可根据使用功能的需要进行小框架子结构的布置，而且，在主框架梁下还可形成无柱的大空间。该体系主要用于需要沿高度有不同功能需要，或需要设置大空间、透空层和空中花园的高层、超高层建筑，并适用于强风、高地震烈度的地区。

3. 工程实例

（1）日本东京市政厅大厦（图1-4-25、图1-4-26）

日本东京都厅舍，地上48层，高243m。采用钢结构巨型框架体系，整个结构是由8根巨型柱与6层巨型梁组成的多跨巨型框架。其中，巨型柱是由4根角柱与4片竖向支撑围成的边长为6.4m的支撑竖筒，巨型梁则是由两榀竖向放置桁架与两榀水平放置桁架围成的立体桁架。

（2）日本动力智能大厦（图1-4-27）

日本东京拟建的"动力智能大厦-200"（Dynamic Intelligent Building-200），简称DIB-200。它是一座集办公、旅馆、公寓以及商业、文化体育活动为一体的综合性特高建筑，地下7层，地上200层，高800m，总建筑面积为150万 m²。该大厦由12个单元体组合而成，

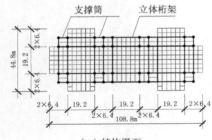

支撑筒　立体桁架

44.8m　19.2　2×6.4　19.2　2×6.4

2×6.4　19.2　19.2　19.2　2×6.4
2×6.4　108.8m　2×6.4

（a）结构平面

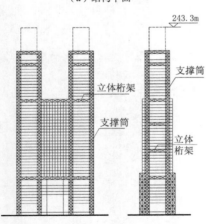

243.3m

支撑筒

立体桁架

支撑筒

立体桁架

（b）结构剖面

图1-4-25　日本东京市政厅大厦结构示意

每个单元体是一个直径50m、高50层的筒形建筑。这种联体式建筑可以自由布置商业、办公、旅馆、居住等功能，可以提供空中花园，并具有良好的天然采光和广阔视野。

该大厦的主体结构采用由支撑筒作柱、立体桁架作梁所组成的巨型框架体系。此巨型框架每隔50层（200m）设置一道巨型梁，整个框架是由12根巨型柱和11根巨型梁构成，每段柱是一个直径为50m、高200m的支撑框筒。

为了进一步减小台风和地震作用下的结构侧移和风振加速度，在结构上安装了主动控制系统。该系统由传感器、质量驱动装置、可调刚度体系和计算机所组成。当台风或地震作用时，安装在房屋内外的各个传感器，把收到的结构振动信号传给计算机，经过计算机的分析和判断，启动安装在结构各个部位的地震反应控制装置，来调整建筑的重心，以保持平衡，从而避免结构强烈振动和较大侧移的发生。根据对比计算结果，安装主动控制系统后，结构的地震侧移得以削减40%左右。

图1-4-26　日本东京市政厅大厦外观

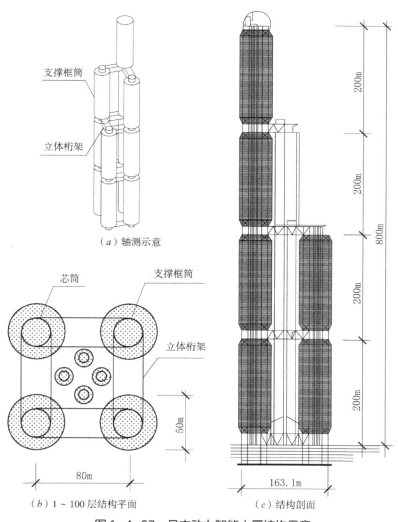

图1-4-27　日本动力智能大厦结构示意

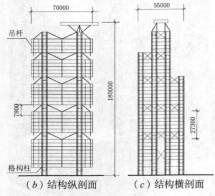

（a）结构平面

（b）结构纵剖面　　　（c）结构横剖面

图1-4-28　香港汇丰银行大厦悬挂
体系（单位：mm）

图1-4-29　香港汇丰银行大厦外观

（九）悬挂体系

1. 体系构成

悬挂体系是指采用吊杆将高层建筑楼盖分段悬挂在主构架上所构成的结构体系。主构架与前一节中的巨型框架相类似，承担全部侧向和竖向荷载，并将它直接传至基础。

2. 受力特点与适用范围

钢材是匀质材料，具有很高的而且几乎相等的抗拉和抗压强度。一般的钢压杆由于稳定的原因，其抗压强度不能充分发挥。而钢拉杆由于不受杆件稳定要求的影响，强度能够充分发挥。所以钢结构悬挂体系能够充分利用材料强度，而且能够采用高强度钢，是一种经济有效的钢结构体系。

在悬挂体系中，除主构架落地外，其余部分均从上面吊挂，可以不落地，为建筑设计实现底层全开敞提供了可能性。该体系对于地震区的高层建筑尤其合适。它可以减小地震作用，有利于提高结构的抗震可靠度。

3. 工程实例

香港汇丰银行大厦（图1-4-28、图1-4-29）

香港汇丰银行大厦，地下4层，地上43层，高175m。采用矩形平面，底层平面尺寸为55m×72m。由于建筑规划要求底层全部开敞，所以建筑结构采用悬挂体系。由8根"格构柱"和5层纵、横向桁架梁组成悬挂体系的主构件，承担着整个大楼的全部水平荷载和竖向荷载。每根格构柱由两个方向间距分别为4.8m和5.1m的4根圆形钢管，以及沿高度每隔3.9m的4根纵、横向变截面箱形梁组成。沿建筑横向，格构柱的净距为11.1m。沿建筑纵向，格构柱的净跨度为33.6m。两端悬臂长度为10.8m。各道桁架梁之间的4～7层楼板通过吊杆悬挂在上一层的桁架梁上。

第五节　高层建筑其他结构设计

一、结构转换层设计

（一）结构转换层的由来

早期的高层建筑多为单一用途，而现代高层建筑向多功能、综合用途发展。例如，在一幢高层建筑中，上段为住宅或旅馆，中段为办公楼，下段和裙房为商场、餐厅、银行或文娱活动场所，地下部分则用作停车场，如图1-5-1。从建筑使用功能的角度出发，住宅和旅馆需要的是小空间，而办公需要较大的空间，商场和娱乐场所则要求无柱的或少柱的大空间。

不同用途的楼层需要大小不同的开间，采用不同的结构形式。因此在一幢建筑中上、下楼层间就需要一个结构层进行转换。它主要分为以下几种情况：

（1）底部需要大空间。如临街的高层住宅，常在建筑的底层或下部几层布置较大的空间，用作商业或公共活动场所。为了实现上部住宅向下部大空间的转化，就需要设置转换层。

（2）底层出入口的需要。如在采用筒中筒体系或外框筒体系的高层建筑中，外框筒的柱距多在3m以内，而这样小的柱距无法用作高大建筑底层的出入口，就需要通过转换层来扩大底层的柱距，以形成较开阔的出入口，如纽约世界贸易中心底部的处理。

（3）在现代高层建筑中，为了给使用者创造更好的环境条件，在建筑立面上开设透空洞口是常见的手法。并且，开洞还可以减小风荷载对建筑的影响。因此，在开洞的部位就需要设置结构转换层，以支撑上部结构，如北京西客站大楼。

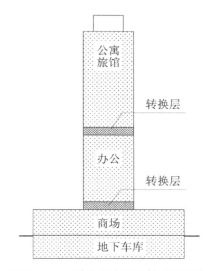

图1-5-1　综合性高层建筑功能示意

（二）结构转换层的类型

根据高层建筑上下楼层结构关系的不同，可将结构转换层分为以下几种类型。

1. 上下层结构类型转换

这种转换层广泛用于剪力墙结构和框架—剪力墙结构，它将上部剪力墙转换为下部的框架，以创造一个较大的内部自由空间。如北京南洋饭店（图1-5-2），共24层、高85m，采用框支剪力墙体系，第五层为转换层，剪力墙托梁高4.5m，底层柱最大直径1.6m。

2. 上下层柱网、轴线改变

此种转换层上下的结构形式并没有改变，但是通过它可使下层柱距加大，形成大柱网，常用于采用外框筒结构的高层建筑，使其下部能形成较大出入口。如香港新鸿基中心（图1-5-3），共51层，高约178m，采用筒中筒体系，第1～第4层为商业用房，第5层以上为办公。由于外框筒柱距仅2.4m，无法安置底层入口，在第5层采用2m×5.5m大梁进行结构轴线转换，将下层柱距扩大到16.8m和12m。

3. 同时转换结构形式和结构轴线布置

即上部楼层剪力墙结构通过转换层改变为框架的同时，柱网轴线与上部楼层的轴线错开，形成上下结构不对齐的布置。如北京中国国际贸易中心中国大饭店（图1-3-5），在第4层设置转换层，通过横向托梁将剪力墙的荷载传给横向框架梁，通过纵向托梁（1.8m高的I形钢梁）扩大柱距，将荷载传到下层框架柱。标准层横向剪力墙间距为4.2m、4.8m，下层柱距扩大为9m。

（三）转换层楼盖的形式

转换层楼盖依其受力状态的不同可采用梁式楼盖、箱形楼盖或厚板楼盖三种类型。

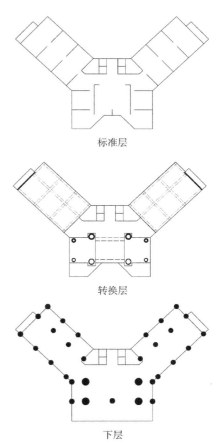

标准层

转换层

下层

图1-5-2　北京南洋饭店结构转换示意

2000×5500
预应力大梁 4000×1500

750×1250

2700×1500

2000×5500
预应力大梁

34400

48800

（a）5 层平面

5200

300×1500

1000×650

预制梁
（与外柱刚接与
核心筒铰接）

34400

10×2400

5200

5200   16×2400   5200

48800

（b）标准层平面

图 1-5-3 香港新鸿基中心结构转换示意（单位：mm）

1. 梁式楼盖

梁式楼盖是指在现浇钢筋混凝土楼板上布置单向托梁（纵向或横向）或纵横双向托梁或斜向托梁，以承托在本层落空的上面各层的承重柱或剪力墙。

1）托梁的类型

梁式楼盖的托梁可分为实腹梁、孔腹梁和桁架梁。现浇钢筋混凝土实腹梁可用于承托上层的剪力墙或柱。但当上层荷载很大或下层柱距很大时，需采用预应力钢筋混凝土梁或型钢混凝土梁。高层建筑中的转换层通常兼作设备层，有通行要求，需采用孔腹梁。桁架梁能适应更大的跨度。它对于扩大建筑下部柱距、提供建筑高大出入口以及在高层建筑主体开设大洞口都是适用的。并且，也能在转换层中使用。

2）工程实例

（1）深圳旅游中心（贝岭中心）（图 1-5-4）

深圳旅游中心主楼为弧形平面，地面以上 28 层，高 94m。第 6 层以上各层为客房，采用大开间剪力墙体系。因建筑功能要求，第 5 层以下为较大空间，改用框—墙体系。第 6 层楼板成为转换层楼板，采用梁式楼盖。在悬墙下设置托梁，并将楼板加厚为 200mm，托墙框架柱采用直径为 1.00m 的圆柱。

（2）深圳航空大厦（图 1-5-5）

深圳航空大厦，地下 1 层，地上 37 层，高 120.2m。主体结构为芯筒—框架体系。第 5～26 层内、外两圈框架的柱距均为 3.9m；第 1～第 4 层内、外两圈框架的柱距均扩大为 7.8m。因此，在第 5 层设置转换层，兼作设备层，采用梁式楼盖，顺内、外两圈框架轴线布置转换层托梁，转换层楼板加厚为 200mm，托墙框架柱采用 1.20m 和 1.30m 的方柱。

2. 箱形楼盖

箱形楼盖是指以上下两层楼板作为构件的上下翼缘，并在其间设

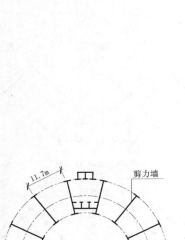

11.7m

剪力墙

5.0 5.0   32m   5.0 5.0

（a）第 6 层以上结构平面

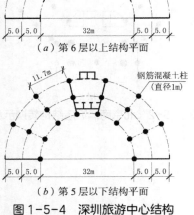

11.7m

钢筋混凝土柱
（直径1m）

5.0 5.0   32m   5.0 5.0

（b）第 5 层以下结构平面

图 1-5-4 深圳旅游中心结构
平面（单位：m）

置若干片单向或双向腹板（竖隔板）后,所形成的箱形水平抗弯构件。它的承载能力比梁式楼盖大得多, 所以箱形楼盖特别适用于大跨度以及承托大荷载的柱和墙。根据实际情况, 可在箱形楼盖中设置设备层或其他辅助用房。

（1）设计要点

箱形楼盖的截面高度可取其跨度的 1/8 ~ 1/5, 楼盖上、下楼板的厚度均不宜小于 300mm, 腹板的厚度不宜小于 400mm。为保持箱形楼盖的整体性, 下层支承结构的柱和墙应延伸到箱形楼盖的顶板面。

（2）工程实例

北京艺苑假日皇冠饭店（图 1-5-6）

北京艺苑假日皇冠饭店主楼, 地下 1 层, 地上 9 层, 高 36.2m, 采用现浇钢筋混凝土框—墙结构体系。第 3 层以上为标准客房, 地下第 1 层到地上第 2 层为公用部分。底层在汽车进出口部位要求有一个很大的无柱室内空间, 因此在该部位上方设置一个局部的箱形楼盖（或称箱形梁）, 以承托上面的 7 层框架, 其跨度为 17.95m, 宽度为 22.1m, 高 405m, 支承在截面为 1200mm×1400mm 的钢筋混凝土柱上。

3. 厚板楼盖

厚板楼盖是指将结构转换层设计为一块整体整浇的厚平板, 其厚度常达到 2 ~ 3m。由于厚板楼盖的受力、传力比较复杂, 不够明确。一般只有在上下部结构明显不协调, 无法采用梁式转换层时才采用。

从建筑设计的角度看, 在厚板内无法像梁式楼盖和箱形楼盖那样设置设备层及其他辅助功能, 不能充分利用建筑空间。从结构设计的角度看, 厚板楼盖对抗震不利。一方面, 它非常厚, 自重相当大, 所以对抗震不利;另一方面, 厚板楼盖相对于普通楼盖的刚度相当大, 它使结构的刚度在转换层处发生突变, 降低了结构抗震的可靠性。因此, 在地震区的高层建筑中, 转换层要慎用厚板楼盖。

（1）设计要点

厚板楼盖的板厚宜取下层柱、墙等支承构件之间距离的 1/4 ~ 1/3。转换层厚板楼盖上下各 1 层的楼盖也应适当加强, 现浇钢筋混凝土楼板的厚度不宜小于 250mm。

（2）工程实例

深圳华彩花园住宅（图 1-5-7）

深圳华彩花园住宅, 地面以上 34 层, 高 95.2m。第 4 层以上为住宅, 采用现浇钢筋混凝土剪力墙体系, 平面为莲花形, 形状比较复杂, 墙体沿纵向、横向和斜向三个方向布置, 而且不规则。第 3 层以下连同裙房用作商场, 采用框—墙体系。因为上下层结构轴线不对齐, 而且构件错位较多, 很难在转换层采用比较简单的梁式楼盖, 所以采用了厚板楼盖。板厚为 2.2m。

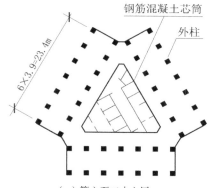

（a）第六至二十六层

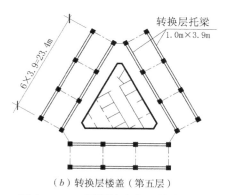

（b）转换层楼盖（第五层）

图 1-5-5　深圳航空大厦结构平面

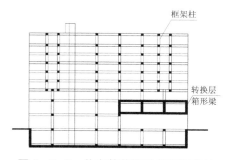

图 1-5-6　北京艺苑假日皇冠饭店转换层局部箱形楼盖剖面

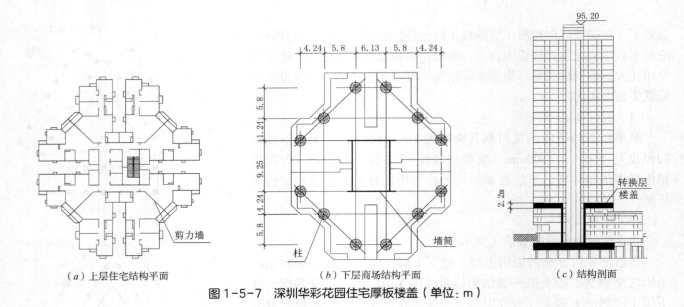

（a）上层住宅结构平面　　　　　　　（b）下层商场结构平面　　　　　（c）结构剖面

图 1-5-7　深圳华彩花园住宅厚板楼盖（单位：m）

二、旋转餐厅结构设计

（一）旋转餐厅的类型

旋转餐厅通常设置在建筑物的顶部，一般是围绕电梯间设置环形楼板，上面安装环形轨道，其上再铺环形楼面，在电机的带动下楼面缓缓转动，一般是 60～90 分钟旋转一圈。一些旋转餐厅的屋盖上还设置直升机的停机坪，用于消防或作为特殊人员的通道。

根据旋转餐厅与主楼外形的关系，可将旋转餐厅分为：

①外挑型；

②内收型；

③半挑半收型。

旋转餐厅的平面尺寸大于主楼顶部平面时，为外挑型；小于主楼顶部平面时，为内收型；局部由主楼顶部平面向外突出时，为半挑半收型。

（二）旋转餐厅承重结构

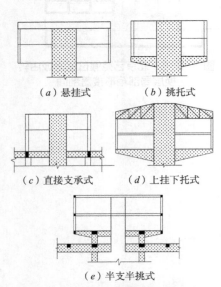

（a）悬挂式　　　　（b）挑托式

（c）直接支承式　　（d）上挂下托式

（e）半支半挑式

图 1-5-8　旋转餐厅的支承方式

旋转餐厅利用建筑平面中心位置的电梯筒作为支承结构的主体，而旋转餐厅周边的支承方式则因旋转餐厅类型的不同可分为三种基本形式：悬挂式、挑托式和直接支承式。利用这三种基本形式又可组合成其他支承方式，如上挂下托式、半支半挑式等，见图 1-5-8。

在钢筋混凝土结构的高层建筑中，旋转餐厅的承重结构也多采用钢筋混凝土结构。对内收型旋转餐厅，除中央钢筋混凝土电梯筒向上延伸外，同时将顶层钢筋混凝土柱向上延伸，作为餐厅的承重结构。对于外挑型旋转餐厅，当外挑长度不超过 6m 时，一般是从中央钢筋混凝土电梯筒挑出钢筋混凝土梁，来承托餐厅楼面。若外挑长度达到6～9m 时，则应采用悬臂钢梁或钢桁架来承托或吊挂餐厅的楼板。

（三）工程实例

1. 外挑型旋转餐厅

（1）悬挂式旋转餐厅实例

北京昆仑饭店（图 1-5-9、图 1-5-10）：

主楼平面为折线所组成的 S 形，全长 114m，地上 28 层，剪力墙结构。屋顶塔楼布置在 S 形平面的中央，由六边形筒体支承，在六边形筒体的中心部位是一个矩形电梯筒。屋顶小塔楼总共 4 层，从第 25 层开始，为六边形，第 26～第 28 层为圆形。塔楼屋面为直升机停机坪，屋面最高点 102.3m。

旋转餐厅位于第 27 层。第 27 层的顶盖为整个塔楼外挑部分的主要承力结构。该屋盖沿径向布置 12 根 I 形钢梁，截面高度为 1900mm，钢梁的内端与中心的矩形钢框相连，此矩形钢框用来平衡四周悬挑部分所产生的倾覆力矩。在平衡钢框之内浇筑厚度为 800mm 的混凝土厚板。沿第 27 层屋盖的环向，布置三圈焊接钢环梁，并在外圈钢环梁上连接 48 根竖向 I 形钢作为吊杆，以承受第 27 层和 26 层楼盖的重力荷载。

与第 27 层顶盖的构件相对应，在第 27 层的楼盖中，也布置 12 根径向钢梁。钢梁的内端搁置在中心的六边形筒壁上，外端与吊杆相连接。为与环向旋转带的轨道相对应，在第 27 层的楼盖中布置 4 圈钢环梁。

（2）挑托式旋转餐厅实例

郑州黄和平大厦（图 1-5-11）：

主楼地上 30 层，高 94m。屋顶小塔楼为 5 层。旋转餐厅位于第 33 层，楼面标高为 101.2m，由八角形墙筒支承。在旋转餐厅楼

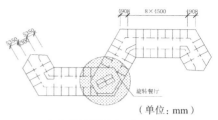

（a）旋转餐厅平面位置示意

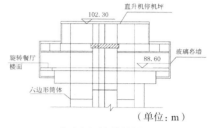

（b）屋顶小塔楼剖面

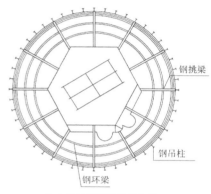

（c）旋转餐厅楼盖结构平面

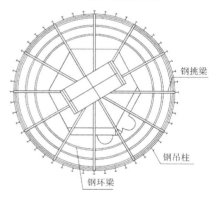

（d）旋转餐厅顶盖结构平面

图 1-5-9 北京昆仑饭店旋转餐厅结构示意

图 1-5-10 北京昆仑饭店外观

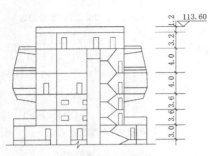

（a）屋顶小塔楼剖面

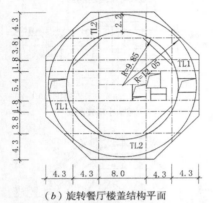

（b）旋转餐厅楼盖结构平面

图 1-5-11　郑州黄和平大厦旋转餐厅
结构示意（单位：m）

盖处，沿横向布置 6 很大梁（TL1），沿纵向布置 4 根大梁（TL2）。这些纵、横向大梁均贯通楼盖全宽；大梁的挑出长度一般为 4.3m，横截面为 400mm×1200mm。沿轨道布置的环形梁，截面尺寸为 180mm×500mm。平台外径为 24.1m，内径为 19.7m，平台宽度为 2.2m。

（3）上挂下托式旋转餐厅为实例

上海远洋宾馆（图 1-5-12）：

主楼平面为 Y 形，地上 27 层，高 86.9m，采用现浇承重墙结构体系。屋顶小塔楼的平面为圆形，共 4 层，塔顶标高为 104.5m。因为主楼的电梯井筒为矩形平面，而且偏置于屋顶圆形塔楼的一侧，为了使承托旋转餐厅的外挑钢桁架的规格统一，在主楼屋盖上增设一个现浇钢筋混凝土圆筒，作为旋转餐厅外挑钢桁架的支座，此圆形筒体由主楼屋盖处的大梁承托。

旋转餐厅外挑部分利用上下两层钢桁架来承托，每层各设置 24 榀钢桁架。上层钢桁架（ST1）的悬挑长度为 6050mm，高度为 2015mm。下层钢桁架（ST2）的悬挑长度为 4730mm，高度为 2015mm。此外，在每榀上层桁架的外端，设置 2φ40 圆钢作为斜向吊杆（称上连杆），吊杆上端锚固在钢筋混凝土圆筒上；另在上下层桁架之间采用 2[100mm 进行连接（称下连杆），并对下连杆施加预拉力，从而使悬挑结构形成一个超静定系统。

旋转餐厅的外墙面采用 12mm 厚玻璃和 2.5mm 厚铝合金板。在上下层桁架外端设置下连杆，还可使两点位移相等，从而避免因上下层桁架外端位移不等导致窗玻璃的破碎。

2. 内收型旋转餐厅

（1）直接支承式旋转餐厅实例

南京金陵饭店（图 1-5-13）：

主楼为正方形平面，外轮廓尺寸为 31.5m×31.5m，地上 35 层，高 93.9m；屋顶塔楼 4 层，塔楼屋面为直升机停机坪，标高为 108.4m。主楼结构为芯筒—框架体系。边长为 12.8m 的正方形钢筋混凝土墙筒位于建筑平面中心。屋顶塔楼的平面为圆形，直径为 30m，

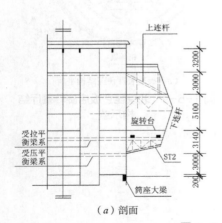

（a）剖面

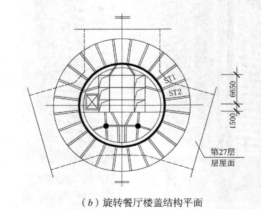

（b）旋转餐厅楼盖结构平面　　（c）上挂下托式结构

图 1-5-12　上海远洋宾馆旋转餐厅结构示意（单位：mm）

属内收型布置方式。

旋转餐厅采用直接支承式，整座屋顶塔楼直接搁置在主楼的主体结构上。旋转餐厅楼面位于第36层。旋转平台轨道就放在主楼屋盖的两圈环向反梁上、环梁截面为300mm×1020mm。通过环梁将平台荷载传递到主楼屋盖深梁上，再通过屋盖深梁把荷载传到主楼的内、外两圈框架柱上。屋盖深梁腹板的截面尺寸为150mm×2670mm，上与第36层楼板，下与第35层楼板连为一体。

（2）半支半挑式旋转餐厅实例

广州花园酒店（图1-5-14）：

主楼为三叉形平面，屋顶旋转餐厅布置在主楼平面的中心位置，基本上位于主楼屋顶平面的边线以内，属内收型布置方式。

旋转餐厅自身的承重结构为钢筋混凝土内筒，此内筒并不落地，而是搁置在主楼顶层的各片剪力墙上。在旋转餐厅楼面标高处，沿餐厅周圈布置18根径向变截面挑梁。各挑梁的外支承是餐厅的内筒，内支承则是主楼电梯井筒。在各挑梁的外悬段上设置内、外两圈环形梁，截面尺寸均为300mm×890mm，旋转平台就搁置在内外梁之上。在各挑梁的最外端，沿旋转餐厅的外墙面设置一圈钢筋混凝土反梁，截面尺寸为300mm×1700mm。

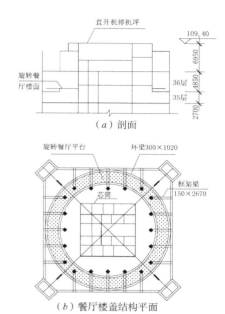

图1-5-13　南京金陵饭店旋转餐厅结构示意（单位：mm）

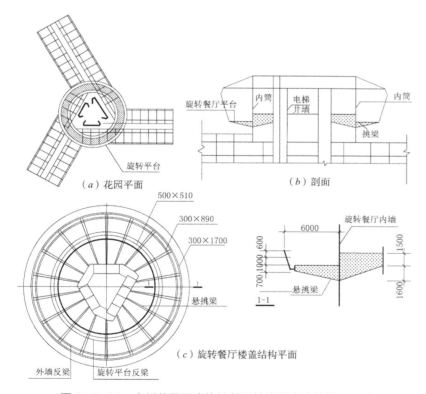

图1-5-14　广州花园酒店旋转餐厅结构示意（单位：mm）

三、高层建筑主楼裙房基础交接设计

（一）设计规定

关于高层建筑主楼、裙房之间是否需要设置沉降缝，在《高层建筑混凝土结构技术规程》JGJ3-2002 中有相关规定，摘述如下：

（1）高层建筑主楼与裙房之间，经计算，基础后期沉降差在允许范围内，并采取措施时，基础可以不分开。为减小主楼与裙房间的沉降差，在施工时，应在主楼与裙房结构之间采取后浇带断开，待主楼部分主体结构完成时，再浇灌后浇带的混凝土，将主楼与裙房结构连成整体。

（2）高层建筑主楼与裙房之间应设置沉降缝。将结构分开时，若两者的基础埋置深度相同或者高差较小，则应采取措施保证高层部分基础的侧向约束。如在沉降缝内用粗砂等松散材料填实，使主楼基础侧面得到必要的嵌固，以确保主楼的抗侧力稳定性。

（二）主楼裙房之间设缝

高层建筑的主楼与裙房高低悬殊，上部结构体系不同，基础类型和埋置深度也不一样。因而，两者基础底面的压力相差较大，两者的地基最终沉降量也就会出现较大差别。尽管可以通过施工程序的安排：先施工主楼、后施工裙房，以及采用后浇带等办法可以减小主楼与裙房的差异沉降量，但也受到一定的限制，减小沉降差也有一定限度。

此外，当裙房的面积较大，又采用钢筋混凝土框架体系时，裙房结构适应地基沉降差的能力也较低。对于此种情况，高层主楼与裙房之间设置沉降缝，将可减小裙房基础不同部位的沉降差，从而保护裙房结构。

在地震区建造的高层建筑，其沉降缝还应符合防震缝的要求。缝的宽度，除了应考虑地震时建筑上部结构变形所产生的侧移外，还应考虑主楼压力引起裙房地基不均匀沉陷以及地震时基础转动所产生的侧移。

（三）主楼裙房整体基础

在高层建筑主楼与裙房之间设缝，虽然对于建筑结构较为有利，但给建筑设计，尤其是建筑构造处理带来很多困难。因此，在满足一定的条件时，可采用整体基础和后浇带的处理方式，在主楼和裙房之间不设缝。

1. 采用整体基础

当地基土质比较坚硬，或者采用桩基础，高层建筑主楼与裙房地基的后期沉降差可以控制在 20mm 以内时，在高层主楼和裙房之间，可以不设置沉降缝而采用整体式基础。

2. 后浇带

除了主楼和裙房基础埋置于基岩或采用嵌置于基岩的端承桩的

情况外，主楼与裙房之间地基的沉降差是很难避免的。为了减小地基沉降差在基础和上部结构中引起较大的附加内力，施工过程中有必要在裙房中邻近主楼的第一或第二跨度内，于跨度三分点处在基础和各层楼盖内设置贯通的后浇带，带宽不宜小于800mm。楼板和基础内部的钢筋在后浇带内可以连通。后浇带浇注的时间视地基的情况而定，当采用天然地基或软弱地基内的摩擦桩时，宜等到主体结构完成，并在地基沉降基本结束后，再浇注后浇带。当基础采用端承桩时，由于桩基的总沉降量不大，可根据施工期间的沉降观测结果判定日后的沉降差，当沉降差很小时，即可浇注后浇带。浇注后浇带的混凝土，应采用快硬、早强、无收缩的水泥配制，且强度比设计等级提高一级。

（四）工程实例

1.北京城乡贸易中心（图1-5-15）

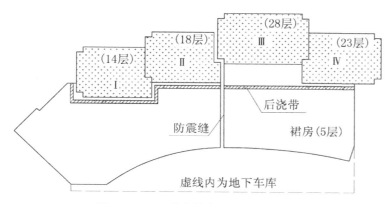

图1-5-15　北京城乡贸易中心总平面

北京城乡贸易中心由4幢塔楼和楼前裙房所组成。Ⅰ、Ⅱ号塔楼，地面以上分别为14层和18层。Ⅲ、Ⅳ号塔楼分别为28层和23层。4幢塔楼均采用钢筋混凝土"芯筒—框架"体系。楼前裙房，地上5层，采用钢筋混凝土框架体系。在Ⅱ号楼和Ⅲ号楼之间，设置一道横贯建筑全宽（包括裙房）的防震缝。

因为地基土质较好，主楼和裙房共用一个整体式基础，两者之间不设沉降缝，采取在施工期间于主楼与裙房之间留后浇带的办法，来吸收施工期间两者之间的地基差异沉降。

2.北京长富宫中心（图1-5-16）

北京长富宫中心，主楼为24层。采用钢框架结构体系；裙房为3层，采用钢筋混凝土框架结构体系。主楼设有地下室，采用钢筋混凝土箱形基础；裙房则采用格形基础。利用从主楼箱形基础伸出的刚性悬臂，将主楼基础与裙房基础连为一体。

为消除主楼地基与裙房地基之间的差异沉降的影响，在裙房中靠近主楼结构的第二跨度内。从下到上在基础和各层楼盖内均设置后浇带，待主楼基础沉降基本稳定后再浇灌。

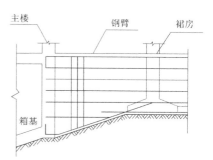

（a）主楼箱基与裙房格基的刚性连接

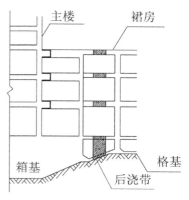

（b）裙房结构的后浇带

图1-5-16　北京长富宫中心基础铰接处理示意

第二章　高层建筑造型设计

第一节　高层建筑造型经历的几个时期

高层建筑是商业世界竞争和相互推进的结果。由于高度是声望和公认的象征，在商业活动的推动下，经济条件和科技条件的结合赋予了高层建筑特殊的建设背景。

高层建筑在整个经济比较发达的欧美国家中选择了在美国产生、发展和大量建造，有其特定的历史、经济和社会原因。在欧洲，由于法规不允许商业建筑将阴影投落在住宅和其他公共建筑上，所以，第二次世界大战以前没有高层商业建筑，整个欧洲地区很长时间内法规限制了建筑物的高度，并且，两次世界大战的破坏使欧洲缺少良好的外部环境。因此，高层建筑是伴随着美国城市的快速增长而成长的。在高层建筑的造型发展演变过程中，美国的高层建筑扮演了重要的角色。

以美国为例，高层建筑的造型发展演变主要分为四个时期：

一、芝加哥时期（1865～1893年，约28年）

美国高层建筑设计，肇始于19世纪芝加哥学派。

1865年美国南北战争结束，芝加哥成为北方产业中心。1830年芝加哥设市以后，人口逐渐增加到30万，房屋建设只有采用应急而又便捷的"编篮式"木屋做法。木屋容易遭受火灾，1873年的一场大火，烧毁了市区面积8km²的几乎所有建筑。1880年起全力进行重建，由于当时商业活动的大力扩展带来城市地价上涨和市区人口密集，建筑师迎合投资人的意愿，采用增加层数的方式以大量增加出租面积。高层结构形式受"编篮式"木构架的启发，使结构依附钢铁框架、铆接梁柱。同时，1853年奥蒂斯（OTS）发明安全载客升降机，解决了垂直方向的交通问题。钢铁框架结构体系和电梯垂直交通方式为高层建筑产生发展奠定了必要的技术基础。1883年～1885年间，詹尼设计了家庭保险公司大楼（图2-1-1）。这栋10层办公楼是世界上第一座钢铁框架结构的大楼，采用了生铁柱、熟铁梁、钢梁等，被公认为是现代建筑史上第一座真正意义上的高层建筑。加上芝加哥学派在高层建筑初期的重要影响，使芝加哥被称为高层建筑的故乡。

詹尼是芝加哥学派的创始人，他是一名结构工程师，在芝加哥设计了不少高层建筑，突破了古典建筑体形处理手法，在当时有较大的影响，并形成了所谓芝加哥学派。曾在詹尼建筑事务所工作的沙利文（Louis Henry Sullivan，1856～1924年）也是芝加哥学派重要的代表人物之一。沙利文在当时的时代条件下，率先提出"形式追随功能"的口号，为功能主义的建筑设计思想开辟了道路。芝加哥学派的建筑

图2-1-1　家庭保险公司大楼

实践突出了功能在建筑设计中的主导地位，在一定程度上摆脱了折衷主义的羁绊，使建筑艺术反映了新技术的特点，其简洁的立面反映了新时代的工业化精神。

当时，建造高层建筑首先考虑的是经济，效率、速度、面积多少、功能是首位，建筑风格退居次要位置。基本不考虑建筑装饰。建筑外观没有凹凸起伏变化，其体形与风格大都是表达高层建筑骨架结构的内涵，强调横向水平的效果，普遍采用扁阔的大窗，即所谓"芝加哥窗"。芝加哥时期的高层建筑处于早期的功能主义时期。

早期的高层建筑仍然采用传统的砖石墙承重结构，但在外形上已经逐渐摒弃了哥特式和文艺复兴式的虚假装饰。芝加哥家庭保险公司的10层框架大楼在立面处理上仍然较为沉重，还未摆脱古典的外衣。而1891年伯纳姆与鲁特设计的16层高的蒙纳诺克大厦（图2-1-2），作为当年最高的砖石结构高层建筑，立面由下而上采用完整统一的构图，突破了古典建筑将墙面分段处理的传统。在立面上既没有壁柱，也没有装饰线脚，其光洁的外表、曲线的檐口和外凸的窗口等，都只是对结构逻辑的合理表现，从而赋予传统砖石建筑新的形式。

在芝加哥时期的高层建筑中，偶尔也会在建筑的顶部等处出现折衷主义思潮复活的痕迹，但总体的表现趋向是以简洁、纯净为主流。代表作品有荷拉伯特与罗许（Holabird & Roche）设计的马葵特大厦（Marquette Building，1894~1903年）、伯纳姆等设计的瑞莱斯大厦（RelianceBuilding，1890~1894年）（图2-1-3），沙利文的芝加哥百货公司大厦（Carson Pirie Scott Department Store，1899~1904年）（图2-1-4）等。其中，12层的芝加哥百货公司大厦尽管在两层商场的主入口上方及其周围的嵌板上布满奢华的新艺术（Art Nouveau）风格的铸铁装饰，但它上面10层办公楼立面上成排大窗户的简洁处理手法，已充分表达了它之所以能成为20世纪无数办公与商业建筑原型的基本要素 ❶。

图2-1-2　蒙纳诺克大厦

二、古典主义复兴时期（1893年~世界资本主义大萧条前后，约36年）

与早期的功能主义体现的简洁外观相比，这一时期的高层建筑试图在新结构、材料的基础上将新的建筑功能与传统的建筑风格联系在一起，呈现出一种折衷主义的面貌。

1893年，芝加哥博览会后，高层建筑的发展中心逐渐转移到了纽约。

第一次世界大战后，世界金融中心由伦敦转移到了纽约，纽约高层建筑像雨后春笋拔地而起。纽约的第一栋框架结构高层建筑建于1896年（比1885年芝加哥家庭保险公司大楼晚11年）。这一时期，纽约的高层式样中古典风格占了上风：在高层建筑上提倡古典三段式处理，搬用了古典柱式、浮雕、线脚、檐口等，外观比芝加哥高层要富丽堂皇、壮观。古典风格的流行有两个原因：

图2-1-3　瑞莱斯大厦

❶ ［英］帕瑞克·纽金斯.世界建筑艺术史。顾孟潮，张百年译。合肥：安徽科学技术出版社，1990，P344

图 2-1-4 芝加哥百货公司大厦

其一，纽约的建筑师几乎都是巴黎艺术学院的毕业生，受传统古典建筑的影响很深。

其二，纽约的高层建筑大多是大公司的本部办公楼，高楼成了表现公司实力的象征，都想争取建成世界第一高楼。

这时期的高层风格，并不是单纯抄袭古典式样，而是把古典样式加以简化，尽量保持结构的合理性，打破了古典风格的四平八稳构图。具有代表性的作品是渥尔沃斯大厦、克莱斯勒大厦和芝加哥论坛报大楼（图 2-1-5 ~ 图 2-1-7）。

纽约渥尔沃斯大厦（Woolworth Building）建成于 1913 年，是这一折衷主义时期装饰华丽的代表作品之一。它是美国资本主义全盛时期的象征，建筑高 238m，拥有 54 层写字楼，第 58 层是一个瞭望塔。设计人吉尔伯特（Cass Gilbert）巧妙地将主体设计为 20 层 U 形基座上高高耸立的正方形塔楼，外观优雅挺拔。在顶部的外观设计上引入了中世纪的细致风格，设计为哥特式的尖顶，楼顶的各个塔尖和雕塑

图 2-1-5 渥尔沃斯大厦

图 2-1-6 克莱斯勒大厦

图 2-1-7 芝加哥论坛报大楼

装饰造型都很华丽。这一特殊的造型与渥尔沃斯公司雄厚的经济实力相结合，使得纽约人将其称作"商业大教堂"。

另一杰出的代表性建筑克莱斯勒大厦（Chrysler Building）于1930年建成，共77层、高319.4m，由威廉·范·艾伦（William Van Alen）设计。这栋大楼在当时是公认的世界第一高楼，给人以突出印象的是它那布满齿轮的外形；顶部由5层向上逐层缩小的不锈钢拱门形成针形的尖塔，每层拱门上都设有锯齿形的三角窗，曲线形和锯齿形的结合表现了古代玛雅人和埃及的建筑风格（图2-1-8）。这栋大楼极富想象力的外观造型不论在高处或远处都能给人以深刻的印象，成功地塑造了高层建筑的独特形象，受到业主和大众的欢迎。

1922年在《芝加哥论坛报》的新楼竞赛中，汇集了欧洲先进的现代派设计师和美国其他建筑师的复古主义方案，反映了当时人们对历史风格的回顾与尊重。胜出的哥特教堂式摩天大楼方案由美国建筑师约翰·米德·豪厄尔和雷蒙德·胡德合作完成，是从包括100名欧洲参赛者在内的260名参赛者中胜出的方案。大楼于1927年建成，皇冠状的楼顶用哥特式的扶壁支柱环绕，立面反映出古典式的精雕细刻，外观高耸挺拔、比例匀称、坚固结实。

图2-1-8　克莱斯勒大厦的尖顶

三、现代主义时期（二战后～20世纪70年代，约40年）

1929年开始的经济大萧条影响到欧美国家的经济发展，并且一直持续到第二次世界大战后期。这段时期，美国的高层建筑几乎停滞，出现了空白。这期间，正好密斯等一批建筑师移居美国，重古典雕饰的折衷主义风格不适合战后恢复时期的建设，先由欧洲普及并深入到美国的"理性主义"带来了现代建筑的设计新形式，"少就是多"、"装饰就是罪恶"的理性主义占了上风。在高层建筑的设计方面，大致可以分为几个发展阶段：20世纪40年代末到50年代末，伴随工业技术的迅速发展，以密斯·凡·德·罗为代表的讲求技术精美的倾向占据了主导地位，简洁的钢结构加国际式玻璃盒子到处盛行；随后，现代建筑以"粗野主义"和"典雅主义"为代表，进入形式上五花八门的发展时期，高层建筑的形式随之打破了一度时髦的单纯玻璃方盒子形象，对多种工业化造型手段都进行了尝试；20世纪60年代末以后，在现代建筑的主流下，建筑思潮向多元化发展，并与反基调的后现代主义建筑创作进入并行时期。

讲求技术精美的倾向在高层建筑中有许多杰出的范例，如芝加哥湖滨公寓（Lake Shore，Chicago，1951，密斯设计）（图2-1-9）、纽约利华大厦（1952，SOM设计）（图2-1-10）、纽约西格拉姆大厦（1958，密斯设计）（图2-1-11）等。湖滨公寓体现了密斯"皮与骨"的精神，建筑外观是简单的立方体，为了强化幕墙的钢架（骨）与玻璃（皮）之间的关系，密斯在金属骨架外特意加了工字钢梁。这种纯粹为视觉效果而做的处理方式，成为密斯本人作品的一种构件关系特色，在之后的西格拉姆大厦中也加以了运用。与湖滨公寓28层的敦

图2-1-9　芝加哥湖滨公寓

图 2-1-10 纽约利华大厦

厚体形相比，38 层的西格拉姆大厦在立面附加钢梁的衬托下突出了竖向的挺拔和连续感，造成了高耸入云的气势，以精巧的手法凸现了设计的简练，也随之成为后来的同类高层建筑模仿的样板。利华大厦位于西格拉姆大厦的对面，是利华兄弟公司总部的办公楼，拥有在当时非常时髦的半透明玻璃外墙（深绿色不透明钢丝网玻璃墙裙与淡蓝色吸热玻璃带形窗相间）和金属框格。利华公司是个有名的肥皂和清洁剂制造公司，选择有别于传统砖石外墙的易清洁的玻璃材料和垂直向上的建筑造型，主要是出于保持清洁形象的需要。由于利华大厦是首次大胆地在高层外墙如此大面积地采用透光玻璃，而被公认为是大面积玻璃幕墙建筑的代表作，并以此奠定了纽约市高层建筑和此后大量性商业建筑的基调。这些高层方盒子建筑的共同特点是：规矩、整齐、体形单调，也因此在日后成为后现代主义攻击的主要论点。

"粗野主义"在建筑上的特点是毛面混凝土和粗笨构件的质朴组合，以及对此类材料质感的充分表现，设计中提倡暴露建筑的内部功能构成。在高层建筑中，设计者一反玻璃盒子建筑的光洁精美，重在表现粗犷的建筑风格。如勒·柯布西耶的马赛公寓大楼（图 2-1-12），56m 高的钢筋混凝土大型公寓住宅楼，其沉重粗壮的底层柱墩、粗糙的预制构件接头、素混凝土外墙上强烈的色彩装饰等，反映了与轻盈、光洁的玻璃结构不同的形式追求。再如英国莱斯特大学的工程馆（Leicester University, Engineering Building, 1959～1963 年，斯特林与戈文合作设计）（图 2-1-13），以直率的形式清晰地表达了功能、结构、材料、设备与交通系统等。而同样是有别于玻璃结构的材料审美价值观念，"粗野主义"强调对材料与结构的"真实"表现。"典雅主义"则致力于运用传统的美学法

图 2-1-11 纽约西格拉姆大厦

图 2-1-12 马赛公寓（左：外观，右：细部）

则来使现代的材料与结构产生规整、端庄与典雅的庄严感 ❶。由于与古典主义建筑风格追求的类同，"典雅主义"又被称作"新古典主义"。这一风格在高层建筑设计中也讲求技术的精美，只不过针对的是更为广泛的钢筋混凝土梁柱等构件的形式而已。雅马萨奇（Minoru Yamasaki & Associates）设计的纽约世界贸易中心双塔（Word Trade Center，1973 年）（图 2-1-14、图 2-1-15）是典雅主义的代表建筑：两栋相同的 110 层巨型塔楼（各有 45 万 m² 面积）冲天而起，筒体结构密集的外层包柱构成外观上的金属网格，窄小的通高长窗形成立面上连贯的垂直阴影，与底部精细的尖镟浑然连为一体，给这两栋大体量的建筑穿上了精致、细腻的外衣。这两栋曾经是世界第一高的连体摩天大楼在 2001 年的一场巨大灾难中瞬间消失，成了令人遗憾的历史。

20 世纪 60 年代末以后，现代建筑转向多元化发展，单纯讲求"皮与骨"的技术精美或是"粗野主义"已经逐渐消失，新古典主义因其具有广泛的可接受性，在后期，与现代建筑的批判思潮一起，走向多元化的共同发展时期。

四、后现代主义时期（20 世纪 70 年代初至今）

进入 20 世纪 70 年代，世界建筑舞台呈现出新的多元化局面。在现代主义建筑鼎盛之际，对它的批评和指责也开始增多。20 世纪 70 年代初美国高层建筑随经济的发展开始变化，特别是 80 年代经济出现繁荣，引发了新的投资热潮。高层建筑风格变化的指导思想是摆脱密斯的理性主义，主张标新立异，建筑风格出现多元化倾向，努力突破"国际式"风格的局限。新的流派在理论上批判 20 年代正统现代主义，指责它割断历史，重视技术，忽视人的感情需要，忽视新建筑与原有环境文脉的配合。这一时期中，与现代主义衍生的诸多思潮流派截然不同的后现代主义在发展中独树一帜。事实上，当时摩天楼的设计发展趋向都在力求摆脱平庸的玻璃盒子形式，设法填补由冷漠和枯燥乏味的现代派方盒子所造成的真空。20 世纪 70 ~ 80 年代，其中最有影响的是"后现代主义建筑"（Post-Modern architecture）。为了与前一时期现代主义占主流的发展时期相区别，这一时期可以称为后现代主义时期。

明尼阿波利斯闹市区的林肯中心双塔的设计者墨菲／扬事务所的威廉·佩德森认为："摩天大楼设计中的后现代主义，其价值不仅在于创造一种具有生动活泼的天际线的建筑形式，而且在于寻求一种将高层建筑和被我称为'街墙'的建筑融合起来的可能性"❷。后现代主义者运用古典的语言使城市的文脉主义具体化，反对以功能来对建筑严格限定，而是将建筑同历史、记忆、梦幻、想象、诗意相联系；结构在这里不仅仅是建筑实现的技术手段，也是活动的趣味中心，更被当作实现构图的手段。后现代主义在高层建筑中的表现倾向主要有以下几方面：

图 2-1-13　莱斯特大学工程馆

图 2-1-14　纽约世界贸易中心外观

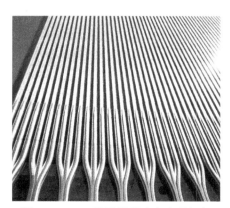

图 2-1-15　世界贸易中心底层细部

❶　同济大学等 . 外国近现代建筑史 . 北京：中国建筑工业出版社，1982，P250

❷　[美]A· 弗里曼 . 从四幢新楼看摩天大楼设计的趋势 . 陈晓文节译 .《世界建筑》8905

图 2-1-16　匹兹堡平板玻璃公司
办公大楼

图 2-1-17　费城自由广场双塔大厦

（一）回复战前古典折衷主义时期的高楼式样

在这一类高层中，外形上可以明显地发现与古典折衷主义风格高层的联系：传统的尖顶与细部划分等，但是所实现的基础已经是现代的技术和材料。

美国匹兹堡市的平板玻璃公司办公大楼（伯吉与约翰逊，1984，44 层）是一个建筑群，由 1 栋 40 层的主楼、1 栋 14 层的卫星楼以及 4 栋 6 层的卫星楼组成。匹兹堡城在 20 世纪初兴建了一系列哥特式的教堂、学校和商业建筑等，为了在形式上保持匹兹堡城的传统，整个建筑群具有简化了的哥特式风格：顶部和门廊均反复采用哥特式的尖顶，外观上具有高耸挺拔的感觉。建筑外墙是具有凹凸线条的镜面玻璃幕墙，凹凸的墙面形成丰富的反射效果，仿佛粗糙石墙上的光影变化，给人以石材外墙的错觉，也强化了挺拔向上的古典风格（图 2-1-16）。

在美国费城的自由广场建筑群中，墨菲·扬事务所设计的双塔是比较典型的例子。双塔分别于 1987 年和 1990 年先后建成，第一栋高达 288m，第二栋略低，高 258.5m（图 2-1-17）。两栋塔楼都由方形的塔身和收分顶部的多坡尖顶构成，色调一致，相互呼应，但又保持了各自独立的形象。塔楼采用蓝色珠光花岗石饰面，蓝色铝框幕墙反映着天空和附近许多建筑物的形象，所有的柱子也都具有光亮的表面。双塔顶部由一系列的玻璃山墙渐次上升，并逐层内收，直到塔顶。其第一栋塔楼的塔身比例和顶部与克莱斯勒大楼极为相似，但却富有时代感。设计者强调他对于克莱斯勒的引用不是直接的，而是抽象的。认为"它的成功，至少应部分归结于直接使用材料和使技术形象化的现代手法与承袭历史传统的灵感相结合的结果"[1]。将现代科技与对传统摩天楼的浪漫追求相结合成为设计者的理想。

1991 年落成的美国亚特兰大市桃树街 191 号大厦，是一栋 50 层的综合塔楼（图 2-1-18）。在平面上，将中间部分凹入，以形成方形双塔的视觉效果；在顶部，则以古典手法加上 7 层高的"双庙"作为收头，形成典雅的顶冠。

（二）对历史形式的抽象表现

在后现代主义的建筑师中，P·约翰逊与格雷夫斯在高层建筑中的作品具有里程碑的意义。在对文脉的发掘和表达中，他们喜欢把过去有过的一部分表现方法引用过来，以抽象的符号形式运用于自己的设计中，如通过传统的三段式立面和装饰上的山墙、柱头、色彩等进行隐喻，表达建筑形象中对历史文脉的探寻和延续。而这种方式因其注重抽象的装饰性，往往被人说成是"没有根基的历史的符号性装饰"而加以抨击。并以此认为，后现代主义没有在原有的基础上继续前进，陷入了符号拼贴的游戏，把当代建筑引入了误区。

[1]　[美]A·弗里曼.从四幢新楼看摩天大楼设计的趋势.陈晓文节译.《世界建筑》8905

图 2-1-18　亚特兰大桃树街
191 号大厦

图 2-1-19　纽约 AT&T 总部新楼

36 层高的纽约 AT&T 总部新楼是这一风格的代表作之一（图2-1-19）。这栋 197m 高的大楼采用了传统的基座、墙身、屋顶三段式做法，令人惊异的是，它顶部高达 30 英尺（9.144m）的巨大的断裂山花，仿佛日本木钟或橱柜顶部的装饰物。这栋建筑的出现引起多方的议论，褒贬不一。而它在后现代建筑史中的地位也就此奠定。

另一栋引起争议的建筑是格雷夫斯的波特兰市政厅大楼（图2-1-20）。立面上严整的对称构图和传统三段做法，使它带有一些政府大楼的威严性。通过立面的壁柱和拱心石符号、醒目的色彩搭配、琐碎的装饰带，使大楼具有对传统的追思和世俗的趣味。对这一建筑持不理解态度的人认为，格雷夫斯缺乏常规的尺度感，甚至把波特兰市政厅比喻为色彩鲜艳的电唱机。认为这种历史的符号性装饰太没有根基，它的价值也经不起历史的考验。但作为后现代重要的里程碑式建筑，它对于设计思想和手法的探讨是积极的，同时，强烈的可识别性也使它在标志性上获得了成功。

（三）雕塑化造型

雕塑化造型体现了高层建筑设计中对单体建筑外观艺术表现的抽象手法。现代派在这一方面主要提倡整块、直角的构图，如利用束筒结构自身的特点进行整体塑造的西尔斯大厦（1974 年，SOM，110 层，443m）（图 2-1-21）。后现代则提倡多体块、锐角构图，如阿利德银

图 2-1-20　波特兰市政厅大楼

行大楼（1986年，达拉斯，贝聿铭事务所，60层，220m）（图2-1-22）。同样是贝聿铭事务所设计的香港中国银行大厦，也可以说是一个利用结构特色，采用雕塑化造型的后现代建筑典例（图2-1-23）。

阿利德银行大楼高720英尺（219.456m），底层的平面尺寸是192英尺（58.522m）见方，楼身为绿色的全玻璃幕墙，像一个平滑、光亮的棱柱体。图为所在广场的双塔的第一幢，每栋塔楼的底面积都与纽约世界贸易中心的一个塔楼底面积大小差不多。两座塔楼的平面及外貌相同，但互相转向90°。塔楼在平面和竖向上都呈几何形的规律变化，使人在不同的角度观看时总能看到它的不断变化的体形。

香港中银大厦是一个三角形母题组合的玻璃盒子，它的最大特色是在形体处理上，设计成由四组向上渐次伸展的三棱柱组合体，突破现代主义矩形方盒子的呆板，用对角线切割的形体，产生生动的外观。从不同角度看，犹如节节升高的云梯，隐喻中国银行的未来发展前程。整个大厦从第1～第20层，是一个完整的四棱柱，从第20～第70层分为三段，切掉两个等边三角形，余下从第52～第70层的一个等边三角形。每一个被切断的三棱柱均用与水平面成60°倾斜的玻璃顶，一节高于一节，形成下粗上细的稳定结构，在各种色光下有种种变幻的形象，使这一具有原创性的体量显得新奇而夺目。大厦顶端还有两根冲霄的桅杆，好似三棱柱还可以继续向上发展。而造型上"节节高，步步高"的隐喻，在中国也是一个吉祥的象征。

（四）运用曲面和斜面造型

曲面具有方盒子所难以比拟的表现力，运用曲面造型也是后现代时期高层建筑造型中一种大胆的风格，如纽约3号大街57号办公楼

图2-1-21　西尔斯大厦

图2-1-22　阿利德银行大楼

图2-1-23　香港中国银行大厦

（1986年，约翰逊＆伯吉事务所）（图2-1-24）、芝加哥伊利诺斯州中心（1986年，墨菲／扬事务所）（图2-1-25）等。

纽约3号大街57号办公楼由分为三段的曲面柱体构成，蓝色的水平采光带在立面上强化了曲线的效果。伊利诺斯州中心是由政府办公楼、商场组合而成的综合楼，在高度、体量以及商业基层部分都与周围建筑相协调。建筑物面向城市的主要立面呈逐段收进的弧形，形成了自己独特的风格。

图2-1-24　纽约3号大街57号办公楼

第二节　高层建筑造型设计考虑的因素

在高层建筑造型设计中，需要考虑的因素很多，但是，不论是在什么时期，也不论设计的风格流派如何变化，有一些因素对建筑造型始终产生着非常重要的影响，其中主要有环境因素、场地因素、功能因素、视觉因素以及结构、材料和技术因素等方面。

一、环境因素

高层建筑一般都集中在城市商业中心区域，相互组合形成建筑群体。在高层建筑之间，高层与城市环境之间，有着许多互相影响的因素。这些因素与人们的生活环境以及城市外部空间的质量构成了多方面的相互作用，往往促成城市建筑管理法规的改变，也因此对高层建筑设计的体形与风格产生直接影响，其中，高层建筑作为巨大的人工构筑环境，对建设基地原有的生态环境带来的影响是个不容忽视的问题——阳光、阴影、改变高层周围的气流、与环境相协调（指地形、地貌、景观、周围建筑等）等各方面，都迫使城市建设法规和建筑师的设计策略作出响应。

图2-1-25　芝加哥伊利诺斯州中心

（一）阳光与阴影

阳光与阴影是高层建筑产生和发展以来被人们日益重视的一个问题。室内环境获取足够日照的需求，而高层建筑所形成的阴影成为城市空间中的不利因素。高楼在附近投下大面积的阴影，给近旁的环境带来极大威胁，使周围房屋的住户因缺乏阳光和视线封闭而纷纷迁离，待建的场地也因此难以进行布置。由于业主在其私有土地上有权作任何合理的使用，随着高层的修建，城市中的日照纠纷日益增多，也带来许多相关的技术问题。芝加哥西尔斯大厦在建造过程中就曾遭到邻近居民反对，大厦将造成大片阴影，并使数以几十万计的电视接收受到干扰。

为了避免不良影响，一些地产商和要求改革的人们联合起来，支持制定相关的城市建筑管理法规，限制高层建筑对附近地段的负面影响。例如纽约市在1916年就制定了一个高层建筑高度与后退管理条例（Heihgt and SetBack）。根据这一条例，房地产开发时，建筑后退用地界限的情况与整个地段允许的建筑覆盖率密切相关：地产开发者可以在一定的高度限制下，整个建筑地段建 100% 建筑密度；但如果再往上建，就需要根据加高的程度逐步后退。而当建筑后退到一定程度，当主楼的建筑覆盖率不超过 25% 时，楼塔的高度就不再受到后退条例的限制。著名的美国帝国州大厦就是适应高度限制要求而采用向上收敛的体形。这一限制条例在当时不仅约束了高层的单体体形，也极大影响了纽约的城市景观（图 2-2-1）。而在日本，也早已形成全国通用的详尽的日照法规，对建筑设计作出限定和指导。

我国在历年的城市发展中，根据本国的日照特点、建筑使用性质和建设用地的具体情况，对相邻建筑间的间距有着明确的规定，避免建筑南向的日照被遮挡。这与国外一些地区在用地规划时考虑阳光通道的做法具有共通性。关于高层建筑的日照与阴影，还存在尚待解决的问题（如土地上空使用权、日照分区等），有着广阔的研究空间。

（二）与环境相协调

与环境的关系指高层建筑与地形、地貌、景观、周围建筑等各方面的联结与相互作用。经历了对高度的无止境追求和对自身形象的宣扬，高层建筑作为重要的人工环境，在设计与使用逐渐成熟之后，与自然环境的协调关系日益被重视。

一般高层建筑的面积都在几万平方米以上，大型超高层建筑很多都拥有数十万平方米的塔楼，在单栋建筑内服务功能的多样化使得单一建筑成为一个完备的社会单元。于是，不论在功能组合、建筑体量，还是周围建筑或是内外空间的联系模式等方面，建筑与城市之间的联结关系都需要被强化。

20 世纪 20 年代的纽约福特基金总部大楼（图 2-2-2），将城市办公楼的入口广场与大厅组合成高大宽敞的室内庭园，将自然引入室内，形成一片园林景致，是在人与自然联系方面的成功创举。这一内

图 2-2-1　纽约的退台式高层建筑

图 2-2-2 纽约福特基金总部大楼（外观、内庭）

庭在建筑外观上以大片的玻璃幕墙与室外分隔，但又以绿化与外部相呼应，同时，也起到调节环境小气候的作用。1995 年这栋大厦获"美国建筑师学会二十五周年奖"，评委会特别指出其"建筑与风景非常协调"❶。

与周围建筑的协调也是考虑环境关系的重要因素。建于纽约市的一栋 40 层高的花园塔楼（James Stewart Polshek & Partners 设计）（图2-2-3），就是一个有趣的例子。这栋由商场、办公、银行和住宅组成的综合大楼，紧贴着一栋 11 层的老建筑。为了使新老建筑协调一致，在造型处理上，塔楼的一部分悬挑在老楼的上方，并且在悬挑的高度处，改变塔楼的立面分格方式，在下部采用与老楼色调协调的灰绿色花岗石，使人感觉原有建筑是嵌入新的塔楼之中，并成为一个整体。这一谦让和包容的态度使街区原有的整体风貌得到了延续，成为一个成功的示范。

另一个成功结合环境限制条件的著名实例是建于纽约市的城市公司中心大厦（1977 年，Hugh Stubbins and Associates & Emory Roth）（图2-2-4）。这栋 59 层高楼的建设基地有一个特殊的限制条件：位于基地西北角的一个小教堂只同意出售其上空使用权，要求购买方必须在原地还建一个新的教堂，新建大楼可以使用教堂的上空，但不得与教堂有任何构配件上的连接。这一苛刻的环境条件促成了意想不到的设计结果：大楼呈简洁的正方形塔楼，各边朝向是正东、西、南、北向，在四个边的中间各设一个钢筋混凝土筒状结构作为上部结构的支承巨柱，从巨柱向两侧各挑出约 22m 形成正方形的四个边。四根巨柱结合塔体的核心共同设置交通系统，并一直贯穿到地面。建筑的底部架空约 35m 后才是首层平面，架空部分的西侧局部插入沿高度退台的使用房间，西北部为教堂提供空间上的缓冲，西南角则设置下沉式广

图 2-2-3 纽约花园塔楼

图 2-2-4 纽约市城市公司中心大厦底部

❶ [美]悉尼·利布兰克.20世纪美国建筑.许为础,章恒珍译.百通集团/安徽科学技术出版社,1997，p261

场，成为建筑与城市道路及外部空间的过渡。为照顾场地条件而选择的结构方式使建筑获得了灵活的平面布置和视野开阔的转角窗，并对城市空间呈现出谦让的态度，使建筑的造型充满了理性的色彩。

二、场地因素

在有限的场地上建造尽可能多的面积，并满足房屋间距、绿地面积、容积率等要求，故高层建筑的平面形式和体量大小要根据基地面积、基地形状、地理位置来全面考虑。

在不同的城市地段进行建设，容积率的限定对建筑的体形设计有很大影响。不同国家或地区，对建筑容积率的限定要求也不同。纽约的建筑后退条例推行了一定时期后，在1961年制定了新的建筑条例，在商业区鼓励保留较多的空地，在居住区人口密度总体平衡控制的基础上，规定商业区容积率最大不超过15。这一条例受到地产开发者的欢迎。为了使大厦的体形挺拔，视野开阔，往往在地段上留出一段空地，主楼从平地拔地而起，抛弃了由于后退条例的限制而产生的分段收束上升的体形。这一条例使这一时期的高层建筑运用广场与简洁挺拔的建筑相结合。

墨菲·扬事务所设计的美国密尔沃基市的东方广场办公楼（图2-2-5）是一个建筑体量结合基地形状和场地布置的实例。这座14层的办公楼在体量上分为两栋，中间通过两层高的商业廊联结在一起。商业廊沿方形基地的对角线布置，形成贯穿的中轴。为了在基地一角留出广场，两栋塔楼在对角线形成的三角形地块上进行切角，构成"L"形的布置方式，并且在面向广场的建筑转角部位也有较大的切角，以此来削减面向入口广场的建筑体量。

位于纽约市的41层大陆总公司办公楼是一个在较小基地上既要提高容积率，又照顾城市道路景观视线的例子（图2-2-6）。这栋大楼的用地是一块狭小的方形地块，周围高楼林立。为了最大限度地利用

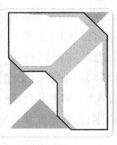

图 2-2-5　美国密尔沃基市东方广场办公楼
（总图中深灰色为场地绿化；浅灰色为底层架空的交通空间）

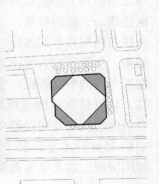

图 2-2-6　纽约大陆总公司办公楼
（总图中灰色部分为建筑主体下部的倾斜面体量）

自然采光和通风，避免形成封闭狭窄的道路景观，并使塔楼获得开阔的视野，塔楼设计中，将一个正方形平面45°旋转后斜向布置在基地上，与基地四边相邻的四角作切角处理，形成有四个对称长边的八边形。塔楼的四个切角到下部以斜面与正放的方形基座（也做切角处理）相连，形成倒梯形的坡屋顶。这四个坡屋顶成为大楼造型上与外界的缓冲地带，下面所覆盖的3层楼高的底层作为休息和娱乐的公共场所，设计成一个有顶盖的花园广场，弥补了用地狭小带来的缺少室外广场的不足。

不规则的用地对建筑平面布置的限制较多，如果处理得当，往往会带来特殊的造型效果。日本大阪的御堂筋住友保险大楼就是一个较好地结合三角形基地处理造型的实例（图2-2-7）：由于三角形的基地位于繁华的商业街区，要求建筑造型醒目、突出。平面由两个沿中轴垂直相交的长方形构成，形成呈T形上升的20层塔楼，在转角部位处理为镜面玻璃幕墙，削减了体量，形成秀丽挺拔的外观。另一个利用三角形基地的有趣的实例是位于芝加哥韦克大道333号的办公楼（KPF设计，1979~1983）（图2-2-8）。建设基地是芝加哥河边繁华商业区的一块三角形地带，面对环形的滨水道路。建筑采用面向河面的大面积弧形玻璃幕墙，顶部以部分退台和直线形体量的穿插增强曲面的效果，仿佛水边的一座绿色浮雕，在天际线和水面倒影中都显得璀璨夺目。

图2-2-7　日本大阪御堂筋住友保险大楼

三、功能因素

不同的使用功能对高层塔楼的平面形状和体形均不一样。高层建筑常见的功能内容有住宅、旅馆和办公楼等类型。

（一）住宅

在高层住宅设计中，由于每个住户都要求有好的采光、通风条件，每个房间都要求至少有一个外墙开窗面，除了个别很难处理的次要卫生间和小储藏间外，一般不能有无法采光的黑房间出现，故往往采取凹凸、缺口、错位的平面形式（图2-2-9）。

同时，在高层住宅中，为了满足经济性要求，往往采用较大的平面进深，以获得更多的标准层面积。这时，为了解决自然采光，建筑的良好朝向就难以得到保证，尤其是在塔式住宅中，东向和西向的房间比例较多。在我国高层住宅发展较早的香港地区，由于城市人口多、建筑发展用地有限；同时，因为特殊的地理纬度，使得气候条件对建筑东西朝向的影响较内地其他城市来说相对较小，于是，塔式高层住宅成为城市主要的住宅模式。但是这一模式对我国其他大部分地区并不适用，设计中对住户朝向要求的考虑也反映在住宅的体形变化上。图2-2-10为高层住宅平面类型示例。

随着城市设计要求对大体量建筑的引导，以及商品住宅设计中对建筑外观个性的追求，高层住宅外观在设计中也尝试着体现大胆的体形和立面探索。图2-2-11是广州的万科蓝山住宅，一方面简化立面

图2-2-8　芝加哥韦克大道333号办公楼

图 2-2-9 高层住宅外观的凹凸与错位

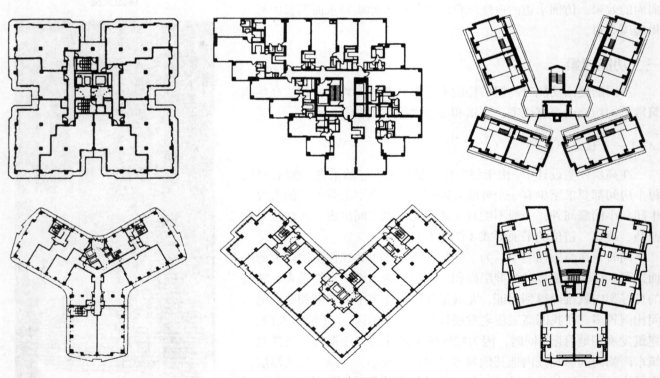

图 2-2-10 高层住宅平面类型示例

凹凸线条以突出现代性意味，同时通过外观中的局部体量变化和色彩构成，对单一的住宅立面进行活跃化处理。与这一简化和变化的方式相反，龙湖的重庆春森彼岸项目（图 2-2-12）则是采用了立面的"加法"。春森彼岸地块位于重庆江北老城区与滨江快速交通之间，场地竖向高差较大，建设基地及周边的城市肌理是灵活和小尺度的山地景观。这一建筑群的高层住宅在外立面构件构成中，增添了与住宅功能关联并不必要的垂直玻璃构件。这一构成使高层住宅原有的单一体量感在立面上被碎片化，与基地及周边原有的城市建筑文脉产生了意向关联。

（二）旅馆

旅馆也是以住宿功能为主，要求每个主要使用房间享有自然的采光、通风条件。由于旅馆的标准层中使用房间的功能组合较为单一，有大量均质的使用空间，因此平面组合多为外廊、内廊、双内廊等。这一类型的平面特点与住宅相比，没有了外墙面上大量的凹凸和缺口，外观比较整齐划一；建筑平面根据交通组织方式的不同，常采用各种对称的布置模式。与高层住宅建筑相比，高层旅馆虽然也强调"住"的舒适性以及相应的自然采光通风条件，但由于内部空间划分的均一性，在外观的处理上显得风格比较自由、尺度和细部也较单一（图 2-2-13）。

（三）办公楼

现代办公楼对大空间的要求逐渐增多。大空间的采光不可避免地要借助人工照明，但大进深的平面中使黑房间被减至最少。这一类建筑平面形式灵活、立面造型自由。随着绿色建筑观念的增强，小型办公空间与自然的亲和性和特有的舒适性、私密性又逐渐被人们看好。但是，不论采用哪一类空间模式，办公建筑的功能特点使得其空间组合方式灵活自由，造型丰富多变，其成功的范例在许多地区往往成为标志性的建筑（图 2-2-14）。

图 2-2-11 广州万科蓝山住宅

图 2-2-12 重庆春森彼岸住宅

北京昆仑饭店　　　　　　纽约联邦广场饭店

图 2-2-13 高层旅馆建筑

同样，个性化追求也是办公建筑进行造型设计中考虑的重要因素。较大规模的高层办公建筑往往受制于巨大体量的实现，而多采用单一规则的体型。但是，在办公建筑中的多元化弹性空间需求，具备个性化形态塑造的基础。位于重庆市江北区的博建设计中心，就是利用办公建筑的空间灵活性特点，寻求个性化体形塑造的例子（图2-2-15）。这栋办公楼是重庆博建设计及重庆日清景观两家设计机构为主的办公综合体，并吸纳了一些小众的创意设计机构。其内部空间的多元化需求及灵活性，通过内外空间的大胆组织，提供了多个标高

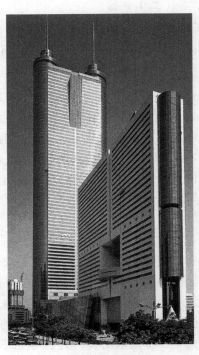

上海国际贸易中心　　　　　　　　　　深圳地王大厦

图 2-2-14　高层办公建筑

图 2-2-15　"重庆房子"

层次的外部景观设计。建筑的设计创意起点源于重庆传统的"吊脚楼"的复杂与灵活特点。结合设计创意的复杂的"山城"竖向关系及多标高的室内外连接，给这一建筑带来了丰满的外观表达，被形象地称为"重庆房子"。这一小体量高层办公楼的设计手法探讨方向，本身也是对巨大人工构筑环境的积极尝试。

四、视觉因素

如果对高层建筑的视觉效果进行分析，不难发现：在近距离很难看到高层的全貌，但对细部有着较多的观察条件；中距离、远距离时虽很难看清细部，但能够看到建筑的全貌，对建筑的印象才具有整体性。根据以上分析，建筑造型设计中应注意以下三点：

（一）注重整体性

设计中注重建筑的整体轮廓形象，而不是一味追求局部造型。对建筑轮廓要重点处理好式样、比例、尺度等关系。对建筑进行细部处理时，应以有利于塑造高楼的整体形象为主，避免繁琐的立面细部。

日本东京的新宿公园大厦（丹下健三，1994年）（图2-2-16），是一个通过简单细致的细部处理创造丰富体形的实例。这栋52层的大楼在设计中将26万 m² 的空间分散在三个相互咬合、逐步跌落的塔楼中，化解了巨大的体量感。在三个塔楼的外立面均采用蓝白相间的水平划分，局部以点窗和三角形作点缀。单一塔楼在立面体量上主要采取凹凸处理，只在顶部处理得比较活跃，三栋塔楼严格统一的格调，形成很强的韵律感和整体性，在简单的造型语汇下展现了丰富的变化。

图 2-2-16　新宿公园大厦

（二）注重简洁性

简洁性也是保证建筑整体性的重要手段之一。简洁性指以尽可能少的造型元素表达丰富的建筑内涵，用尽可能少的符号表达尽可能多的意义。

KPF 设计的芝加哥韦克大道 333 号办公楼（图 2-2-8），为了加强建筑采用的大面积弧形玻璃幕墙的曲面效果，在水平方向采用凸出的不锈钢半圆形横档，并用深浅不同的两种镀膜玻璃划分每一层立面，突出了水平方向的舒展性。在大圆弧面的统一基调上，丰富了立面的色彩，使立面统一而不单调，简洁生动的外观在滨河的复杂地段创造出优雅独特的景观。

与韦克大道 333 号办公楼相比，位于美国达拉斯的民族银行广场大厦（图 2-2-17），是利用全玻璃幕墙的单一的造型材料，在富有韵律的变化体形上创造出简洁明快的建筑外观。而 1973 年落成于芝加哥的标准石油大厦（图 2-2-18），则是利用石材饰面，塑造简洁外观的例子。大理石墙面单纯的凹凸阴影强化了建筑的竖向线条，凸显出挺拔的造型效果。在这一处理手法上，纽约的世界贸易中心双塔大厦也具有类似的效果（图 2-1-14，图 2-1-15）。

图 2-2-17　达拉斯民族银行广场大厦

广州中信广场（刘荣广、伍振民建筑师事务所（香港）有限公司设计，1993～1996年）（图2-2-19）是超高层建筑中注重简洁性的一个代表。中信广场由80层的办公主楼和两旁两座38层的双塔式高级豪华公寓构成，裙楼部分为4层购物商场，总建筑面积达23.5万㎡。这一组大型的钢筋混凝土建筑群在设计上有着强烈的雕塑感，在环境绿化的衬托下，主楼配楼为对称立面构图，高耸的主楼以浅色玻璃幕墙与深色调的配楼形成对比，全部外墙细部强调横向的水平划分，只在底层入口大堂处以竖向线条和黑色大理石饰面突出基座。整个建筑群体形、色调、立面用材均以简洁为主，横向单一的线条排列突出了主体的挺拔、苗壮。

1997年竣工的我国外交部办公楼（图2-2-20）的立面造型也充分体现了简洁的特性。这栋大楼位于北京朝阳门外大街与东二环交叉口的东南角，由19层的主楼和两侧沿主干道布置的13层高的配楼组成。建筑主体面向朝阳门立交桥，采用雄伟挺拔的凸弧形，立面以结构柱距为单元进行格栅形划分，形成网格状外观，体形简洁典雅，色彩明快统一，成功地塑造了政府办公大楼的形象。

（三）注重易识别性

高层建筑属于大型性建筑，对一个地区来说，往往具有标志性。同时，高层商业建筑为了体现业主的声望、地位以及突出其商业广告性，除了在高度上做文章，也需要建筑式样具有自身的特性。高层建筑在造型上要求注重易识别性，使其易于从周围环境中区分出来，表现出与众不同的个性。

高层建筑的易识别性可以从三方面入手：其一，使楼身造型别具一格；其二，顶部造型是高层建筑的视觉焦点，应作重点处理，做到新颖奇特；其三，突出建筑的材质与色彩特征。

图2-2-18　芝加哥标准石油大厦

图2-2-19　广州中信广场

图2-2-20　外交部办公楼

墨菲/扬设计事务所的作品，在造型上往往具有鲜明的个性。1986年建成的伊利诺斯州中心就是一个典型的例子（图2-1-25）。伊利诺斯州中心是由政府办公楼和商场组合而成的15层高的综合大楼，面积有35万 m²。建筑的中心是一个直径48m的大厅，外观呈逐级收进的弧形斜坡状，与外部空间相呼应。建筑造型在体量和高度上都考虑了与周围建筑物的协调，但也强调了政府办公楼的尺度和形象感，显示了政府部门的权威性和重要地位，突出了个性。

位于美国休斯敦市的共和国银行中心（1984年建成，伯吉&菲利普·约翰逊设计）的造型，在超高层建筑中具有强烈的个性特征（图2-2-21）。这栋建筑由高度差别很大的高层主楼和多层裙房组成。为了统一外部造型，设计者将传统坡屋顶的山墙形式作为体形变化的依据，并且使主楼层层跌落的山墙由南向北依次降低，成为高低体量的过渡，形成独特而有韵律的三角形顶部。这一特殊的造型构成了奇特的城市天际线，加上外墙饰面采用桃红色的花岗石，赋予了建筑强烈的个性。

上海环球金融中心的顶部处理，是在规整的顶端开设一个巨型圆洞，既有结构上的考虑，也赋予建筑以象征意义，使其成为该建筑特有的标志。而著名的香港奔达大厦，则是以其错位平面构成的富有韵律的雕塑造型，成为香港中心区特有的地标性建筑物（图2-2-22）。

高层建筑作为大体量建筑，其巨大的立面尺度使得色彩与材质的划分对主体的性格特征具有很大的影响。玻璃幕墙的产生就是一个很好的例子：伴随高层建筑而发展起来的玻璃幕墙，以其晶莹剔透的材质效果，为大体量的建筑营造了轻盈而具有穿透感的视觉效果，也为新旧建筑环境的融合提供了一种方式。早年使用玻璃幕墙的建筑往往成为当地著名的标志性建筑，这一外墙形式也从而在世界各地得以迅速推广。

建筑材料的选择赋予高层建筑的鲜明色彩特征，容易使建筑从周围环境中脱颖而出。在重庆就有这样的例子。作为山城的重庆，道路的走向多变，难以像平原城市那样给空间位置进行定位。在重庆南岸区的金台大厦，采用了粉红色的玻璃幕墙做外墙，在山城阴霾的冬季显得格外突出，在早期迅速发展的城市建成区里，使周围的城市空间有了心理定位的依据（图2-2-23）。立面中的色彩构成也是高层体量中突出性格特征的方式。图2-1-12的马赛公寓在阳台侧面采用鲜艳的原色丰富了粗野的混凝土外墙表情，带来建筑强烈的个性特征。斯蒂文·霍尔为MIT设计的学生公寓（图2-2-24），在简洁的灰色外立面采用了窗洞口的色彩处理，突出了建筑在城市中的可识别性。图2-2-25是纽约哈德逊河沿岸的一组高层建筑。在玻璃幕墙为主的大尺度建筑群中，色彩成为非常明确的识别要素，也是滨水城市天际线的主要立面构成。

五、结构、材料、技术因素

早期的高层建筑采用的是铸铁框架结构，这决定了早期的高层建筑体型只能是粗矮的墩形，难以实现细高的体形。随着建筑技术的不

图2-2-21　美国休斯敦市共和国银行中心

图2-2-22　香港奔达大厦

图 2-2-23 重庆金台大厦

图 2-2-24 MIT 学生公寓

图 2-2-25 纽约哈德逊河沿岸的
高层建筑

断发展，如新结构体系的出现、玻璃幕墙技术的完善、先进的电梯设备和水暖电设备的改进，使高层建筑的体形比例向细高发展，新奇的高层建筑形象得以不断创造。建筑是基于技术基础的艺术创作，一定的建筑技术有其特定的建筑形象；反之，独特的建筑造型必然要有特定的建筑技术来体现。

所以，高层建筑造型应充分考虑结构自身的逻辑性。技术因素对造型的影响体现在高层的平面、立面设计和三维体量的组合关系等多方面。好的高层建筑应是建筑艺术与建筑技术的完美结合。

综上所述，影响高层建筑造型的因素很多。一栋成功的高层建筑，既注重对功能的巧妙合理配置，也强调对体形的艺术处理。高层建筑造型的设计方法可以从以下几方面着手进行：楼身体形、顶部造型、基座造型、立面设计。

第三节 高层建筑楼身体形设计

高层建筑的楼身体形是其立面塑造的基础，也最直接地反映建筑标准层的配置和组合关系。楼身体形设计应做到丰富多彩，但又不能以牺牲技术经济的合理性为代价，其常用的体形有几何体形、台阶体形、倾斜面体形、雕塑体形等。

一、几何体形

几何体形是高层建筑乃至大量低、多层建筑中大量出现、运用得最广的体形。不论是由简单的几何平面构成，还是以其变化衍生的各种平面形式发展而成的几何体形，在平面功能布局和结构布置上都容易形成较强的逻辑性，所以，几何体形在各种类型的建筑中得到了广泛的运用。

（一）构成

1. 用简单几何形平面构成柱体（图 2-3-1）

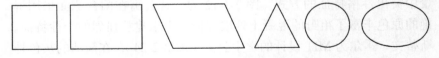

图 2-3-1 简单的几何形平面

2. 由简单几何形变化而成

（1）切割法

切割法是在简单几何形体平面的基础上，用直线或曲线为"刀"对其进行切割，构成新的平面，再延伸成为柱体，如三角形平面的角部往往为了便于布置室内空间和削弱风振的影响而进行各种切角处理。简单几何形体常用的切割方式列举如下（图 2-3-2）：

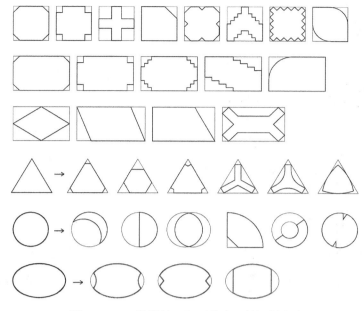

图 2-3-2 简单的几何形体常用的切割方式

（2）叠加法

叠加法，是以相同或不相同的几何形相互错位相叠，构成新的平面形式，如方形的叠加（平行或旋转）、圆形的叠加、方与圆的叠加等。常用的叠加方式如图 2-3-3 所示：

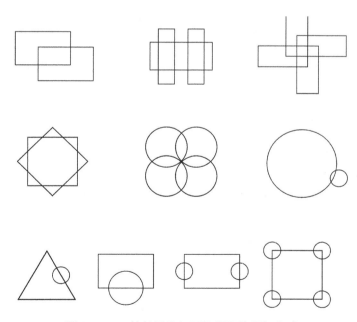

图 2-3-3 简单的几何形体常用的叠加方式

（二）建筑实例

高层建筑中，有不少运用几何体形造型的实例。日本东京赤坂王子饭店（图 2-3-4）、美国明尼阿波利斯市 IDS 中心大厦（图 2-3-5）以及纽约市的特鲁姆浦塔楼（图 2-3-6）都是在矩形平面上进行齿形

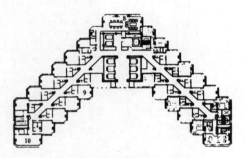

图 2-3-4 赤坂王子饭店

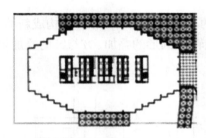

图 2-3-5 明尼阿波利斯市 IDS 中心大厦

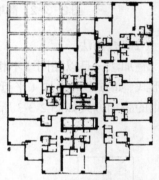

图 2-3-6 特鲁姆浦塔楼

切割的实例。

赤坂王子饭店是一栋 138.9m 高的超高层建筑，地上 40 层，地下 2 层。由于赤坂地区是东京市中心旅馆比较集中的地区，并且紧邻国会、最高法院等政府设施。为了突出自己，要求建筑的造型处理具有一定的吸引力。建筑的主楼采用矩形切割而成的锯齿状"L"形平面，表达对西面旅馆、商业区和南面高速路方向人流的欢迎姿态，同时有助于和周围的建筑共同围合，形成城市中心开敞空间。IDS 中心的主体塔楼是 52 层，约 236m 高的八边形棱柱体，平面上四个斜边均有八个锯齿形切角，不仅形成了大量转角位的视野开敞的办公空间，也通过竖向的层层阴影削减了建筑的宽阔体量。特鲁姆浦塔楼是座由办公、商业、住宅组合而成的综合大楼，68 层，总面积约 5 万 m²。采用小平板青铜色玻璃的幕墙，为了使外观像宝石一样转折反射，设计者采取逐步后缩和锯齿形的处理手法，不仅在第 6～第 12 层呈阶梯状逐层退台，建筑平面也是在规整的平面基础上作了 13 个切角，从而使每层至少有 13 个多角度的办公空间以及一系列自上而下的瀑布般的私人平台，可以俯瞰中心公园和街景。整座建筑就像精心雕刻的宝石，光彩夺目。大多数房间有两个朝向，这种做法使住宅立面获得了更好的开敞性，也让使用者获得更开阔的视野。

位于北京建国门附近的中国国际贸易中心（1989，美国索伯尔·罗斯建筑事务所设计，日本的日建设计完成施工图）是方形平面切圆角的实例（图2-3-7）。这个大型建筑综合体的总建筑面积40万 m²，以切角的方形平面为造型基本单元，构成两个高耸的塔楼——高155m的国际贸易中心主楼（地下2层，地上39层，标准层2054m²）和91.1m高的国际公寓。北京京广中心（1990，日本熊谷组设计，建筑面积13.7万 m²，53层，高208m，标准层2000m²）则是一个1/4圆切角的扇形平面实例（图2-3-8）。京广中心位于道路转角，设计者认为，这种扇形平面是古代中国幸福的象征。外墙采用铝合金幕墙和反射玻璃，但设计者在低层部分有意识地运用了中国古建筑基座的形式进行造型处理，以此体现传统，并与上部高塔的现代风格形成对比。

在完整的基本几何形上做局部的简单切割，也是建筑实践中常用的造型手法之一，如在方形和圆形的边上挖槽处理，可以改变较大的体量感；方形、三角形和多边形平面中小的转角切割，除了改变内部空间的使用条件，也可以获得立面上的收束感，如图2-3-9为几个局部切割的实例。

新加坡财政部大楼高235m，采用圆柱形外观，使它在最大限度上减少了外表面积，结合浅色铝板外墙面和古铜色隔热玻璃，以此降低炎热地区的建筑能耗。大楼的南北立面均有一个切口，造成两个半圆的错觉，强化了竖向线条，使造型上的垂直高耸感更为突出。

图 2-3-7 中国国际贸易中心

图 2-3-8 北京京广中心

新加坡财政部大楼

第一加拿大广场大楼

悉尼 MLC 中心大楼

香港中环广场大厦

图 2-3-9 采用平面局部切割法造型的实例

位于多伦多市中心的第一加拿大广场大楼72层，高约290m，塔身在方形平面的四个角向内切入4.6m左右的方形，改变了单一的建筑体量。而同样是正方形平面的悉尼MLC中心大楼，四个角进行斜边切割，变成八边形的平面，切边的转角部位采用钢筋混凝土的折形巨柱，凸出建筑外墙，与水平带窗形成对比，成为立面造型上的巨型支架。

三角形平面的香港中环广场大厦，三个尖角被切去，既改善了室内空间形状，又从"风水"上避免了对相邻建筑的"冲撞"。建筑顶部以三坡尖顶和桅杆作结束，赋予建筑物纪念碑一般的高耸和华贵感觉。

采用叠加法的建筑实例也很多（图2-3-10），它是在基本几何形体的基础上以附加方式衍生多样化的高层主体体形。

南京金陵饭店（1983年建成，香港巴马丹拿事务所承担建筑设计）就是在方形主体上局部叠加的实例。建设基地位于南京市中心新街口广场西北角，高110m的37层主楼坐北朝南，主轴线与城市干道成45°夹角，平面以方形为母题进行组合。顶部为旋转餐厅，每小时旋转一周，可以俯瞰古城景色。标准层为正方形，四个角部各扩出一个小小的矩形，约增加8m²（标准层面积31.5m×31.5m=992m²+8m²=1000m²），四角的扩展部分上下贯通，外观封闭，与饭店客房规整简洁的开口面形成虚实对比，仿佛是四个转角柱，成为坚实的立面边框。

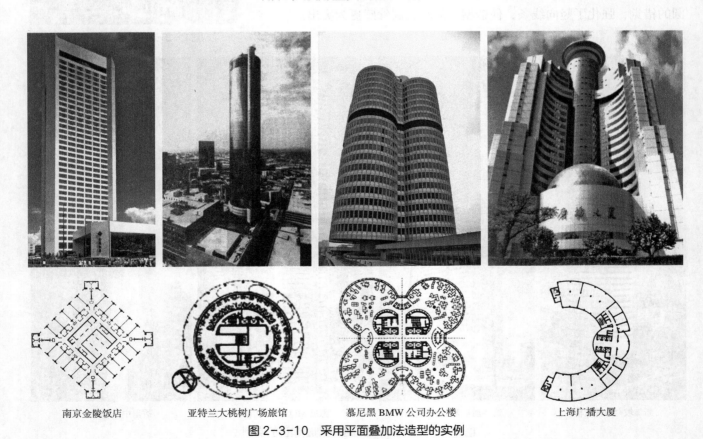

| 南京金陵饭店 | 亚特兰大桃树广场旅馆 | 慕尼黑BMW公司办公楼 | 上海广播大厦 |

图2-3-10　采用平面叠加法造型的实例

亚特兰大桃树广场旅馆（1975年，波特曼设计）是不同大小的圆形平面叠加的实例。这个世界上最高的旅馆拥有一座70层高的圆柱形镜面塔楼，具有波特曼作品的共同特点：巨大的中庭、透明的电梯、旋转的屋顶餐厅等。10根7层高的支柱和中心电梯井，把整幢塔楼支撑起来。塔楼中间是56个客房层，下面是两层会议厅，顶上三层是可以旋转的餐厅和鸡尾酒休息厅。圆形以最小的外墙得到最大的面积，走廊减至最短，客房所占面积最大。贴在圆柱形塔楼侧面的小圆柱形镜面玻璃塔是通往屋顶餐厅的电梯井，在塔楼第五层进入电梯，下面有一个独立的圆柱支撑着。另一侧的小圆柱塔则是通往塔楼会议室层的电梯井。

慕尼黑BMW公司办公楼是由4个同样大小的圆形呈花瓣形对称叠加构成的塔楼。办公部分高22层，在中间和顶部设有设备层。建筑面积每层1600m²，层高3.82m，净高2.90m。在每一层楼里，按空间形状适当划分，隔成4个较小的单元。4个花瓣形构成的平面使外观体形玲珑有致，也为办公空间增加了天然采光面积。这一别具特色的圆弧形造型富有很强的韵律感，并且与旁边碗状的陈列馆形成了呼应。

外观

外观弧形的上海广播大厦是以圆为母题进行切割和叠加而成的——圆环状平面环绕着一个同心圆的多层裙房，塔楼中间也嵌入一个小的圆柱体交通核心。交通核心的圆柱体以玻璃幕墙上下贯通，与两侧环形体量的水平长窗作对比，强化了主体造型对环境和人流的"接纳"之意，造型明快流畅而又富有新意。

1988年建成的深圳发展中心大厦（图2-3-11），地下一层，地上43层，是圆形、梯形组合平面，其主体是一个圆柱，下部三分之一处为台阶形玻璃幕墙，与上部的大面积水平带窗配合，形成虚实对比，是深圳市具有代表性的高层建筑之一。它的标准层是圆形与梯形的组合：在圆形的一个四分之一圆处切入一个梯形，梯形部分作为垂直贯通的交通和服务设施核心偏于后侧，为圆形部分平面的开敞大空间提供了条件。

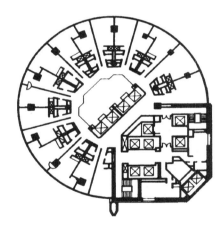

二、台阶体形

（一）构成

沿高层主体由下至上作台阶状收缩，构成一块块屋顶平台或花园。对于板式高层，台阶可以在两端（纵向台阶），也可以在一侧或两侧（横向台阶）。对于塔式高层一般从四面向上收，构成四面台阶或多面台阶。台阶形高层建筑运用较普遍，在旅游建筑中尤其多，在塔式高层中更为广泛。

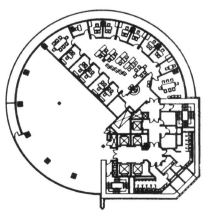

公寓及办公标准层平面图

图2-3-11　深圳发展中心大厦

（二）优点

（1）下大上小，减少风荷载。

（2）满足城市规划临街面与道路中心线间的限高规定（一般为

2 倍)。

（3）适应功能变化要求，如下面为大进深的办公空间，上面小进深的居住空间。

（4）台阶形成的屋顶平台利于观景需要（风景美丽的地段尤其必要 ）。

（5）是创造高层建筑独特形象的有效手段。

（三）实例

当今世界上最高的台阶式高层当属西尔斯大厦（图 2-1-21 ），9 个 22.9m 见方的正方形筒体组成的束筒结构在第 51 层以上根据不同的楼层进行规则地退台。建筑离地越高，风力越大，截面也依次减小。建筑造型所表现的结构概念反映了高层建筑结构抗风设计的进步。与这一结构概念的表达相比，休斯敦共和银行奇特的台阶式外观造型，则是将传统坡屋顶的山墙形式作为体形变化的依据，利用台阶统一外部造型，并成为高低体量的有效过渡（图 2-2-21 ）。

建在东京港区的 NEC（日本电气株式会社）本部大楼（图 2-3-12）是双面台阶的建筑实例。大楼建筑面积 14.1 万 m^2，地面以上 43 层，地下 4 层，建筑高 180m。建筑体形简洁，标准层自下向上逐渐缩小形成三段，从正面看外形似一枚待发的火箭，显得雄浑挺拔。建筑中部第 13 ~ 第 15 层处开有一个南北向风洞，以减弱建筑长边的风压力影响。

韩国综合贸易中心是单面台阶的实例（图 2-3-13 ）。作为综合贸

图 2-3-12　NEC 本部大楼

图 2-3-13　单面台阶建筑：韩国综合贸易中心（左）、深圳发展银行（右）

易中心主体建筑的贸易大厦，高达 228m，建筑面积约 10.8 万 m²。大厦地下 2 层，为钢筋混凝土结构，地上 54 层，为钢结构。建筑师采用了一侧为阶梯状的设计造型，并将阶梯部分分为两条，仿佛是矗立在寺庙门边的两尊石像。也有人认为这种阶梯状造型代表了创造韩国经济奇迹的贸易输出曲线，或者说像是神话中的龙向天空腾飞。

墨菲·扬在 1985 年设计的位于曼哈顿的哥伦布环状办公楼是一个台阶建筑的特别例子（图 2-3-14）。这栋集办公、旅馆、公寓为一体的综合建筑物，由环形的低层部分（寓意哥伦布的环球航行）和 390m 高、分成两段呈阶梯状退台的高层主楼组成。阶梯状的环形外观赋予了建筑物独特的景观轮廓线。

纽约洛克菲勒中心 G.E. 大厦（1933 年）是一栋 70 层高的钢结构超高层办公楼（图 2-3-15）。它高耸修长的剪影曾经是新型摩天楼兴起的标志。为了使房间布局满足自然采光的要求（平面深度不超过 27 英尺，约合 8.235m），建筑平面呈一窄长的矩形，为了争取好的朝向，将建筑板形体量的端部面向街道。建筑在临街一面分为三个条块在不同的高度形成几次退台，取得体量上的变化，强化了高耸挺拔的视觉感受。

日本神户梅里肯公园东方饭店（图 2-3-16）是一个采用圆弧状的台阶体形。这栋旅游饭店位于神户港一个突出的人工岛上，三面环海，高 14 层，底部的第 1、第 2 层为渡轮码头。建筑外轮廓的曲线是通过台阶状层层出挑的阳台构成的，也为这座度假建筑增加了眺望的空间。

图 2-3-14 哥伦布环状办公楼

图 2-3-15 纽约洛克菲勒中心 G.E. 大厦

图 2-3-16 日本神户梅里肯公园东方饭店

图 2-3-17 旧金山泛美大厦

图 2-3-18 吉隆坡马来亚银行大厦

三、倾斜面体形

（一）构成

利用倾斜面造型也是高层建筑体形塑造的常用手段。斜面所带来的动感和韵律可以使建筑外观舒展、流畅而富有个性。根据倾斜面在建筑外观上的数量与位置关系，可以分为单面倾斜、双面倾斜、四面倾斜、下部倾斜等几种构成方式，其中下部倾斜的方式又往往体现在前三种方式中。

（二）优缺点

倾斜面体形造型奇特，容易形成一定的标志性。除了个别体量和层数不大的高层建筑可能采用上大下小的倒置斜面外，一般的倾斜面体形均沿高度增加逐渐减小平面，对结构抗风有利，但是，逐层变化的平面使得设计和施工较为复杂。

（三）实例

高层建筑体形中四面倾斜的实例如旧金山泛美大厦（1972 年）、吉隆坡马来亚银行大厦（1988 年）、横滨标志塔楼（1993 年）等。泛美大厦（图 2-3-17）是一个 48 层、高 260m 的方尖塔。建筑平面为正方形，自下而上每一层的楼板都向中间缩进，形成直线形的倾斜外墙。它的类似于金字塔的锥形体形缩小了主体在地面的投影面积，有利于街道获得较多的阳光和空气，也因此成为 20 世纪 60 ~ 70 年代国际式方盒子建筑在美国盛行以来第一栋在形式上有所创新的高层建筑，其独特造型和突出于城市轮廓线的高度使它成为旧金山市的标志性建筑。建筑顶部的锥尖没有具体的使用功能，但在夜景灯光下为城市增添了美丽的景观。与泛美大厦相比，马来亚银行大厦（50 层，243.5m）（图 2-3-18）的倾斜面并不贯穿整个楼身：建筑主体由两个咬合的正方体构成，每个正方体底部完整的两个边各自向外扩出，形成斜面，而这一倾斜的手法在建筑顶部的退进中得以重复，使主体造型上下呼应。横滨标志塔楼（图 2-3-19）高 70 层，它的倾斜方式又有所不同——由正方形平面在四个边的中间挖槽切割，形成平面上凸出的四个角，方形的塔身分三段向中心退台，每段的标准层不变，底下一二段的四个凸角向内退进形成倾斜面。这一组合收分的体形处理方式别具一格，使这栋接近 300m 高的大型建筑形成收束的效果，造型敦厚有力、简洁之中富有变换。

广东国际大厦是局部倾斜的塔式高层（图 2-3-20），63 层，高198.4m，在第 6 ~ 第 22 层四面利用楼板逐渐外挑形成斜面，外筒尺度不变，结构简单可行。四个倾斜面的中间部位作倒梯形的切割，从远处看，整个建筑犹如从笋壳中破出的笋节。1998 年 7 月落成的威海中信金融大厦（图 2-3-21），建筑主体高 145m，采用当地产的石材和幕墙一起构成四面倾斜的主体，通过体形的收缩和材质的衬托，凸

图 2-3-19　横滨标志塔楼

图 2-3-20　广东国际大厦

图 2-3-21　威海中信金融大厦

显了金融大厦稳固、挺拔的视觉效果。位于城市中心的加利福尼亚圣地亚哥美国 1 号广场大厦（图 2-3-22），34 层的倾斜面塔楼采用夸张的立面构架划分，和多个斜坡面构成的尖顶结合，在城市道路景观中留下鲜明的特色。

双面倾斜的造型一般采取对称的方式，建筑多采用板式高层，随着高度的增加，长边的体形逐渐向内收进，形成舒展平缓的曲面，如日本大阪日航饭店（图 2-3-23）、新德里市政府大厦（图 2-3-24）和厦门海关业务办公楼（图 2-3-25）。当倾斜面贯穿整个建筑的高度时，势必会牺牲较多的功能空间，也增加设计的复杂程度，因此超高层建筑的双面倾斜多只在下部采用，建筑上部的主体仍采用规整的柱体。

旧金山的海特旅馆利用大面积的倾斜曲面进行造型，为各层平面提供良好采光的同时也提供了更多的日照和景观面。面向广场层层退进的客房在尺度上照顾了建筑与广场的关系，形成富有雕塑感的造型特色（图 2-3-26）。

在众多建筑师事务所中，最擅长和喜欢使用大面积的倾斜面进行高层建筑造型的当属墨菲·扬事务所，美国伊利诺斯州中心大楼（1985 年，17 层，10.68 万 m²，每层 4500 ~ 7000m²）就是由曲面构成的倾斜面体型实例（图 2-3-27）。南非约翰内斯堡办公楼（图 2-3-28）的设计也是运用倾斜面造型的例子，只不过在这里采用的是直面而非曲面：办公楼外墙采用板式玻璃幕墙，设计师将大楼设计成水平和垂直方向均有不同倾斜面的造型，模仿成钻石形状，以与业主所从事的钻石业相呼应。

图 2-3-22　加利福尼亚圣地亚哥
美国 1 号广场大厦

图 2-3-23　日本大阪日航饭店

图 2-3-24　新德里市政府大厦

图 2-3-25　厦门海关业务办公楼

图 2-3-26　旧金山海特旅馆

图 2-3-27　美国伊利诺斯州中心大楼

图 2-3-28　南非约翰内斯堡办公楼

四、雕塑体形

雕塑体形的特点是沿塔楼竖向进行切割，用雕塑手法对塔楼雕刻处理，使之凹凸起伏、明暗对比，增强立体感，区别于一般几何形体，达到新颖奇特的效果。

雕塑体形在设计中大致可以分为几种倾向：

①利用曲面或斜面对体形进行切割；

②由多个几何形体纵横交错地叠合构成一个整体；

③通过体量的对比或高低错落来组合形体；

④利用外立面对完整的体形作有序列的雕琢；

⑤以对某一对象抽象隐喻的方式塑造体形。

当然，一个建筑的体形设计不可能完全教条地单纯遵循某一种方式，对雕塑体形的塑造有时往往也是多种设计方法的有机组合。

前面已经介绍过的实例中不乏在造型上力求生动和富于雕塑感的例子，如倾斜面造型的旧金山泛美大厦、螺旋退台的哥伦布环状办公楼以及利用几何形切割的赤坂王子饭店、明尼阿波利斯市 IDS 中心大厦、纽约市的特鲁姆浦塔楼等。本章第一节中介绍的西尔斯大厦、阿利得银行以及香港中银大厦也是雕塑化造型的实例。下面重点分析几个雕塑体形的高层建筑实例：

美国德克萨斯州休斯顿的潘索尔大厦（1976 年）是以斜面切割的方式构成富有雕塑感的形体（图 2-3-29）。潘索尔大厦和达拉斯民族银行大厦（1984 年）（图 2-2-17）的设计都出自菲利普·约翰逊与约翰·伯吉之手，两栋大楼隔街相望，在休斯顿的城市天际线中平分秋色。前者由两座对称的梯形高塔组成，高 151m，36 层，顶部削去，底层连接成两个巨大花房式的大厅。体量巨大、紧邻在一起的双塔主楼，以其简洁的单坡塔顶和塔楼间 3m 宽的 "一线天"，构成戏剧性的几何雕塑效果，使它从拘谨的玻璃盒子式结构中脱颖而出，成为休斯顿城市天际线中突出的组成部分，而后者呈多重台阶状组合的主体造型也是一个富有立体雕塑感的成功尝试。

上海环球金融中心（KPF 事务所设计方案）高 460m，由 95 层主体大厦和 3 层裙楼组成（图 2-3-30）。造型特征为正方形和圆形两个单纯的几何形组成的巨型雕塑。主体采用正方形平面，从对角线分为两个三角形，其余两对角自下而上逐渐收分，至 460m 高处呈一对平行的直线。顶端开圆洞既减轻风荷载，又作为屋顶观光的开口部，内架天桥，象征 "世界金融中心" 和 "世界的桥梁"，其加上由金属条和玻璃构成的外墙面，使这座超高层建筑看上去如同一座巨型的几何体雕塑。

由多个几何形体纵横交错地构成雕塑体形通常采用的有两种叠合方式：旋转错位和平移错位。英国的克罗伊登办公楼（图 2-3-31）是一个上下楼层 45° 旋转错位后相互叠合的例子。平面为正方形切角而成的八角形，向外悬挑的转角部分大小相同，隔层交替，作为办公室和阳台，既保证了办公室空间的规整和便于使用，又可通过隔层

图 2-3-29　休斯顿潘索尔大厦

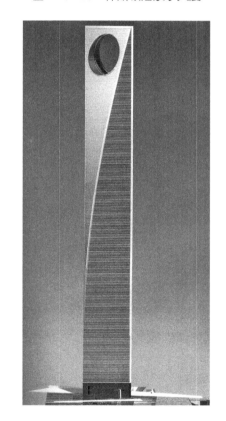

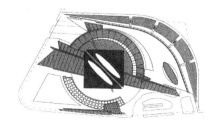

图 2-3-30　上海环球金融中心方案

交替的阳台遮阳挡雨。平面的旋转叠合使建筑外观看上去很像是一个圆形的柱体。与其相比,香港奔达中心(1988 年,Paul Rudalph 十王欧阳建筑师事务所)同样是八角形(四长边,四短边)基本平面(图2-3-32),造型上则在平面穿插变化的基础上又加入立面的切割处理。该中心是一组商业写字楼建筑,总面积 11.055 万 m²,由两栋分别为42 层和 46 层的塔楼与 4 层裙房组成。两栋塔楼均为多棱柱体,按立面玻璃幕墙垂直划分成三段,每一段各层平面又稍有不同。结构为内筒外框架,塔体中心为交通、厕所等公共部分,四周部分是办公用房,许多层平面有 24 个边窗,使自然光线可以照射到每个角落。平面层

外观

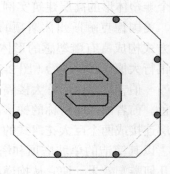

标准层变化方式示意

图 2-3-31 英国克罗伊登办公楼

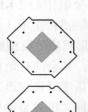

外观

标准层变化方式示意

图 2-3-32 香港奔达中心双塔

层变化，形成块体凹凸、变化丰富的体形与立面，呈丰富有致的形态。造型寓意金龙抱柱（金色玻璃幕墙），象征好运与吉利，成为香港地区的标志性建筑之一。

平移错位的叠合方式往往是利用单一的几何体单元进行穿插式的组合，以简单元素作立体构成式的组合，如日本建筑师黑川纪章的"新陈代谢"理念的代表作品——中银插入式仓体（图 2-3-33）。图 2-3-34 所示的新加坡某住宅也是利用小的立方体进行穿插组合，但是暴露大量的梁柱构件作为主体骨架，并以此构成住宅阳台等半户外空间，也形成了外观上的虚实对比。

利用立面的进退变化形成雕塑体形是一种比较简洁的处理方式。美国迈阿密市的东南金融中心大厦（SOM，1983 年）（图 2-3-35），利用顶部规整的小退台对完整的方形柱体作有序列的雕琢。这栋超高层建筑共 55 层，高 224.9m，与其方形的平面呼应，立面以磨光的黑色花岗石分格条形成均匀的网格。每个网格中用白色窗框将大面积的点窗分为均等的 4 个窗格，使整个立面呈现细腻精美的图案。建筑顶部的 12 层，以 2 层为一个单位，在平面上自一个转角处起逐层作齿状切割，形成富有韵律的造型。顶部立体化的规则图案与楼身的网格形成进一步的呼应，以简单的变化丰富和强化了建筑的个性。总高约 237.6m 的旧金山亚美利加银行中心大厦，则是利用塔身一系列不规则的退台处理以及凹凸的外窗强化了雕塑感（图 2-3-36）。东京市政厅新楼（图 2-3-37）的体形变化也采用了在立面上进行穿插、削减来凹凸变化的雕塑造型手法，同样的立面塑形方式也明显地运用在上海的一些高层中（图 2-3-38）。

图 2-3-33　日本中银插入式仓体

图 2-3-34　新加坡某住宅　　图 2-3-35　迈阿密东南金融中心大厦　图 2-3-36　旧金山亚美利加银行中心大厦

几何化的形体扭转，也是塑造简洁雕塑形体的方式。广州电视塔以外围扭转的结构实现了圆柱体的收分变化，并形成表皮的旋转动势，被戏称为"小蛮腰"（图 2-3-39）。如瑞典马尔默市的 HSB 旋转中心（HSBTurningTorso）是在高层住宅进行形体扭转的大胆尝试（图 2-3-40）。这栋高 190m、54 层的住宅大楼，设计源于西班牙设计师圣地亚哥·卡洛特拉瓦模仿扭曲的人形雕塑。HSB 旋转中心每五层分为一个区，共分九个区，每个区的方向都与相邻区层不同，整座大厦犹如"扭毛巾"一样，扭转的几何体形带来了塔楼的强有力的动感。这栋别致的高层住宅于 2005 年投入使用，在法国戛纳的世界房地产市场颁奖典礼夺得"最佳住宅类大奖"，并于 2006 年获位于瑞士洛桑的国际混凝土联合会（fib）颁发"国际混凝土联合会 2006 年杰出结构奖(fib Award for Outstanding Structures 2006)"。同样作为高层住宅，中国 MAD 建筑事务所设计的玛丽莲·梦露大厦（Absolute Towers），位于加拿大密西加沙市，是两栋利用楼层轮廓的出挑变化形成扭转的住宅塔楼（图 2-3-41）。与 HSB 旋转中心类似，扭转并不像广州电视塔那样通过结构的扭转，而是基于稳定核心筒体系下的大胆出挑。也因为在建筑结构技术上的突出成就，这两栋建筑分别在著名的摩天大厦网站——安普尔斯（Emporis）的年度评选中获得了"最佳新摩天大厦（The best new skyscrape）"荣誉。

隐喻象征也往往是雕塑体型的灵感之源，如上海金茂大厦（图 2-3-42）。金茂大厦高 421m，88 层，功能为办公、旅馆、展览、餐饮、商场等为一体的综合大厦。塔楼平面为双轴对称，外墙以银色、绿色为主。节节收束的塔式造型象征中国古塔的形象，外观呈阶梯状的韵律，既反映了中国的传统特色，又体现了现代高科技所带来的技术精美。再如图 2-3-43 所示的德国法兰克福交易会大楼，造型上通过两个结构体量的结合，创造了一个强烈的大门形象。它犹如设置在一个庞大基座上的巨大广告牌，象征性地标明了它作为交易中心的地位。

图 2-3-37　东京市政厅新楼

图 2-3-38　上海某高层建筑群

图 2-3-39　广州电视塔

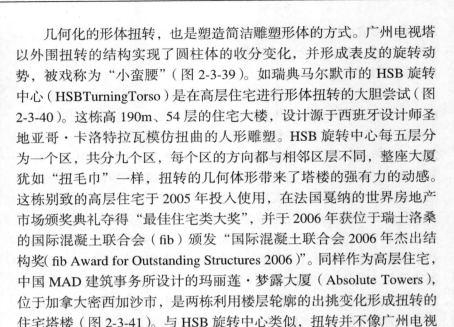

图 2-3-40　瑞典 HSB 旋转中心

图 2-3-41　加拿大玛丽莲·梦露大厦

外观

仿密檐塔的立面处理

技术精美的外皮

塔楼顶部收分处理

图 2-3-42 上海金茂大厦

第四节 高层建筑顶部造型设计

高层建筑的顶部往往决定了建筑艺术形式和时代的特征。顶部的处理在高层主体造型中占有重要的地位：

①高层建筑的顶部往往有各种功能空间（如设备间、餐厅、舞厅、豪华客房等）。

②高层建筑的顶部是竖向构图的终端，在造型中起着画龙点睛的作用。

③高层建筑的顶部还是业主巨大的实物广告，体现着企业的形象。

④高层建筑的顶部是丰富城市天际轮廓线的重要手段，也往往是高层建筑可识别性的重要标志。可以说，与底层和中段相比，摩天楼的顶部对造型的要求往往胜过对功能的要求。

根据构成和风格，高层顶部造型式样一般可分为尖顶造型、坡顶造型、穹顶造型、平顶造型、古典造型、旋转餐厅造型、隐喻造型等。

一、尖顶造型

尖顶的造型形象突出，有助于形成高耸的感觉。许多超高层建筑为了凸现自己在高度上的优势，喜欢在本来已经突出的主体上设置尖顶，如吉隆坡石油大厦（佩重纳斯大厦，世界最高建筑，88 层，450m 高）、法国法兰克福交易大厦（欧洲最高建筑，55 层，259m）、香港中环广场（香港最高建筑，78 层，374m）、上海金茂大厦（中国最高建筑，88 层，420.5m）等。20 世纪 30 年代著名的纽约克莱勒斯大厦、帝国大厦（1931 年）和 20 世纪 80 年代的费城自由大厦（墨菲·扬事务所设计）等也都是尖顶。费城自由大厦高 288m，造型与克莱勒斯相似，但更醒目，富时代感。设计者认为，其成功在于以形象化的现代手法与传统灵感相结合的结果。图 2-4-1 是一些采用尖顶的高层建筑造型实例。

图 2-3-43 德国法兰克福交易会大楼大厦

吉隆坡石油大厦　　　　法兰克福交易大厦　　　　香港中环广场　　　　俄亥俄州社会塔楼　　　芝加哥 Prudential 广场 2 号楼

亚特兰大太阳信托广场大厦　　　上海招商局大厦　　　深圳蛇口新时代广场　　　上海新金桥大厦　　　上海明天广场

图 2-4-1　高层建筑尖顶造型实例

二、坡顶造型

坡顶也是来自传统的坡屋顶形式。

（一）单坡顶

纽约花旗银行（1977 年，思图宾斯事务所，方形柱体，65 层 278.6m，图 2-4-2），采用了 45° 的单坡顶，里面隐藏着空调冷却塔。建筑师以斜坡顶强调了建筑在纽约曼哈顿岛上几百个方盒子高层中的可识别性，在当时的高层造型中独树一帜，简洁有力的 45° 斜屋

纽约花旗银行　　　　　　美国芝加哥南玄土大厦

图 2-4-2　单坡顶造型实例

纽约 AT&T 总部大楼　　　深圳蛇口海景广场

图 2-4-3　双坡顶造型实例

顶在纽约上空成为可识别的路标和广告，也打破了同年代纽约建筑的单调形象。位于芝加哥的南玄土大厦同样采用简洁的单坡作为顶部的结束，面向街道的大斜坡在建筑立面占据了显著的位置，凸显了建筑的个性（图 2-4-2）。

休斯顿潘索尔大厦（图 2-3-29）由一对梯形平面的高塔组成。两个塔楼形状相同，创造性的单坡大斜顶处理，使这座建筑物以简单的几何体形获得了丰富的视觉效果。

（二）双坡顶

被列为后现代主义大作、由约翰逊设计的美国纽约电报电话大厦（AT&T），建于 1984 年，36 层，197m 高，三段式做法，顶部为断开的 9m 多高的大山花，中间一个圆缺口，像旧式木钟的装饰物。它端庄对称、细腻丰富、古朴敦厚的形体给摩天楼的形象带来了极为重要的变化。它的出现，又一次改变了纽约的城市天际线，也使得所谓后现代主义摩天楼一时间风靡全世界。图 2-4-3 为双坡顶造型的实例。

（三）四坡顶和多坡组合坡顶

由 4 栋 33 ~ 50 层不等的塔楼和连接体组成的纽约世界金融中心（1987 年，佩利事务所），在规整的方形平面上采用四坡尖顶、四坡梯形顶、穹顶等不同的顶部造型方式（图 2-4-4）。达拉斯市 LTV 中心大厦搬用了金字塔的形象做屋顶，方形平面使大厦四面形象完全一样，且均以中轴为对称。图 2-4-5 为各种四坡顶和以此变化而来六坡顶等多坡组合屋顶的例子。

图 2-4-4　纽约世界金融中心

上海外滩沙逊大厦	特拉梅尔·克罗中心	纽约市全球广场大厦
巴涅特中心	奥克布鲁克大厦	圣地亚哥美国1号广场大厦
太阳银行中心	纽约公园街大厦	香港皇后大道九号大楼

图 2-4-5　四坡顶和多坡组合坡顶

纽约"城市之顶"大楼

日本千叶世界贸易大厦

日本大阪赫尔比斯大厦

图 2-4-6　穹顶造型

三、穹顶造型

穹顶介于尖顶和平顶之间，纽约世界金融中心楼群中的一座塔楼也采用了半球形的穹顶。由于穹顶是圆形平面，对于四边形和多边形到顶部的过渡都很有利，并具有较好的造型效果。在顶部的造型中，穹顶可以以单一的形式出现，也可以通过适当的变形和组合加以运用，如图 2-4-6。

四、平顶造型

平顶是高层建筑最常用的屋顶形式。平顶可以较好地满足顶层空间布置的经济性要求，但是这种随国际式风格蔓延开来的顶部造型也容易带来高层建筑造型千篇一律的负面效果。但平顶在设计中如果在体量对比或细部变化上精心设计，也可以取得新颖的造型效果。前面介绍的高层建筑中，不乏平顶造型的实例。改变平顶轮廓单调感的方式很多，可以利用几何体量的组合与穿插创造富有雕塑感的顶部体形组合，如御堂筋住友保险大楼、东京市政厅新楼、上海海波大楼和新加坡联合海外银行广场大厦；可以采用局部退台的方式增加有韵律的变化，如东南金融中心大厦顶部富有韵律的阶梯，就是采用退台手法的实例，平顶的顶部退台也可以结合小面积的弧面或斜面进行处理，如图 2-4-7 中的大阪千里生命科学中心大厦和匹兹堡第一美伦银行中

上海海波大楼	EXPO2000汉诺威世界博览会办公楼	新加坡联合海外银行广场大厦
东南金融中心大厦顶部	大阪千里生命科学中心大厦	匹兹堡第一美伦银行中心大厦
芝加哥权利信托银行大厦	成都某高层	悉尼市菲利浦总督大厦

图2-4-7　平顶造型

心大厦；还可以在平顶上增设辅助造型的构架，增加顶部的虚实对比等，如图2-4-7中的EXPO2000汉诺威世界博览会办公楼、芝加哥权利信托银行大厦和悉尼市菲利浦总督大厦等。

五、古典造型

古典造型也是现代高层建筑常采用的顶部处理方式之一。匹兹堡平板玻璃公司办公大楼（图2-1-16）上部有一系列哥特式风格的尖塔，但不是传统的石材，而是采用现代的镜面玻璃材料。墙面上由一系列断面为三角形、矩形的凹凸面刻意构成的垂直线条，强化了玻璃间的反射和再反射，造成不同于大面积平整镜面玻璃的光影效果，增强了建筑的厚重感，又折射了建筑的历史文脉。这一古典造型的顶部与整体立面融为一体，使建筑外观典雅、壮观。

美国休斯顿市共和国银行中心（约翰逊，1984年，56层，238m高）（图2-2-21）的顶部也是利用古典造型语汇的例子。设计人最初

费城美伦银行中心大厦

纽约市 J·P·摩根公司总部大楼

亚特兰大桃树街 191 号大厦

图 2-4-8 古典式高层顶部造型

的设想是与潘索尔的屋顶同样简洁，<u>但业主不希望与别人雷同，要求古典形式</u>。最终设计者采用层层跌落的山墙式顶部，使建筑看起来仿佛雄伟的巨大古典教堂。

图 2-4-8 所示为几种不同的古典式高层顶部造型。

六、旋转餐厅造型

高层建筑的高度优势使顶部设置的旋转餐厅成为招徕顾客的一种标志，也使这一特定的功能空间赋予建筑造型特别的意义。旋转餐厅的造型按其与立面的整体关系，可以分为外露式和隐蔽式两种。前者如北京昆仑饭店（图 2-2-13），后者如上海新锦江饭店。上海广播大厦的屋顶则是采用假旋转餐厅造型（图 2-3-10）。图 2-4-9 为旋转餐厅式顶部造型的几个实例。

七、隐喻造型

隐喻造型是通过形似或神似的造型处理表达特定的创作内涵，其顶部处理往往结合立面的整体造型进行设计。神似的隐喻造型如香港中银大厦的雕塑造型，以节节高升蕴涵了对中国传统文化的隐喻。形似的隐喻方式比较常见，如上海金茂大厦节节收束的雕塑化体形，形似中国传统的密檐塔，在大体量超高层建筑中寻找与传统的呼应；澳门著名建筑葡京酒店，是当地的博彩中心，圆形主体的造型仿佛一个攒尖顶的巨大鸟笼，以此隐喻警示参赌者"进门容易出门难"；泰国建筑师苏梅·朱姆赛依（Sumei Jumsai）为一批泰国新兴的青年银行家设计的曼谷机器人大厦（Robot Building，1983～1986 年）则是对其"机器人建筑学"进行尝试的代表作。这座银行大楼位于曼谷新商业区，高 20 层、建筑面积为 2.3 万 m^2。它的建筑形象隐喻人类与机器的相互关系，苏梅·朱姆赛依认为到了下一世纪，人机关系将会变化，也就是"机器人时代"的来临。这也是他所称的"后高技时代"的到来。大厦的建筑体形在 4、8、12、16、18 层逐步退缩形成"机器人"的头颅、肩膀、腰身和双腿，顶部的通讯天线和避雷针造型像竖起的"触角"。东西两侧为实墙，但配上玻璃钢制成的"螺栓"形

上海新锦江饭店

深圳彭年广场

北京长城饭店

图 2-4-9 旋转餐厅式顶部造型

的窗，既显示机器特色，又起到节能作用。顶层有两颗直径 6m 的大眼睛，在夜景中忽明忽灭（图 2-4-10）。

澳门葡京酒店

第五节　高层建筑基座造型设计

基座——通常指行人从街道上看到的高层建筑的底部，大约是 5～8 层楼高。在古典的立面造型处理中，基座、楼身、顶部三部分是建筑立面不可分割的重要构成。自现代主义以来的高层立面造型中，基座往往与裙楼结合在一起。没有裙楼的建筑，尽管有时基座并不从整体体量中刻意加以表现，但与楼身相比，基座由于接近城市街道和户外人群，所以基座设计更侧重于人性化的细部处理。

一、基座在城市街道环境中的影响

（一）影响城市街道生活

高层建筑大多建于城市最繁华的黄金地段，业主都把高层底部作为吸引顾客的重要场所，多设有各种商店、银行、饭店、酒吧、小吃店、舞厅、浴室、娱乐室、休息大厅、中庭等多项设施。服务项目齐全、应有尽有，素有"城中城"之美称。有的高层建筑每日可以吸引数以万计的人流。例如纽约的 IBM 大厦，虽然是办公楼，但它的室内庭院对外开放，玻璃顶下设有竹林，有各种小吃、咖啡、茶座，人们在舒适的环境下享受着冬日的阳光。再如纽约的世界金融中心，是一个巨大的城中城，有包罗万象的各种设施，使得金融中心变成了市民活动中心。再如重庆的大都会广场，是目前重庆设施较全的城中城，裙楼结合基地四周的城市街道设置不同标高的开口，将内部的几个中庭串联而成的商业休闲空间，与外部街道生活联系起来，凡到解放碑的市民大都要进去逛一逛，成了重庆市中区特殊的地标和休闲场所。高层建筑基座对城市生活的影响，使其具有使用功能上的特殊意义。

泰国曼谷机器人大厦

图 2-4-10　隐喻造型

（二）影响城市街道景观

高层建筑的基座与邻近建筑物形成街墙，是构成街道景观的组成部分。基座的形象对街道有举足轻重的作用，它给近处观看高层建筑的人们建立起第一印象。也因此，对其造型的个性化提出了一定的要求。

（三）影响街道小气候

街道小气候指的是风、阳光、热工等微环境。热工舒适度是气温、湿度、阳光、风的综合效果。由于高层建筑这一巨大人工构筑的存在，对周围的气候环境必然带来影响。而高层基座的尺度往往也直接影响到临近街道的小气候环境。

图 2-5-1　纽约市 J·P·摩根公司总部大楼底部

图 2-5-2　费城自由广场 1 号大厦的临街底部

图 2-5-3　香港奔达大厦底部

高层建筑底部街面上的微风，由于建筑的存在可能变为强风，在寒冷的冬天使街道上的行人不堪忍受。尤其当一栋高层建筑与其他建筑的尺度相差悬殊时，高层底部强风的负面影响就更加严重。两边是高层建筑的街道会形成峡谷风，可使正常风速增加 3～4 倍。高层还起到了挡风墙的作用，在夏季对其背后的建筑极为不利。因此，对基座的设计应结合自然条件引导通风。例如根据季节风向的不同，在湿热季节尽量增加风量，而寒冷季节则能对强风进行遮挡。好的基座设计可以减少主体对街道通风条件的负面作用。

对阳光的大面积遮挡是高层建筑的一大缺点，尤其密集的建筑群产生大片阴影使下部的街道、广场常年处于荫蔽之中。为了保证街道和广场上能获得必需的日照，设计者除了要考虑建筑物的大小和外形，还要考虑阳光从早到晚照射方位的变化。高层建筑对气候的影响与街道走向有关。正南北走向的街道，高层建筑容易加剧不利气候的影响，使冬季更冷，夏季更热。合理调整街道的方向，便于高层建筑的底部街道在冬天获得热量和光线，而夏天也能在大多数街道上形成一些阴影。除了在建筑总体布局中考虑外，炎热城市的基座设计中应考虑夏季能遮阴，而寒冷城市则应考虑有利于冬天的日照。

二、基座设计要求

高层建筑的整体尺度对城市景观轮廓线有很大影响，使人更关注其巨大的体量，往往容易忽略其下方与城市生活空间接近部位的亲和性。而这些部位的设计，与城市公共空间有着密切的联系。不论是底部临街还是面临城市广场，作为建筑内与外、城市与建筑的重要过渡空间，其处理方式对高层底部造型有很大的影响。基座建筑造型主要考虑的因素有：突出建筑出入口关系、避免建筑体量对城市街道尺度的不良影响、体现建筑造型风格的整体性、体现建筑与城市公共空间的联系等。

基座尺度应与街道尺度相协调，使人有亲切感。由于高层的底部是人们在近距离观赏时的视线所及范围，在尺度和细部处理上都不宜过于夸张。当临街建筑的高度、宽度比值控制在 1 时，街道具有均衡感，如大部分传统城镇的老街就是因此获得和谐的美感；当高宽比值为 0.5 时，街道具有开敞感（如老北京城的街道）；当高宽比过大时，街道出现压迫感。若将塔楼后退，将裙房置于塔楼前，人们的视线受到裙房的遮挡，忽视了后面的塔楼，可以使街道尺度更具有人情味。

在材质、色彩和细部造型的选择上，建筑底部与高楼的主体应保持适当的呼应关系。纽约世界贸易中心底部的尖镟，就是建筑立面与街道空间在造型上的过渡处理（图 2-1-15）。图 2-5-1 的纽约市 J·P·摩根公司总部大楼底部明确地表达出对古典主义风格的呼应（其古典主义顶部造型见图 2-4-8）。图 2-5-2 费城自由广场 1 号大厦的临街底部（全景见图 2-1-17），玻璃尖顶的建筑主体自上而下在饰面材料上逐步减少了轻巧通透的玻璃，增加了石材饰面的比例；三层高的临街基座以凸窗和花岗岩饰面延续了街景。而香港奔达大厦的底部（图 2-5-3）则是采用架空的手法将建筑外皮退后，用高低不同的独立圆柱支撑上部的几何体块，既为出入口提供了开阔的环境视野，也与主体造型形成了恰当的过渡和呼应（全景见图 2-2-22）。

　　基座的风格应注重地方传统，用适当的建筑语言与周围环境对话。采用后现代建筑手法的休曼娜大厦（美·肯塔基州·路易斯维尔市，1985 年，格雷夫斯设计，27 层，4.8 万 m²），造型很有气势（图 2-5-4）。以大块土黄色实墙面为主，规整的图案式小窗洞点缀其中。在上部使用了弧形挑台、圆筒形屋顶，这些采用泥土色调的配色效果都来自古典建筑的做法。6 层高的基座适合步行街道尺度，它是高大塔楼的过渡，基座沿周边排列着高大的方柱，形成沿街的连廊。深圳报业大厦的基座（图 2-5-5）采用了与沿海地方历史文化相联系的"船形"，巨大的金属构架在水平方向舒展开来，也形成了主楼与基地环境的过渡。新加坡的 WOHA 建筑师事务所设计的新加坡必麒麟街派乐雅酒店，是一个"绿色城市"理念的高层酒店项目。与新加坡湿热气候对应，基座采用了现代化的复合架空方式，与传统的骑楼相呼应。基座与主楼之间架空通风，提供了具有巨大遮阳的活动空间，层次丰富的灰空间也与主楼每 3 层设置的绿化平台共同构成了生态型的造型特色（图 2-5-6）。

图 2-5-4　休曼娜大厦

图 2-5-5　深圳报业大厦基座

第六节　高层建筑的立面设计

　　影响高层立面设计的因素很多，如技术（材料、结构、设备、施工）因素、历史文脉、环境特点以及可持续发展的建筑理论等，都在不同程度对高层建筑的立面设计带来影响。高层建筑的艺术风格的创造与上述影响因素密切相关，近 20 年来对高层风格最引人注目的有以下一些：

一、结构艺术风格的立面设计

　　正确对待与运用结构技术，是现代建筑师进行建筑创作实践的重要条件。著名建筑大师密斯·凡·德·罗所推崇的"皮与骨"的玻璃外墙建筑，就是强调结构构件艺术构思的表现。他认为，随着施工的进展，摩天大楼的巨型钢铁网格给人以强烈的视觉冲击。20 世纪 60 年代以来，在现代建筑创作中，对结构原理的掌握和运用，引起了设计师们的广泛关注。对结构艺术风格的体现简单地说，就是把结构外露，但并不是所有外露结构的建筑都称得上是具有结构艺术的。它包括三个方面的基本概念：效能——指充分发挥结构材料的优势；经济——指相对较少的造价；雅致——指精美的结构外形。只有满足这几方面条件的建筑才具有表现结构艺术的真正意义。如果从这些角度上讲，结构艺术风格的立面设计也可以被看作是运用现代的设计手法和技术对传统形式新的解释。设计并不在于肤浅的表面装饰，而追求富有个性的建筑空间。

　　对新型结构方案的挖掘往往可以赋予建筑立面造型突出的个性

图 2-5-6　新加坡派乐雅酒店基座

特征。著名的芝加哥汉考克中心（图2-6-1a）采用的是结构支撑筒的形式——X撑和筒。外立面的X撑加强了结构的抗侧力性能，减少了外筒框架柱的数量，使得立面简洁有力。X撑也使立面别具一格，成为建筑的标志性构件。结构体系、建筑美观、建筑形式融为一体，表现了结构的稳定与轻巧之美。对各种巨型结构造型潜力的挖掘和利用也是构成高层立面结构艺术风格的常用手段：香港中国银行大厦（图2-6-1f）采用的就是外露的巨型桁架，并以此构成了建筑立面造型的鲜明个性；纽黑文哥伦布骑士银行大楼以方形平面四角的筒体构成立面的骨架（图2-6-1b）；巴黎德方斯大门（图2-6-1c）和上海证券大厦（图2-6-1e）通过巨型的门式结构改变了建筑实体的体量感；

（a）芝加哥约翰·汉考克大厦

（b）纽黑文哥伦布骑士银行大楼

（c）巴黎德方斯大门

（d）明尼阿波利斯联邦储备银行

（e）上海证券大厦

（f）香港中国银行大厦

图2-6-1　结构艺术风格的高层立面

外观　　　　　　　　　　　　　　立面局部夜景

图 2-6-2　东京世纪塔

明尼阿波利斯联邦储备银行（图 2-6-1*d*）则是综合了巨型结构和多种
大跨度的结构形式在单一建筑中充分进行组合。结构艺术风格带给建
筑的个性化色彩使得这一立面设计手法在高层建筑中日益占据重要
的地位。

　　福斯特设计的东京世纪塔（Century Tower，图 2-6-2），外形类似
于他设计的香港汇丰银行，也是一栋结构艺术风格的高层建筑。这座
综合性建筑建在东京市中心北面，包括多功能大厅、展览馆、游泳池、
康复中心等。大厦的办公楼主体分别为 19 层和 21 层两部分，中间由
一个自下而上的中庭相连，贯穿为一个整体，顶部是与电视通讯中心
相连系的无线电天线。中庭把各部分空间联系起来，将变化的光影导
入室内，通透而充满空间感。大厦外部大面积采用透明的玻璃幕墙和
金属铝板，使得建筑轻盈而通透。办公层为大跨度悬吊式双层空间，
电梯和各种辅助用房被安排在建筑两侧。这种布局方式从建筑外观上
也得到了充分的体现，正面大型的裸露框架和侧面呈片状的竖向分
割，既带来视觉上的丰富和振奋，同时又是对功能和结构的明确表现。
这种连续而通透的空间以及设计中对结构技术的运用既被日本建筑
师称赞为具有西方"哥特式精神"，更被认为与日本古典建筑的木构
建筑暴露梁、柱、椽子等结构部件的手法具有共通性。世纪塔从内部
到外部将清晰的结构作为表现的重要手段，成为高层结构艺术风格立
面的代表作品之一。同样，福斯特在纽约中央公园附近的作品赫斯特
总部大厦，是在赫斯特企业下属传媒集团采编大楼历史旧建筑的基础
上修建而成。其上部塔楼结合钢结构的骨架，形成了立面的三角形构
图。这一案例是结构抗推体系支撑化、周边化、空间化在高层建筑造
型上的表达（图 2-6-3）。

图 2-6-3　赫斯特总部大厦

图 2-6-4　香港汇丰银行

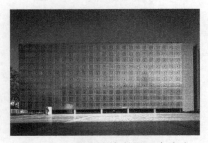

图 2-6-5　阿拉伯世界研究中心

图 2-6-6　劳埃德保险公司大厦

二、高技派立面设计

随着建筑材料技术和施工技术的日新月异，建筑技术的艺术表现力逐渐被人们所重视。20 世纪以来，建筑施工装配化、集成化程度提高，施工更为简单、快速，材料与构件的连接更为简便、快速、坚固，技术表现的精美程度日益提高。"高技术"顾名思义着重强调精密建筑技术的表现力，并对其加以人性化的塑造。詹克斯列出高技派建筑的基本规则为：翻肠倒肚——设备、结构外露成为装饰；看重过程——强调结构构造和设备管道的连接；透明性、层次感和动感——广泛应用玻璃，看见层层叠叠的管道、阶梯、结构系统、自动扶梯和电梯等的动感；鲜明而平涂的色块——用来区分不同的服务区和结构；轻质纤细的受拉杆件——用交叉拉杆、结构悬索等构成观感上的标记，让人联想到某种物体（具象）如游艇……这里所定义的高技派，只是强调其突出技术表现力的一面。最有代表性的高技派建筑是 1980 年建成的伦敦劳埃德大楼、1986 年建成的香港汇丰银行等。

香港汇丰银行（1986 年，福斯特，图 2-6-4）的建筑外形和结构体系在本书第一章有相应的介绍，它的立面是玻璃与铝板饰面，高技派特征体现在以下几个方面：

①精密性——所有结构体系、设备、面材都经过周密研制而成，包括铰接悬挂体系、贴面板、阳光收集器、楼板内的空调器、信号系统等。建成后的建筑立面非常精细，例如，铝板面材的制造精度达到 0.4mm 误差。

②高质量——面材的涂层要求在 230℃以上高温养护，达到不褪色，不起层，抗风化，耐腐蚀。

③对玻璃的要求——节能、观景视野开敞；袒露结构和内部人员、设施的活动动态。

④窗户的设计方案——内层为浅色玻璃；中间空气层中装有悬挂式遮阳；透明玻璃的固定式外层设有铝板遮阳，以防夏季直射阳光。遮阳板还可供维修人员站立之用。

地处塞纳河滨的巴黎阿拉伯世界研究中心大楼（1988 年，图 2-6-5）的南立面也是具有高技派风格的设计：幕墙玻璃板采用弯曲形，幕墙上设有光电板机械装置，作用原理如同照相机的镜头，能随阳光的变化而调整，使室内获得最适度的日照条件。这一立面精致优美，仿佛一件精工雕凿的工艺品。

位于英国伦敦的劳埃德保险公司大厦（1978～1986 年，理查德·罗杰斯，图 2-6-6），以暴露的交通塔和管线设备构成建筑的立面。设计的宗旨是给予建筑空间以变化的弹性，既大大提高了每个单元业务空间的容量，又保证了主次空间在使用上的连续性。设计中将建筑的交通、设备等服务功能以功能塔的方式脱离主体建筑的布局，使建筑内部空间完整、连续。而功能塔外不锈钢夹板的外饰面、空透的墙体，加上布置在外部的立体结构支撑柱和外露管道，更强化了技术精美的视觉效果。

上海金茂大厦的立面设计，也是追求技术精美的集中表现（图2-3-42）：塔楼建筑外墙为玻璃幕墙，但是采用双层皮的作法，在玻璃外罩了一层金属杆件和金属片构成的骨架网。不同形状的金属构件在一定程度上对玻璃面起到遮阳的作用，同时在立面上形成致密的格架，加上每隔一定楼层在立面上集中设置的深色"束腰"，仿佛是中国传统密檐塔的造型，以现代技术工艺的精美，表达了对历史的呼应。

三、生态型立面设计

符合生态发展规律的高层建筑受到人们关注，目的是保护生态环境，改善城市区域环境，创造健康的人居环境。生态型的建筑设计，既注重利用天然条件与人工手段创造良好的富有生气的环境，又要控制和减少人工环境对自然资源的消耗。

生态型建筑强调对自然环境的关注，要求建筑充分利用建设基地的有利条件如气候、朝向、地形地势、植被条件等；提高能源的使用效率；尽量利用可再生能源；强调建筑材料的无污染、可循环性；强调对低消耗的地域材料、技术的使用；追求建筑环境与自然环境的亲和性。在高层建筑中日益注重小气候，强调小环境的舒适度，谋求人与自然环境的良好沟通等。随着中庭与高层建筑的结合，打破了高层建筑内部空间的封闭与单调，近年来又出现了分散式的空中花园，让高层建筑的使用者接近自然，创造出令人愉快的室内环境。

马来西亚建筑师杨经文的绿色高层建筑受到人们的重视。他的理论是从"生物气候学"着手，根据当地环境和气候创造独特的低能耗高层住宅。其设计方法有以下特点：

①把垂直交通核心设在建筑物热的一侧或两侧，一是可使楼电梯间、卫生间等自然采光通风；二是使工作区与外部形成温度缓冲区（在炎热地区它是热的缓冲，在寒冷地区它能阻止冷空气渗透），从而降低能耗。

②室内空间处理要求利于阳光和风的进入，以改善室内环境，降低能耗。设置空中庭院，以楼梯或坡道联系。空中庭院不但是人们的交往空间，也起到组织自然通风的作用。

③垂直景观。既把植物引入高层建筑，改善微气候，并充分考虑灌溉与通风要求。

④可调节的外墙。采取多向、多层、可开、可闭的外墙，以适应不同气候，减少空调、采暖的时间，降低能耗。

他设计的马来西亚IBM大楼（图2-6-7）以其综合遮阳、分层绿化、空中庭院等表达了生态高层的设计思想。

SOM事务所设计的沙特阿拉伯国家商业银行是一幢27层高、平面呈三角形的高层建筑（图2-6-8），为了适应炎热的气候环境，建筑外墙呈封闭状态，外墙上没有传统的密密麻麻的窗口，而代之以三个巨大的洞口，洞口内的楼地面形成园林绿地式的内部庭院。把办公室从立面边沿退缩到形成空中绿洲的洞口内，并围绕中心风塔布置，使湿热空气向上抽拔。光线可以进入中央天井，洞口具有巨大的遮阳作

图2-6-7　马来西亚IBM大楼

图2-6-8　沙特阿拉伯国家商业银行大楼

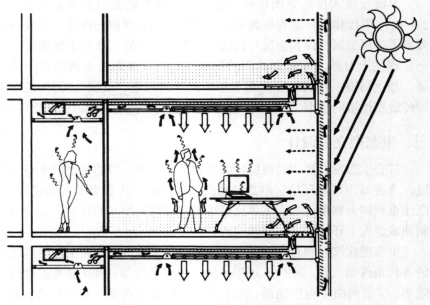

图 2-6-9 香港汇丰银行外墙示意

用,可以避免阳光直晒及沙漠地区的热风直接吹袭,还可以籍此散热。各层办公室面向天井开窗,不在外墙上直接开口,以取得良好的气候缓冲作用,并以厚实的隔热墙体把空气调节的负荷降低。外墙的断面层次从外向内依次为:矿绵板、1英寸(2.54cm)空气间层、6英寸(15.24cm)厚预制混凝土板、3英寸(7.62cm)厚隔热板。东南墙上两个7层高的洞口和北墙上一个9层高的洞口为使用者提供了不同方向的开阔视野。

诺曼·福斯特(Norman Forster)的设计往往容易被人冠以"高技派"(High-Tech)的标签,而他在设计中的许多人性化考虑常常反映出生态化的设计思路。其作品的特点强调精密的建筑技术的表现力,同时又不失去人性、自然的魅力。在前面提及的香港汇丰银行设计中,福斯特在建筑节能、水循环处理等多个生态技术环节方面结合建筑造型和立面设计进行了综合的考虑,如图2-6-9所示为建筑外墙的遮阳调节与空气循环系统的设置示意。他所设计的德国法兰克福商业银行(Commerzbank)总部大楼(53层,高300m,图2-6-10)也是一个生态型高层的实例。这座办公塔楼矗立在市区中心,紧邻现有的商业银行总部,是欧洲目前最高的建筑。法兰克福商业银行决定建设新的总部大楼时,对大楼的设计有两个突出的要求,一是所需能源比现有旧总部大楼节省,二是办公环境须与树木为邻。福斯特事务所设计的大楼强调在一集中式办公建筑中将自然融入办公空间,为工作人员提供宜人的、自然的环境。建筑平面呈三角形,在中部为贯通全楼的中庭,工作空间围绕中庭布置,宛如三片花瓣(办公空间)围绕着一枝花茎(贯通的中庭)。中庭提供了自然通风的通道,空气通过对流沿中庭上升,达到内外玻璃壁之间,而形成良好的自然通风。中庭在起着自然通风作用的同时,还为建筑内部创造了丰

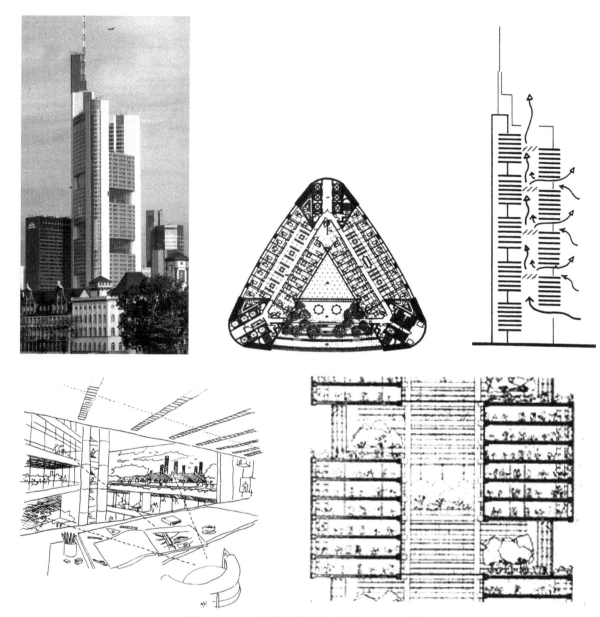

图 2-6-10 德国法兰克福商业银行总部大楼

富的景观。大楼的三边依次安排有数层高的温室绿化空间，补充中庭采光的不足，使该建筑具有双面自然采光的可能。塔楼内每间办公室都设有可开启的窗子，以享受自然通风，与那些迫于采光而形成的无间隔的大面积办公空间相比，节省了大量的能源。建筑内所有的楼梯、电梯、管道井和辅助用房等核心体部分均集中布置在三角形平面的三个角落，办公和花园空间十分集中。围合着垂直交通内核成对设置的柱墙支撑着各层空腹梁，桁架上架楼板。这一方式一方面避免了在办公区内立柱，同时还保障了在花园内不设任何结构物。环三角形平面依次上行的空中花园给建筑内部的每一办公角落都带来了绿色的景观，可以从办公室外望空中花园，仿佛置身地面的花园之中，消除了高层与大地的隔绝感觉。同时，这一设计是在象征意义和功能运行方面引进生态概念的有益尝试，也使这一建筑成为世界上第一座"生态型"超高层建筑。在设计者的精心规划下，新老建筑关系协调，原有的街区尺度得到了完好的保留。这一设计也为高层建筑提供了空中花园的示范。

2014 年建成的意大利米兰两栋高层住宅，以摩天"树塔"的形态被称为"垂直森林"。两座塔楼分别高约 110m 和 80m，沿着外墙的各层错位出挑，提供了空中种植区域，种植数百棵乔木、几千株灌木和上万株草本植物（图 2-6-11）。建造这些垂直绿化相当于安插了一个 10000m² 的森林在城市之中。建筑师斯坦法诺·博埃里旨在通过绿化创造一个天然的阻挡辐射与噪音的屏障，可以增加湿度、吸收二氧化碳和灰尘颗粒，并制造氧气。垂直绿化不仅可以净化城市空气，也通过景观大大改善居民的生活质量。此外，密集的植物也希望成为那些以米兰各个广场为家的鸟类、昆虫等的栖息场所。项目还配有浇灌系统，使用回收水来维持树木的生长。多种植物形取代了玻璃幕墙，成为新的建筑外墙，有效地减少了建筑内外的热量流动，使建筑冬暖夏凉。这一"理想主义"的建筑得以建成，也反映了建造行为中对于生态环境、能源方式的追求以及相关技术发展在高层建筑这样大尺度人工环境中应用的可能。建筑建成后成为米兰新的城市景观地标。

四、历史文脉地方主义的高层建筑立面设计

从城市历史文脉与环境特点创造高层建筑的立面式样，反映为历史文脉地方主义的立面设计。香港中银大厦节节高升的雕塑体形和神似中国密檐古塔的上海金茂大厦，都表现出设计者对中国传统文化特色和建筑特色的关注。西萨·佩里设计的吉隆坡石油双塔，其灵感则来自伊斯兰塔，而其平面的方形加圆形的组合形式也与伊斯兰教义中代表美好信念的字母"R"有关，反映了马来西亚的地域文化特征。

KPF 设计的法兰克福 DG 银行大厦（1987 ~ 1993 年，图 2-6-12），面对宽阔而繁忙的美茵泽·兰德斯特雷斯大街，背靠安静而尺度一致

（a）塔楼建成后外观　　　　　　　　　　（b）立面的"森林"

图 2-6-11　意大利米兰"垂直森林"双塔项目

的居住区。为了与这种环境协调，建筑师把这座塔式楼朝向商业街的一面设计成陡直的，而朝向住宅区的一面采用最小的尺度。这座大厦不是设计成古典组合体的形式，而是采用了与所在城市建筑群相似的集合体。从立面上可以看到一系列与周围环境相呼应的外墙伸缩线。最短的缩入线与附近建筑物的 22m 高的檐板相呼应，中部 60m 高的屋顶使人能回想起这座城市的第一代塔式办公楼。高 208m 的塔楼顶端朝向旧市中心和莱茵河的方向凸出一个 10.5m 的"帽檐"。沿街的基座部分参照了传统建筑的风格，而塔楼主体就没有继续沿用古典细部。建筑通过三点去实现文脉：

① 加强传统沿街墙体和街道空间；

② 沿用古典尺度和节奏与环境特色相呼应；

③ 把体量化整为零，不对称。由于多功能要求（办公、公寓、冬季花园、商店、餐厅），建筑师把塔楼分成几块体量，使它的功能与形式产生一定的对应。加上对环境文脉的考虑，带来造型组合上的多种形态。

深圳特区报业大厦的立面设计，也反映了对地域文脉的考虑（图 2-6-13）。这栋综合办公大楼坐落在一个"船形"的基座上，巨大的金属水平支架构筑的"船形"基座外壳，折射了深圳的沿海地理文化特色。主楼的正立面采用两层前后退进的幕墙组合，形成"帆"的效果，既寓意"扬帆远航"，又与基座造型形成呼应。思邦建筑事务所（SPARK）设计的北京京棉新城综合体，由两栋办公楼和沿街的商业组成。建筑外立面的表现形式受到建设基地之前作为纺织业用途的影响，设计为褶皱和编织交错的机理。褶皱的穿孔铝板和连绵起伏的

图 2-6-12　法兰克福 DG 银行大厦

外观

大厦"船形"基座室内

图 2-6-13　深圳特区报业大厦

玻璃幕墙既对应了实际的功能设计，又对基地原有的纺织市场遥相呼应。带有尖角变化的三角形随着高度的提升而逐渐融合，下部的较多褶皱为立面底部带来较为厚重的纹理感。这一呼应场地历史的立面方式，为基地提供了有意味的体验（图2-6-14）。

图2-6-14 北京京棉新城的编织立面

第三章　高层建筑标准层设计

东京新都厅舍

高层建筑塔楼空间由重叠的水平空间与垂直空间两部分构成。水平空间重叠，即将无数个不同高度的最佳水平面，以有效的方式组合成轮廓大致相同、并满足人的工作和生活需要的使用空间，如办公室、客房、住宅、居室等。垂直空间，即在若干个水平面之间，用一定形式、内容的垂直体以某种方式贯穿其中，如电梯井、楼梯井和设备管井及结构支撑系统等，构成水平面与水平面之间的支撑和联系，从结构及交通等方面确保水平使用空间各功能顺利实现。

截取这种水平面和垂直体交汇处的任一单元段，即得到所谓的标准层。高层建筑塔楼空间设计，实际上是从每个标准层入手的。因此，标准层设计是高层建筑设计的核心，在设计过程中出现的矛盾很大程度集中反映在标准层上。标准层设计合理与否在一定程度上决定了高层建筑整体设计的优劣。

巴西利亚国会大厦

在标准层设计中，由于垂直体需要竖向贯通，故常将楼梯、电梯、设备辅助用房、管井等集中布置，并与相应的结构形式构成"核心"，以抵抗巨大的风力及地震力。这部分通常称为核心体，而把用于办公、居住等人们日常使用部分称为"壳"。核心体布置与塔楼功能类型关系不大。而"壳体"水平空间的组合则取决于塔楼功能类型。我国目前最多的高层建筑塔楼功能类型为办公、旅馆、住宅，或三者组合形成的综合体。不同功能的塔楼，便有不同空间组合的标准层，设计中也必然有各自的规律。本章将对高层建筑最常见的办公、旅馆、住宅的标准层加以分析研究。

加拿大多伦多市政厅

第一节　高层办公建筑标准层设计

一、高层办公建筑分类

高层办公建筑一般说来，可按以下几种方式分类：

（一）按使用方式分

1.专用办公楼

包括本单位或几个单位合用的专用办公楼或政府机构专用办公楼，如东京新都厅舍、巴西利亚国会大厦、加拿大多伦多市政厅、北京全国政协办公楼等（图 3-1-1）。这类办公建筑在设计中对使用者已有明确的定位，设计应满足某类型单位办公的需要。如政府办公楼则需要更多地考虑它做为领导机构办公场所，可能以中、小办公室为主。

北京全国政协办公楼

图 3-1-1　专用办公楼

芝加哥西尔斯大厦　　　　深圳地王大厦　　　　香港中环广场　　　　上海金茂大厦

图3-1-2　出租办公楼

法兰克福商业银行

马来西亚 IBM 大楼

图3-1-3　生态型办公楼

2. 出租办公楼

即高层办公楼建好后，以分层或分区等方式将楼层出租给某公司、企业等，如深圳地王大厦、香港中环广场、芝加哥西尔斯大厦、上海金茂大厦等（图3-1-2）。这类办公建筑其使用者在设计时并不明确。设计中应兼顾各种不同类型的办公方式，以优质的设计、良好的环境、先进的设施、周到的服务吸引客户，并尽可能争取较大的社会效益和经济效益。该类型在高层办公建筑中较受建设方青睐，占的比重也较大。此类型办公建筑多以复合功能为主，一般塔楼部分为办公、旅馆等功能，裙楼和地下室部分为商业娱乐区等，在设计时应注意功能布局和流线设计。

（二）按使用性质分

（1）行政办公机关

（2）商业、贸易公司

（3）电话、电报、电信局

（4）银行、金融、保险公司

（5）科学研究机构

（6）设计机构或工程事务所

（7）高科技企业机构

（三）按建筑环境观分

（1）生态型办公楼

生态型办公楼充分考虑建筑对自然环境的适应和影响，以及建筑与自然环境之间物资能量的交换，使建筑与生态环境之间组成相互作用的生态系统，如法兰克福商业银行、马来西亚 IBM 大楼等（图3-1-3）。其设计原则体现在四个方面：一是对自然生态环境的保护，尽量减少对生物圈的破坏；二是对使用者的关心；三是对于沟通人类与自然环境创造条件；四是具有面向未来发展的足够弹性。生态型办公楼是解决高层建筑与生态环境之间矛盾的一种有效方法，是高层办公楼发展的方向。

（2）传统型办公楼

传统型办公楼的设计思想围绕建筑本体，过分强调技术的作用，忽略了人、建筑与自然的关系。其设计原则主要停留在建筑功能、风格和形式上。传统型办公楼占高层办公楼的绝大多数，其高能耗、高污染的特征带来了日益严重的环境问题。

二、高层办公建筑的办公空间

（一）空间组织形式

不同使用性质的办公楼具有不同的管理模式和办公类型，且各种办公机构大小规模不一。故在设计中对办公空间大小、空间组织形式、布局方式均不同。下面四种空间组织形式基本代表不同使用性质的办公类型：

1. 业务小组类型

这种办公类型通常有四个以上小组，每组由4～5个在一起合作的业务人员组成，共同协助完成某一时期的项目，如设计室、事务所等。每个小组内部成员之间联系紧密，但小组与小组间联系较少。每小组均为一个独立的工作组织，而各小组又从属于一个主管部门。这种类型需要特定的、明确区分而又有一定联系的大、中、小的空间组成，其模式如图3-1-4。

2. 广告公司类型

其结构为：几个小组分别由部门经理主管各自的事务，彼此之间没什么联系，各小组之间互相竞争，互相促进，又都依赖于共同的专家小组的咨询。这种类型要求由部分分隔或完全分隔的中、小型空间组成，其模式如图3-1-5。

3. 高级管理类型

其办公组织形式类似金字塔形，逐级管理并层层扩展，其工作关系主要是自上而下的，等级分明，如各级行政办公机关等。在日常工作中，上下级部门之间没有频繁的直接接触，工作方式较为独立。这样的办公组织方式需要互不干扰的，有明确分隔的小空间。其模式见图3-1-6。

4. 普通职员类型

这种类型常见于银行、税务或海关等。办公室中设立许多小组，以进行日常工作，如会计组、管理组、现金组、票据和汇票组等。各小组相对平等，有一环扣一环的紧密联系，且分工明确。通过小组之间的有效连接提高效率，工作方式类似于工厂流水线。这种类型要求采用流动性强的、空间局部分隔或完全连续的大空间形式。其模式见图3-1-7。

（二）空间体系构成

高层办公建筑标准层空间体系包括办公空间、交通联系空间、卫

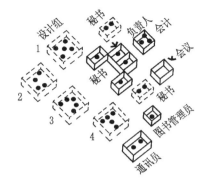

图3-1-4　业务小组型办公空间组织

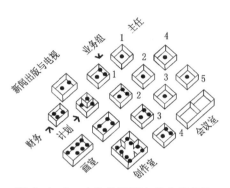

图3-1-5　广告公司型办公空间组织

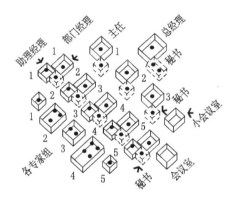

图3-1-6　高级管理型办公空间需要

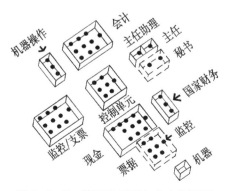

图3-1-7　普通职员型办公空间需要

生服务空间、设备空间。

1. 办公空间

（1）办公室

办公室即最小单位的办公单元。其组合应符合办公组织形式和办公工艺流程，并满足采光、照明、温湿度、安静、色彩、景观等方面的办公环境要求，同时应符合办公人员的审美、心理等方面需求。办公室平面尺寸可参考图3-1-8。

从图中可看出，不论何种规模的办公空间，假设平面为矩形，其平面的长宽比不超过2∶1。根据《办公建筑设计规范》JGJ67-2006，办公室的净高应满足：一类办公建筑不应低于2.70m；二类办公建筑不应低于2.60m；三类办公建筑不应低于2.50m。其中办公建筑的走道净高不应低于2.20m。

（2）会议室

会议室是办公空间的重要组成部分，其功能正逐渐同纯粹的开会决策等延伸出展示、汇报、交流等功能。随着科技的不断发展，会议室应具备各种先进技术设施，如投影仪、电脑、音像、通信设施。其形式也向电话会议室、电视会议室及多媒体会议室发展。根据需要可分为中、小会议室和大会议室。其中小会议室使用面积宜为30m²，中会议室使用面积宜为60m²。会议室的典型尺寸可参考图3-1-9。

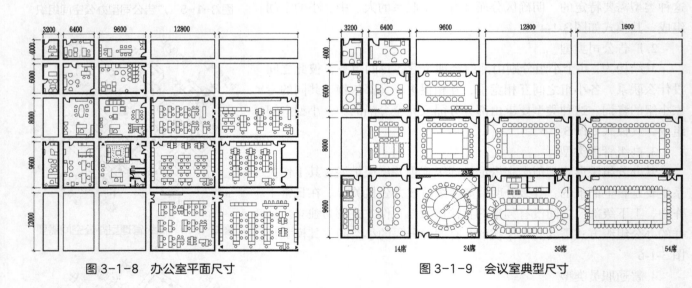

图3-1-8　办公室平面尺寸　　　　　　　图3-1-9　会议室典型尺寸

2. 交通联系空间

交通联系空间分为水平交通空间和垂直交通空间。水平交通空间主要为走道，设计中应注意以下两点：

（1）联系顺畅便捷，尽可能缩短行走距离，以提高工作效率。

（2）走道交通组织应满足防火疏散要求，并在封闭型的内走道设置独立排烟井或开设外窗，以提高避难能力，并保证双面布置房间的走道净宽不小于1.4m，单面布置房间的走道净宽度不小于1.3m。

3.卫生服务空间

（1）卫生间

高层办公建筑标准层内应设卫生间，距离最远工作点不应大于50m，且卫生间应有前室，内设洗手盆、镜子、红外线烘手器，触滴式肥皂液等，并保证前室和卫生间内通风排气。各楼层卫生间位置应统一，以便集中安排上下水管道以及排气管道井。

卫生间内器具间尺寸如下（单位：mm）：

大便器小隔间尺寸900～1000×1200～1500；

小便器中心间隔700～800；

洗手盆中心间隔700～800。

卫生器具的数量应按各层办公楼核定人员指标计算，并符合《工业企业设计卫生标准》。注意卫生间应设拖布池，以便打扫卫生。

（2）开水间

开水间宜分层或分区设置，内设开水器、洗茶杯及消毒的水池、吊柜、过滤茶叶的器具、垃圾桶及地漏等。开水间面积不应小于6m²。

4.设备空间

可分为空调用房、配电房等设备用房和电力、空调、上下水、排烟排气、通讯电缆及网络等垂直管道井及配电箱、消火栓、警报器、监视器、广播等设施。

（三）办公空间类型

办公室的功能要求、办公行为特点对办公空间类型的确定起着重要作用，特别是空间大小的确定。就前面对办公组织形式的分析，一般存在以下四种空间类型与之相适应：

1.细胞型空间

传统的细胞型空间常见于高层板式建筑，以一条走道连通两面许多小房间，并在建筑的两侧设服务设施，如图3-1-10。这些房间以自然采光为主，辅以人工照明。房间面积较小，约9～40m²。

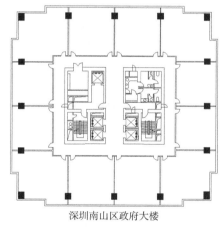

深圳南山区政府大楼

图3-1-11 高层塔式建筑采用细胞型空间

揭阳市市委办公楼

图3-1-10 细胞型办公空间

高层塔式建筑也可采用细胞型办公空间，即沿核心体设回廊，周边小房间沿回廊设置，服务房间结合核心体布置（图3-1-11、图3-1-17）。出于现代办公方式的需要，细胞型空间布局可以与大空间办公结合（图3-1-12），即高级管理者拥有个人办公室，一般职员则以数人共用一个空间或数个空间。其优点为管理者便于监看适当的人数，又

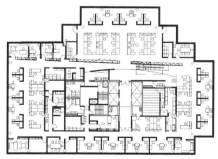

加拿大同盟媒体公司办公层平面

图3-1-12 细胞型办公空间与大空间办公结合

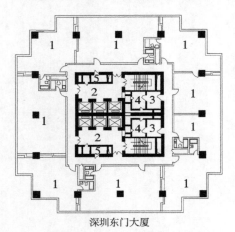

深圳东门大厦

图 3-1-13　小组型办公空间
1. 办公　2. 消防前室　3. 开水间　4. 储物间
5. 配电间

惠普公司香港分部办公楼

图 3-1-14　开放型办公空间

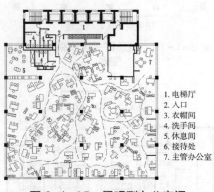

1. 电梯厅
2. 入口
3. 衣帽间
4. 洗手间
5. 休息间
6. 接待处
7. 主管办公室

图 3-1-15　景观型办公空间

图 3-1-16　塔形平面示意

有利于职员的合作。

细胞型空间能隔绝他人视线及噪声干扰，并确保责任明确，而且电脑网络的开通，弥补了在交流方面的不足，适合于私密性较强的办公类型，如高级管理类型等。

2. 小组型空间

这种办公空间类似于细胞型，只是房间是中等尺寸，面积约 40 ~ 120m²，能容纳 5 ~ 20 人工作，每个房间应配备厨房、卫生间等服务房间（图 3-1-13）。小组型空间适合于内部有一定数量成员协同工作，但内外联系较少的办公方式，如广告公司类型。

3. 开放型空间

即由不到顶的半隔断划分空间，形成半封闭的空间类型，适应于不同公司、企业需要的不间隔大空间形态。一个连续的空间面积约 120m² 以上，隔断布置根据工作程序，多用文件柜，按几何学规律整齐排列（图 3-1-14）。这种空间类型便于管理，有助于加强工作之间的联系，节省交通面积，提高工作效率，最适合普通职员类型的办公组织形式。另外，出租式办公楼办公空间也普遍采用此类型。

4. 景观型空间

这种也属于开放式空间类型。但布局更为灵活、随机。不同的办公组织形式及工作方法可采取不同的空间划分，并可通过屏风、植物、家具等划分活动路线、确定边界；形成一个自由的、宜人的、具有视线遮蔽与自然特色的工作环境（图 3-1-15），最适合业务小组类型的办公组织形式：边界明确，联系方便，访问者可方便到达，今后也可灵活调整。

三、高层办公建筑标准层平面形式

影响平面形式的因素很复杂，包括审美心理要求、建筑功能要求、管理使用要求、基地状况要求、环境气候要求、技术条件要求等，须在综合以上多方面要求后经过建筑师的创作构思方能确定高层办公建筑标准层平面形式。总的说来，其平面形式是以下三种类型或其变形：

（一）塔形平面（图 3-1-16）

当标准层平面长宽相等或相差并不悬殊时，即形成塔形平面。这种平面形式进深与面宽没有明显差异，便于布置进深较大的办公空间，且空间流动性较大，适用于需要大空间对私密性要求不高、工作联系密切的办公机构。办公空间围绕垂直核心体布置，其使用、联系、管理、安全疏散均较方便，当建筑高度越高，它比板式楼更能发挥抗风能力与结构材料的优越性。它所形成的细窄阴影对周围建筑的遮挡影响相对较小。由于以上优点，塔形平面在高层办公建筑中运用最为广泛。

塔形平面按其平面形状主要分为以下几种形式：

1. 正方形或矩形平面（图 3-1-17）

这种平面形式用地节省，平面利用率高，空间方正好用；平面基本均衡对称，各方向刚度接近，抗风性能好，结构设计简易，施工方便，其缺点是东西向房间偏多。

2. 三角形平面（图 3-1-18）

办公空间围绕三角形核心筒布置，走道较短，与垂直交通核心联系方便，在一定程度上能够弥补矩形平面朝向方面的缺陷。但平面锐角处内部空间不好利用，往往加以切角；若为形成独特造型效果保留锐利锐角，其内部空间可作合理的井道式辅助空间。

武汉世贸大厦

深圳民政大楼

图 3-1-18　三角形平面形式

3. 圆形平面（图 3-1-19）

圆形平面较为经济，比相同面积方形平面的外墙约少 10%，能以较少的外墙得到较大的使用面积，且走廊长度减至最短。由于视野开阔，空间富有动感，最适合布置大开间办公室或景观办公室。圆形平面力学性能是各种平面中的佼佼者，所受风力比类似矩形或方形平面约少 30%。

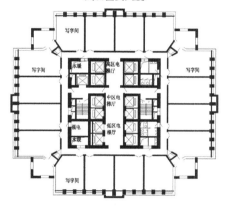

图 3-1-17　方形平面形式

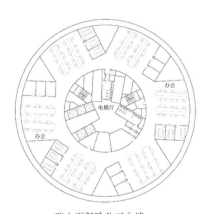

瑞士再保险公司大楼

图 3-1-19　圆形平面形式

图 3-1-20 板形平面示意

（二）板形平面（图 3-1-20）

板形平面是相对塔形平面而言，指标准层平面的纵轴向尺度比横轴向进深尺度大得多。板形平面适宜建于狭长地段内。其平面进深较浅，采光通风较好，适合于分隔成中小型的独立办公空间。这种布置有可能争取到明楼梯、明电梯厅、明厕所和明走道，天然光利用率高，通风好，节省能源，适合于行政或企事业单位管理办公。

板形平面也存在着一定的缺陷，从平面看，狭长形势必增加走道的长度，楼电梯也将分散布置，从而增加了交通面积，所以与塔形平面相比，板形平面的平面利用率不高。从体形看，因其受风面积很大，结构体系所能达到的高度有限，而且板式楼的阴影，将长时间遮挡周围建筑的阳光，这些都是在设计中选择塔形、板形方案时应予考虑的因素。

高层板式楼造型也是丰富多彩、各式各样的。下面是高层办公板式建筑常见形式：

1. 平板形平面（图 3-1-21）

即运用最为广泛的狭长矩形平面。其平面利用率相对同类型其他平面较高，结构简单，造价经济，核心体可布置于中间，也可布置于两侧。

东京长期信用银行

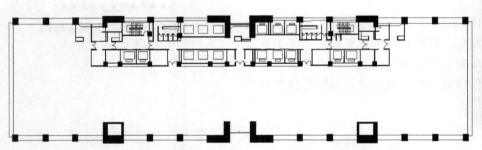

图 3-1-21 平板形平面

2. 错接板形平面（图 3-1-22）

纯粹的平板，虽然造型简洁，但总会感到其形体显得单调，设计中常将平板平面在进深方向进行不同尺度的错位，丰富形体轮廓，同时满足空间内部功能与地形的需要。核心体通常位于错位处。

3. 弧板形平面（图 3-1-23）

弧板形平面主要是为了表现其婉转柔美的形象，内部功能与平板形相似。设计中常将凹面作正立面，形象美观。

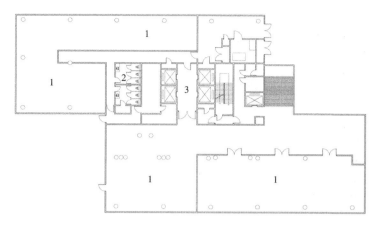

荷兰马丁内斯大厦

图 3-1-22　错接板形平面
1.办公　2.卫生间　3.电梯厅

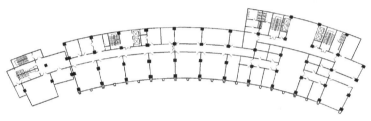

图 3-1-23　弧板形平面

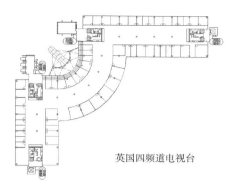

英国四频道电视台

图 3-1-24　弧板形与平板形结合平面

图 3-1-25　交叉形平面示意

弧板形平面常与平板形平面结合处理，以弥补平板楼形象单调的缺陷，或适应基地的形状（图 3-1-24）。

（三）交叉形平面（图 3-1-25）

交叉形平面在某种程度上可以说是介于板形平面和塔形平面之间。它比塔形平面争取了更多的靠窗位置，获得了更好的自然采光条件，且在任何一平面上形成分区明确的自然单元，便于向相互没有联系的办公机构提供独立的使用空间。特别适合于出租办公楼。由于几个空间单元围绕公共服务核心布置，不会出现类似板形平面那样长长的走道，布局较为紧凑，交叉形平面有以下几种基本形式。

1. Y字形平面（图 3-1-26）

Y字形平面有较好的灵活性与适应性，根据平面层面积与地形，三叉翼可等长，也可异长，每叉翼内布置房间无暗室，可中间设走廊服务于两边房间，也可取消分隔，形成相对独立的大空间，节省了通道面积。

2. 十字形平面（图 3-1-27）

十字形平面拥有Y字形平面的优点，且每层可布置更多房间，与交通服务核心联系也非常方便。

上述三种平面形式，仅仅是高层办公建筑最基本三种形式。由于办公空间类型（特别是大空间办公与景观式办公）对平面形状的约束较小，这为创造别具一格，式样新颖，独有个性的平面形式提供了可能。建筑师可在地理环境、文化背景、气候条件等因素的基础上，充

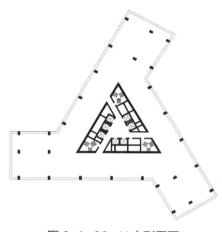

图 3-1-26　Y字形平面

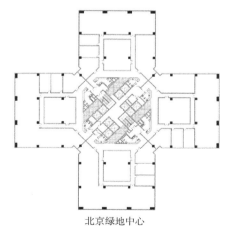

北京绿地中心

图 3-1-27　十字形平面

分发挥创造力。在上述三种基本形式中组合或衍生出变化多端、造型各异的平面形式（图 3-1-28）。

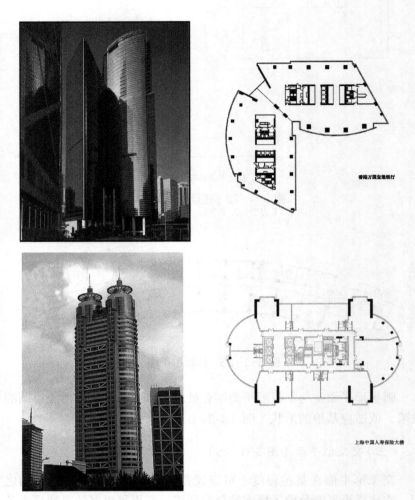

图 3-1-28　由基本形式衍生的平面形式

四、高层办公建筑标准层平面规模的确定

平面规模即标准层面积大小。它将对高层建筑内环境、效益、效率、功能合理性、经济性等方面的优劣产生重要影响，设计中应参照以下因素考虑：

（一）采光要求

现代高层办公建筑虽然主要采用人工照明，但从舒适度与节能的角度出发，天然采光无疑成为影响办公环境好坏的重要因素。就小空间办公室而言，采用单面采光其进深不应大于 7m；大空间办公室单面采光其进深不大于 12m，双面采光的办公室相对两面的窗间距不应大于 24m。这是对标准层平面规模制约因素之一。此外，在满足天然采光要求的情况下，办公建筑的外窗不宜过大，可开启面积不应小于窗面积的 30%。

（二）市场需求

标准层平面规模应考虑业主或市场的需求。特别对于出租办公楼，其租用公司有大有小。若进深过大，小公司租用就很难布置。如当进深大于 12m 时，一家小公司若想租用 50～100m² 的面积，则布置合理就非常困难。但若进深过小，则使平面使用率偏低。因此，办公空间的进深应考虑市场需求，在经济欠发达地区，宜采用较小的进深，经济发达地区宜采用较大的进深。增加标准层面积以适应大、中型公司需求，又可提高有效使用面积系数。

（三）防火要求

1. 防火分区要求

高层民用建筑每个防火分区最大面积为 1500m²；设有自动灭火系统的防火分区，其最大建筑面积可增加一倍。规范规定一类高层办公建筑及其地下、半地下室，应设置自动灭火系统，所以每个防火分区的最大面积应为 3000m²。

根据防火分区的要求，通常标准层只分为一个防火分区；若盲目扩大面积，将标准层分为两个防火分区，则徒然增加交通面积和消防电梯数量，造价也会随之增加。

以上防火要求均为制约标准层平面规模及平面布局的因素之一。

2. 安全疏散要求

我国《建筑设计防火规范》GB50016-2014 中关于办公楼的安全疏散有以下规定：

（1）房间门至最近的外部出口或楼梯间的最大距离，位于两个安全出口之间的房间为 40m，位于袋形走道两侧或尽端的房间为 20m。当设置自动喷水灭火系统时，安全距离可增加 25%。

（2）高层办公建筑内多功能厅、展览厅等大空间室内任何一点至最远的疏散口的直线距离应 ≤ 30m。当设置自动喷水灭火系统时，安全距离可增加 25%。

（四）结构要求

1. 结构体系对层数的约束

高层建筑主体结构具有多样性,迄今为止主要有:框架、框架剪力墙、剪力墙、筒体、筒中筒、束筒、框筒等。不同的结构体系所能达到的层数或高度有所不同。因此，当总建筑面积确定后，标准层平面规模将受到层数限制的影响，结构体系对平面规模虽属间接影响，但在设计中必须考虑两者的互动性。理想的平面规模需要合理的结构体系做保证。

2. 高宽比的要求

就体量而言，通常希望高层办公楼不要太瘦，否则对结构的抗风、抗震控制不利。这种要求体现在对高层建筑高宽比的限制上，我国的高层建筑结构设计规范对建筑的高宽有一定要求，表 3-1-1 为不同结构体系所适应的层数和高宽比限值。

各种结构体系的适用层数　　　　表 3-1-1

体系名称	框架	框架剪力墙	剪力墙	框筒	筒体	筒中筒	束筒	带刚臂框筒	巨形支撑
适用功能	商业娱乐办公	酒店办公	住宅公寓	办公、酒店公寓	办公、酒店公寓	办公、酒店公寓	办公、酒店公寓	办公、酒店公寓	办公、酒店公寓
适用高度（H）	12层，50m	24层，80m	40层，120m	30层，100m	100层，400m	110层，450m	110层，450m	120层，500m	150层，800m

（五）人均面积要求

办公室内每一个办公人员需要确定某种标准的办公面积，该面积指有效使用面积，包括家具所占的面积、工作活动需要的面积、额外的私密性要求的面积、有关的档案资料贮藏面积以及内部交通面积，并不包括休息、卫生服务、公共设施等面积。每一个工作位置所占的面积因工作人员的工作内容、性质不同而有不同的面积指标。表 3-1-2 所列为不同工作人员的办公空间面积要求，可以作为设计参考。

不同工作人员的办公空间面积要求　　　　表 3-1-2

办公空间类型	使用者	办公面积指标（m²）	可能的办公桌尺寸（m）
独立办公间	高级行政领导	20～30	（1.8～2.0）×（0.8～1.0）
	部门经理	15～20	（1.6～1.8）×（0.8～1.0）
	项目经理	10～15	同上
小组办公	从职人员	8～12	同上
大组办公	从职人员	8～10	同上
开放空间办公	从职人员	8～10	同上
开放空间办公	秘书、打字员、管理员	5～9	（1.2～1.6）×（0.6～0.8）+（0.8～1.2）×（0.6）
开放空间办公	财务	7～9	同上
成组空间	商务	5～10	（1.5～1.8）×（1.0～1.1）
接待、会议空间	所有成员	1.5～2（每人）	同上

标准层平面规模的大小，除了应确定人均办公面积外，还应考虑结构、交通、卫生服务、设备设施所占面积分摊到每个工作人员的份额，故需确定每个工作人员的平均楼面面积指标。平均楼面面积指标为建筑总有效使用面积除以所有工作人员数。根据我国已建高层办公建筑标准及实践分析：平均楼面面积一般选用 8～18m²/ 人，这样的幅度便于依据高层办公楼的规模层数、办公内容、办公布局方式、办公有效面积等具体情况进行调整。

（六）标准层平面利用率要求

标准层平面利用率即指有效使用面积与标准层面积的比率。标准层的有效使用面积指办公室的净面积。标准层面积包括有效使用面积和核心体面积之和。核心体面积如前所述包括交通设施（楼梯、电梯面积）、设备占用面积及辅助服务面积。平面利用率越高，说明相同的标准中有效使用面积越大，标准层的经济性越强。

每一个标准层都力求有最多的有效使用面积。而有效使用面积又决定于标准层大小以及结构、交通、服务、设备等配套设施的经济合理性。假如标准层面积设定过小,而结构与配套设施限于条件有一个基本要求,则使用面积就相对减少,平面利用率就较低。因此在一定程度上增大标准层面积,就能获得更大比例的有效使用空间。但若标准层面积定得过大,不仅使进深扩大,影响采光,且交通线拉长,使用不便,有可能不符合防火要求,因此平面利用率也应有限度。通常,高层办公建筑标准层平面利用率可控制在70%左右,小空间办公室因其交通面积较多可低于70%,大空间办公室可高于70%。

综上种种因素,高层办公建筑标准层面积以1000～2000m² 较为理想,采用细胞型或小组型空间的办公楼可取低值,而采用开放式办公空间的办公楼可取上值。应注意无论采用何种办公空间,其标准层面积不宜小于600m²,由于防火分区的规定,最好不要超过2000m²。

五、高层办公建筑柱网

高层办公建筑平面空间应符合现代办公要求,一般采用大空间、可以灵活分隔的布置方式。因此,以框架与核心体为刚性墙组成的框架－剪力墙结构,或框架与核心体为筒体组成的框架－筒体结构是高层办公建筑常用的结构形式。这两种方式既可满足上部办公,下部裙房商业、娱乐等大空间要求,也可作灵活分隔满足小空间办公的要求。而纯框架、纯剪力墙结构通常不适合高层办公建筑,巨型框架结构可视具体情况考虑。

在上述两种适宜的结构形式中必须确定柱网的尺寸。柱网尺寸选择主要应考虑两个因素:其一,标准层柱子将直落下部商业裙房及地下室,地下室多为停车库,因此柱网选择应与柱间车位数目结合考虑。在不影响标准层功能的前提下,获得最合理、最经济的停车位数。两者往往并不矛盾,容易协调。其二,柱网选择应考虑楼板的结构高度,如果柱距过大,梁的高度增加,则势必增大层高,这是很不经济的。

根据长期实践得到的设计经验,标准层柱网尺寸选用7.2m×7.2m～8.1m×8.1m 比较合适,必要时可适当加大到9～10m。当标准层采用框架－筒体结构形式时,其进深尺寸(标准层外墙至核心筒体外壁不宜过小)选用8～12m为宜。当主体结构与裙房之间设结构转换层时,在转换层以上可以加柱,以减少柱距,增加楼层净高。表3-1-3列出部分高层办公建筑层数和开间柱距实例供参考。

部分高层办公建筑层数和开间柱距　　　　　　　　表3-1-3

建筑名称	建筑高度(m)	建筑层数	建成时间(年)	开间柱距(m)
京基100	441.80	100	2011	14.4
广州国际金融中心	441.75	103	2010	9.9-11
广晟国际大厦	360.00	60	2011	9.0
富力盈凯大厦	296.5	65	2012	10.0

六、高层办公建筑剖面设计

剖面设计的主要内容是确定建筑层高。

建筑层高是高层建筑设计的一项重要参数，影响层高的因素很多，例如建筑的使用功能、结构选型以及各设备工种，如电气、给排水、空调的要求。设计中应根据具体工程综合、全面地把握问题，协调好各专业的关系，确定合理、经济的层高值。

层高尺寸是由功能所需净高和必要的吊顶内部空间高度所决定的。

（一）净高确定需考虑以下因素

1. 平面尺寸与室内空间感；

2. 自然采光及窗口大小要求；

3. 空调方式；

4. 排烟方式；

5. 照明方式；

6. 消防喷洒方式。

（二）确定吊顶内部空间高度需考虑的因素

1. 结构梁板高度

一般情况下梁板高度为 700 左右。按结构设计在保证安全的前提下应尽量减少结构自身的高度。

2. 设备管线高度（包括几种类型的设备）

空调主干管的高度应包括保温层的厚度，一般应 ≥ 400mm。主干管不可穿梁。设计中在不影响风量的情况下，可采用增大风管宽度，减小其高度的做法来适当降低吊顶高度。对于带走道的平面布局，可将主风道置于走道上面的吊顶内部空间。走道吊顶可降低至 2.4m，没有走道的大空间也可局部降低吊顶，布置风道。

高度超过 50m 或标准层面积超过 1000m² 的办公楼应设自动喷淋系统，因此吊顶内部空间还应考虑喷淋管的高度。为便于风管的检修，喷淋管一般位于风道上方，并应预留大于 250mm 的空间。在特殊情况下，喷淋干管可以穿梁，并在梁上预留套管。

高层办公楼中电缆很多，往往需要设电缆桥架。电缆桥架一般设于风道下方，高度以 200 为宜，不应小于 150。图 3-1-29 为各设备管线在吊顶中的位置。

在设计中，若建筑师与各工种设备师密切配合，可以在一定程度内降低设备占用高度。如喷淋管与电缆桥架可利用风道空间，与风道平行布置；但应注意二者与风道的交叉处应避开梁。

3. 吊顶构造高度

吊顶构造高度由主、次龙骨和饰面材料确定。

4. 安装高度

有的设备管线（如风道）不能紧贴板底安装，一般需留 100 ~ 150cm 的安装高度。

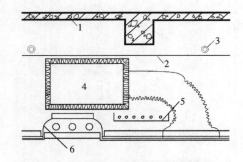

图 3-1-29　吊顶内的剖面示意图

1. 结构楼板
2. 结构主梁下皮标高
3. 消防喷淋干管可以穿梁
4. 主风道连同保温层高度
5. 电缆桥梁
6. 灯具嵌入吊顶的总高度

5. 施工误差

应充分考虑在施工和安装过程中发生的表面不平、材料变形和一些偶然因素所造成的误差，一般应考虑留出 50mm，以弥补误差。

以上分析可看出，确定层高更主要的应考虑吊顶内部空间高度这一因素，若处理不当，就会造成不可弥补的损失。若层高定得太低，等到设备安装和吊顶装修完后，就会使人感到压抑，甚至碰头；反之，则会造成空间浪费。合理的层高设计对提高标准层效率有着重要意义。

表 3-1-4 列出一些高层办公建筑层高实例供参考。

部分高层办公建筑层高表 表 3-1-4

楼名	地上层数	标准层面积（m²）	层高（m）
北京国际大厦	29	1450	3.30
北京京城大厦	50	2052	3.75
北京京广大厦	51	2000	
北京发展大厦	20	1901	3.90
中央彩电大楼	24	968	4.00
深圳国贸大厦	50	1322	3.30
深圳地王大厦	65	2161	3.75
深圳发展银行大厦	30	1800 ~ 2200	4.00
深圳东方广场	27	1200	3.05
上海金贸大厦	88（1 ~ 50 层为办公室）	2521	4.00
深圳新世界中心	55	1830	4.00
广州太古汇	39	2780 ~ 2870	4.20
广州国际金融中心	103	2690.8 ~ 3047.6	4.50
深圳京基100	100	2479 ~ 2542	4.20
广晟国际大厦	60	2196	4.25

七、高层办公建筑智能化设计

智能化大楼是一种新的建筑体系。美国智能大楼协会将其定义为："一幢大厦，通过对它的四个基本要素，即结构、系统、服务和管理进行最优化的考虑，从而为用户提供一个高效率和具有经济效益的工作环境"。由于电子计算机的发展及普及，实现了人工智能管理，为智能化大楼的诞生及发展提供了技术保证。近年来，智能化大楼逐渐形成一个综合的概念。它是高新技术，特别是国际上最先进的计算机技术、控制技术、通信技术和图形显示技术在建筑中的集中体现，是建筑设计、建筑物理、环境、楼宇设备、物业管理、人类工效学等多方面技术的集成。本节着重探讨智能化大楼的发源地——智能化办公楼的标准层建筑设计。

（一）智能化办公楼的特征

智能化办公楼一般应具有以下四个特征：

1. 办公自动化（OA，Office Automation）系统

其主要内容为：

（1）由局域网联结的电脑网络系统，使用户每人只用一台工作站或终端个人电脑，便可完成所有的业务工作；

（2）通过电脑网络、电子数据交换技术和充电存储技术，实现业务处理和文件传递的无纸化，自动化；

（3）通过数据库、专家系统、综合设计系统、电子出版系统、可视图文信息系统等实现信息资源的共享；

（4）通过网络、数据库管理系统和电脑操作系统平台，构成了一个有事务处理机能、管理机能和决策机能的完整体系。完善的办公自动化系统将大大提高工作人员分析、判断、决策、指令的效率。

2. 楼宇自动化（BA，Building Automation）系统

一般包括三大子系统。

（1）能源管理系统

①电力照明系统——电力需求控制、功率因数改善控制、变压器台数控制、发动机负荷控制、停电复电控制、昼光利用照明控制、点灭调充照明控制；

②空调卫生系统——新风进入、新风供冷控制、冷热源机器台数控制、二氧化碳浓度控制、冷热负荷预测控制、蓄热控制、热回收控制、隔热控制、预冷预热运行最优化控制、太阳能集热控制、蓄热槽管理、排水控制、节水控制和管理；

③输送系统——电梯群管理、自动扶梯管理、停车场自动管理、自动搬运机器管理、自动计量仪器管理。

（2）安全管理系统

①防灾系统——火灾联动控制、排烟控制、防烟系统、引导灯控制、消防控制、非常时间对应控制、停电时间对应控制、防漏电和防煤气泄漏控制；

②防范系统——出入楼管理、远距离监视各种传感器警报管理、时间表控制、闭路电视管理、自动防范设备管理；

③数据系统——存取控制、IC卡管理、指纹管理、声纹管理、暗号管理、暗证旨令管理、空间传递管理。

（3）物业管理系统

①计量系统——能源计量、租金管理、运行管理、操作数据编集和分析评价、系统异常诊断、节能诊断、报警信息记录编集；

②维护保养系统——机器维护时间表管理、机器劣化诊断、故障预知诊断、数据生成、自动清扫机管理、设备更新计划管理。

3. 通讯自动化（CA. Communication Automation）系统

是以大楼数字专用交换机为中心，在楼内联结程控电话系统、电话会议系统、无线导呼系统和多媒体声像服务系统。对外与广域网或城域网以及卫星通信系统相联，实现大楼内外便捷的声像数字通讯。使大楼用户能够便捷地与世界各国和国内各地进行快速的声音、文字以及影像的联络，并附有储存、查找、调出功能。

4.创造高质量的工作环境

智能化办公楼运用高科技,给人提供高效率工作的设备条件,但并不是将人变成快速运转的机器。一座智能大厦仅有 OA、BA、CA 是不够的,它还必须体现对人的关怀,创造良好的工作环境。由于导入了自动化的机器,工作人员长时间同机器设备打交道,很容易疲劳和头脑僵化,所以应该适当地提供一些调节空间,及时地恢复一下体力。智能化办公楼绝大部分都采用空调和人工照明,人们长时间工作在人造环境中,对身体是很不利的;因此标准层办公区域进深不宜过大,并尽量利用天然采光。总之,舒适环境的创造应综合建筑设计、室内设计、室内空气品质和建筑物理等多方面因素。这是提高工作效率,保证业务处理正确和保护用户健康的前提。

从上述四个特点来看,智能化办公楼较之传统型办公楼有着较大的区别。这些区别必然对办公楼的建筑设计带来变化,这也体现了未来办公楼的发展趋势。

(二)智能化大楼标准层功能空间类型及平面面积分配

1.业务空间

这是智能化大楼的心脏部分,它是个人能力发挥,个人与团体协调关系以及安装信息处理设备的环境。其室内设计应重视生产性、效率性、舒适性。智能化办公楼一般采用开敞式大空间形式的标准层,并根据办公性质不同,业务空间可划分为多种平面布置形式:

(1)单体型,即连续的小单间个人办公室。一般用于律师事务所,高等院校办公室等知识密集型业务种类。

(2)流水线型。为了提高大量事务处理效率,采用工厂流水作业方式。将办公桌布置成流水形式,整个办公室每人工作情况一览无余。工作区周围一般用 1.5m 高围挡隔开,以阻断视线和噪声干扰。

(3)组合形。在周边区设个人用办公室,但采用透明玻璃隔墙,内区则布置成开放形的交流场所。

(4)单元形。在办公室中间营造一个个带有家居气氛的小单元,即一幢幢没有围墙的小房子,成为确保发挥个人创造性的业务空间。

(5)开放形与景观形。该两种方式与本章第二节所列类型类似,这里不再叙述。

2.决策空间

这是对整个企业的业务经营活动进行综合、分析、预测、规划和决策的最高管理层的办公室。其房间面积、照度、家具和设备的装备程度都比一般业务空间高。

3.交通和暂停留空间

走廊和会议室均属短暂停留时间,走廊因具有交通和非正式交流场合的功能,应采用明暗均衡的照明或天然采光,并布置地毯、观叶植物、休息座椅等,为员工休憩及交流创造条件。在智能化办公楼内除了有用以传达信息或研讨的传统会议室,还有电视会议室、电话会议室以及可以进行双向交流的多媒体会议室。

此外，智能化办公楼内还应有余暇空间，设备空间和服务空间等重要的功能空间。

由于办公室内使用的自动化设备较多，工作人员所占的面积应高于传统办公楼，平均每人占有可出租面积应大于 $10m^2$。距窗 6m 以内的区域是周边区，距窗 6～12m 的区域为中间区，超过 12m 的区域为内区。内区不适于作办公空间，可作为设备空间或通行空间。此外还应考虑维系建筑正常功能的"核心"，通常用作电梯间、楼梯间和公共服务设施的设备空间。

（三）布线系统与墙面、地面、顶棚的设计

智能办公楼的正常运转就是靠盘根错节的各种线路联结控制室和终端来发挥作用，如何安排好这些线路，使其经济有效，需要建筑师和弱电专业人员密切配合，解决以下三个方面的问题：

1.线路如何走

水平走向的线路是在地面上还是吊顶上。垂直走向的线路一般均在管井中。设管井时除了要有足够的面积外，还要注意它的合理性，位置要合理，安排要合理。有些管井面积很大，但不好布线，浪费很大；有些则正好相反。布线还要注意到信号的相互干扰问题。

2.要很好地研究配线如何与设备的联结

这是一个十分棘手的问题，通常终端节点的位置不固定，经常会根据使用要求的变化而变化，既要满足变化的要求，又不影响室内空间的美观。

3.要满足使用环境进行调整的可能

这一问题特别是在出租性办公楼中，使用环境的变化是绝对的，小到工作位置的调整，大到整个房间划分的调整，设计时要考虑到灵活多变的使用要求。

目前，国内外的智能化布线方式归纳起来大致有以下 8 种类型：

（1）预埋管布线方式；

（2）架空双层地板布线方式；

（3）地坪线槽布线方式；

（4）单元式线槽布线方式；

（5）干线式布线方式；

（6）扁平电缆布线方式（也可称地毯下布线方式）；

（7）网络地板布线方式；

（8）顶棚布线方式（图 3-1-30）。

以上的 8 种布线方式各有优点，很难一概而论，在具体的工程设计中到底采取何种布线方式（也许是一种布线方式单独使用，也许是多种布线方式单独使用，也许是多种布线方式混合使用），都必须要从实际需要出发，实事求是，通过充分的调查研究，综合考虑建筑的规模、使用要求，认真比较各种布线方式的利与弊，最终确定适合于该建筑的布线方式（表 3-1-5）。

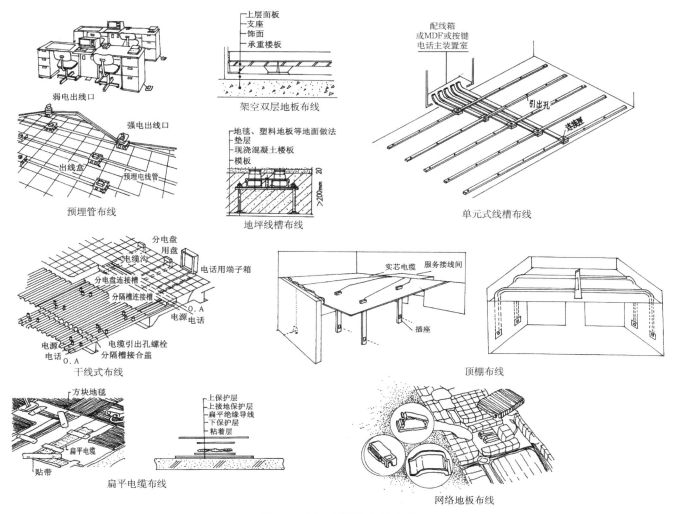

图 3-1-30　智能化布线方式

不同布线方式的比较
表 3-1-5

性能	布线方式	预埋管布线方式	架空双层地板布线方式	地坪线槽布线方式	单元式线槽布线方式	干线式布线方式	扁平电缆布线方式	网络地板布线方式	顶棚布线方式
经济	智能化布线系统投资	少	较大	一般	较少	一般	大	大	一般
	土建工程投资	一般	一般	一般	较多	较多	一般	小	一般
	日常维护花费	一般	较多	较少	较少	较少	较多	一般	较多
功能	配线容量	小	大	一般	大	大	大	大	大
	出线口的灵活性	差	强	一般	较强	较强	极强	强	较强
	对改建、扩建的适应性	差	强	较差	较差	一般	极强	强	较强
	对层高的要求	低	高	较高	低	一般	很低	低	一般
可靠性	易损坏程度	不易	一般	不易	不易	不易	易	不易	易
	抗震性	良好	较差	良好	良好	一般	差	良好	一般
	抗干扰性	良好	一般	良好	良好	良好	一般	良好	一般
施工	土建施工难易度	容易	容易	一般	一般	一般	容易	较难	容易
	布线安装难易度	一般	一般	一般	一般	一般	极易	一般	容易

有效的布线系统还必须以建筑物作为载体充分发挥其智能功能。这主要应通过地面、墙面、顶棚板的合理设计来实现。

1. 地面布线

主要有以下几种方式：

（1）架空地面

架空地面是由支架和板面构成。板面尺寸通常是450mm×450mm、500mm×500mm、600mm×600mm可分为固定型和可调整型；架空高度范围可从150mm直到700mm；材料有很多种类型，如铸铝系统、石棉系统、木质系统、碳纤维、玻璃纤维等（图3-1-31）。

架空地面的使用特点是布线方便，线路短，容量大，适用于OA设备密度高的部位，也适用于旧楼改造，也可作成双层强弱电分开，避免干扰。它的缺点是造成地面高差，通行不便，对层高较低的建筑不适用。

此外还有一种本身带支架的地板，便于铺设，高差又小，用于线路不是很多或旧楼改造。但此类产品在我国尚不多见。

（2）楼板面层预埋线槽

楼板面层预埋线槽由线槽、交叉构件和地面出线口组成，可分为单孔、双孔、三孔几种形式，高度在60～70mm。此种布线方式在OA办公室中用得较多，可将出线口布置在面上的任何位置，不会形成地面高差，且较美观，施工也方便。但地面面层的厚度较厚，一般在80～100mm（图3-1-32）。

（3）方块地毯下的配线系统

这种布线方式需采用特制的扁平线和带内衬的方块地毯，多用于配线不多、交叉相对较少的分支线路，也适用于层高受限，特别是旧楼改造。它施工方便，美观且吸音效果好。布线时，应注意将线布置在方块地毯的中央位置，与家具的位置要配合好，地毯要作防静电处理。

2. 墙面布线

墙体经常用来走线和安放接线插座，但现在办公楼由于使用功能多变，墙体经常移动，多采用大空间布置，固定内墙已很少采用。所以在智能大厦中利用内墙解决出线任务有逐步衰退的趋势。解决出线和安放接线口有以下几种方式：

（1）墙体内走线，表面安放插座，这是通常的作法。

（2）线路布置在外墙窗下，与暖气罩结合起来，插销安在暖气罩的侧板上。而现在绝大部分智能建筑均有空调与之结合在一起，是一个行之有效的办法，因而被广泛采用。

（3）利用一种带槽的特殊踢脚板布线。

（4）可移动的插座柱，这种布线方式用于新建的法国财政部大楼，采用90cm的模数，在办公室中每90cm的交叉点上地面和顶棚均有一个插座。此外，还配有若干插座柱，需要时将此插座柱插入上下的插座，即可从插座柱的插座接通你所需要的信号，使用方便，而且不影响办公室的整洁。

图3-1-31　架空地面布线方式

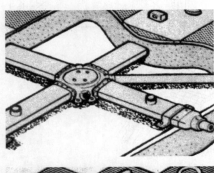

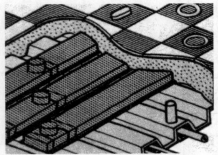

图3-1-32　预埋线槽布线方式

（5）独立式配电系统墙，有时一些配电箱很难找到安放位置时，可以采用局部的独立的固定墙体安放较大的设备或布线。

3. 顶棚布线

与墙面所起的作用相反，顶棚的作用越来越大，要布置照明灯具、送风回风口、烟感温感报警器、自动喷洒头，还要布线，所以智能大厦的顶棚已经到了不堪重负的程度。既要将顶棚安排得当，又要使顶棚整齐有序是十分必要的。顶棚可选用的材料很多，如纸面石膏板、石膏硅钙板、矿棉吸音板、金属吊顶板等是目前常用的材料。

由于顶棚有如此繁重的任务，所以一定要作好顶棚的设计，安排好诸多部件的位置。使其既美观又不影响使用，要考虑上部管线的检修，要留好检修孔，最好作活动吊顶，安排好各种管道走向的标高，也要考虑到材料的防水问题。

（四）专用房间设计

在智能化办公楼内有一些专用房间，如电脑机房、中央监控室、咨询中心等房间，其建筑设计对充分发挥智能化的作用、提高工作效率有极大的影响。

1. 电视会议室

利用通信线路，将远隔两地的声音和影像以交谈的方式达到通讯会议的目的。根据日本一家大公司的统计数字，采用电视会议方式可以减少66%的出差费用，同时会议时间短，决策迅速，效率高。电视会议室通常要配备摄影机、麦克风、显示画面、控制装置、书画传送和显示装置、传真机、电子黑板等。对环境有一定要求：

（1）音响——噪音应控制在30～50dB，混响时间在0.35s左右。

（2）光源——尽量少用闪烁的光源。

（3）照度——要有足够的照度，避免反光，被照物体的照度应在600～1000lx，背景在200～500lx，显示面在150～200lx。

（4）配电——因设备多，线路多，应保证通信线路和步行线路的通畅，多采用架空地面。

2. 决策室

决策室实际上就是从过去会议室演变发展而来，它在原来会议的基础上增加了一些设备，使得信息来源及时而又准确，便于高效地作出决策。决策室是一个十分重要的空间，从表3-1-6可以看出，决策室所占面积是相当大的，而且还有发展的趋势。

办公室面积分配比例　　　　　　　　　表 3-1-6

主管区	7.4%
一般工作人员	62.2%
走道	2%
特殊空间	4%
公共区域	2.1%
休闲区	5%

续表

机械设备	3.2%
储存空间	4.6%
决策会议	10.8%

一个高水平的决策室应具有以下设备：

（1）影像系统——幻灯机、影像机、投影仪等；

（2）声音系统——影像的声音、麦克风、录音系统；

（3）会议系统——可进行电声或电视会议；

（4）电脑系统——可查阅有关资料；

（5）通信系统——与会场外的通讯联系。

设计决策室应注意到这是最高决策空间，应精心设计，标准适当；要有足够的面积与空间，并考虑到安放设备和幻灯机的投影空间；布置音响时应注意产生反馈现象；决策室的照明要考虑到开会和放映图像时对照度的要求，并注意到调整照度要方便操作；要注意到设备产生的热量对房间温度的影响，最好采用架空地面以满足布线的要求（图 3-1-33）。

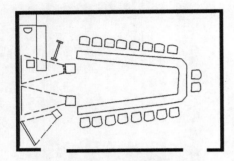

图 3-1-33 标准决策室平面

3. 电脑机房

电脑机房的面积与空间大小应根据规模、设备品种及数量而定。房间净高不宜小于 2.6m，架空地面高度在 300mm 左右。地面要考虑设备的重量，空调系统要考虑到设备的发热量。应采用气体灭火方式，并作好防水处理，在架空地板周围应作防水堤，以阻止水流入。两路供电。地震区应把设备固定在地面上，防止地震时设备倾倒影响疏散。对有噪声源的设备要作好隔音吸音处理。房间的照明应采用漫射方式，避免光线直射屏幕。各种建筑材料应做好防静电处理，一层机房要作好防震措施。

4. 资讯中心

资讯中心也是从过去企业内部的图书资料室发展而来，但其功能大大超越了它，具有收集、分析、再生、保管和运用的机能。资讯中心主要设备有：

（1）电脑——资料的检索、查阅、借阅管理等；

（2）多功能工作站——外部资料的检索和处理与内部终端机的交换等。

（3）电子档案——文书资料的储存和保管等；

（4）影像输入、编辑装置等；

（5）其他——微缩影片阅览、内部闭路电视系统等。

咨询中心是由登记区、资料收藏区、阅览区、媒体区、管理区等几部分组成（图 3-1-34）。

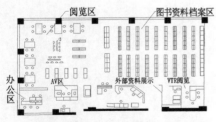

图 3-1-34 咨询中心平面

5. 中央监控室

指智能大厦 BA 系统的控制室，可分成以下两大部分：

（1）设备运转监控：主要是对空调、上下水、供电、电梯等运转情况进行监控，发现问题及时处理。

（2）安全保卫监控：主要是对防火、防盗、交通情况进行监控。

过去这两个系统是分开独立设置的，现在采取综合布线的方式将两个系统的线路布置在一起，给使用带来了灵活和便利。对出租性的综合办公楼，因为公司多，人流混杂，安全问题十分突出，多将安全保卫监控设置在出入口附近，以便管理。设计监控室时应注意以下几方面的问题：

①对于安全、防火方面的监控室应方便消防队员的出入，能及时控制消防设备的起动。

②要注意监控室的管理方式。通常是设备监控与安全监控不是一个公司，所以要为它们分别管理提供方便。

③监控多是屏幕监控，照度不宜太高。

④留有发展余地。

6. 接待柜台

过去多采用封闭式传达室的方式，现在多采用开敞式的柜台，并分别设置电话及电脑查询的接口。

（五）智能化办公楼的层高设计

由于众多的电缆线和管线要求到位，因此智能化办公楼中需设架空地板或吊顶空间，故智能化办公楼的层高一般应大于普遍办公楼。其层高确定应考虑以下三个因素：

1. 办公室的净高要求

智能化办公楼净高确定与普通办公楼类似。实际工程中，大多数智能化办公楼净高尺寸取 2.6m 左右。

2. 吊顶设计对层高的要求

智能化办公楼吊顶内除了应容纳常见的空调系统、消防系统、照明系统等设备外，还应具有自控系统，如各类自控设备（如温度感应控制设备、通风量感应控制设备等）。其吊顶高度比普通办公楼有所增加。目前，根据建筑层高的不同，智能办公楼的吊顶高度一般应在 1.1 ~ 1.6m 之间。随着各类建筑设备及配件的发展，吊顶高度将逐渐减小。

3. 智能化布线对层高影响

前述 8 种智能布线形式对智能化办公楼的层高有一定影响，其影响程度大小随采用的布线方式而变化。表 3-1-7 为不同布线方式对地板架空层或吊顶所需空间尺寸的要求。

不同布线方式所需空间尺寸　　　　　　　　　表 3-1-7

布线方式	所需高度	备注
预埋管布线方式	没有要求	
架空双层地板布线方式	通常在 60 ~ 150mm 之间	当高度小于 60mm 时，地板造价相对较高
地坪线槽布线方式	现浇结构时：板厚不小于 200mm	
预制结构时：垫层不小于 70mm	板厚，垫层高度视线槽所需的截面面积而定	

续表

布线方式	所需高度	备注
单元式线槽布线方式	楼板厚：155mm 左右	
干线式布线方式	楼板厚：155mm 左右	电缆沟处楼板厚度不小于18mm，并视电缆沟截面面积而定
扁平电缆布线方式	扁平电缆厚度：2mm 左右	
网络地板布线方式	楼板厚：150mm 左右	国内尚未见采用
顶棚布线方式	吊顶高度要增加 100mm 以上	需与吊顶内其他设施协调处理

注：以上数据仅供初步设计时参考使用。

综合以上因素，并参照国内外有代表性的智能办公楼层高的统计（图 3-1-35），智能化办公室层高尺寸应在 3.8 ~ 4.2m 之间，并应通过合理设计、采用先进设备与提高施工技术减小吊顶空间及结构高度，同时在经济条件许可下，适当增加净高，为今后发展留有余地。

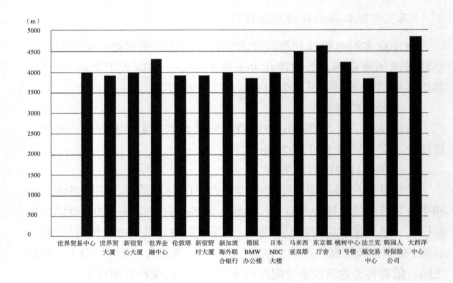

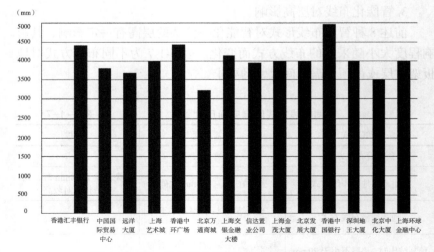

图 3-1-35 世界著名高层建筑标准层层高统计表

（六）智能化建筑的环境设计

环境状况是衡量一个智能建筑舒适性标准的重要环节，在过去的设计中往往不够重视，均按传统办公室设计，应该引起注意。

1. 办公室的视觉环境

OA办公室一方面要从垂直的屏幕上获取信息，同时也需要从水平的桌面上看阅资料和书写文件。观看屏幕，照度不能太高，否则将看不清显示的东西；照度太低，视觉确认性差，对书写和查看文字材料困难。所以处理好OA办公室的视觉环境是十分必要的，应注意以下两个问题：

（1）处理好水平和垂直面的最佳照度。一般说来，水平面的理想照度是400 ~ 600lx，垂直面为150 ~ 400lx。上海市制定的标准是水平照度750lx，垂直照度300lx。要达到此标准，在照明方式上应采取措施。

（2）处理好亮度与闪烁的关系。人眼水平视线上下30°为闪烁区。闪烁区内物体发光强度变化大，即闪烁值大；反之发光强度变小，闪烁值小。闪烁值大，视觉易产生疲劳，所以应避免办公室内亮度有极端不均匀现象。办公室发光强度比的推荐值见表3-1-8。

光强度比的推荐值	表3-1-8
状况	发光强度比
作业对象物和周围之间（例：与桌子之间）	3：1
作业对象物和比其稍远的平面间（例：与地面墙壁之间）	10：1
照明器具或窗与其附近平面之间	20：1
普通的视野内	40：1

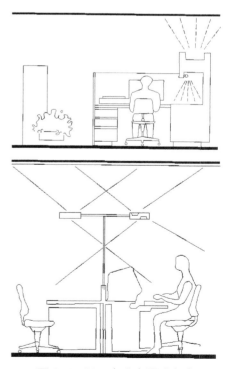

图3-1-36　办公室照明方式

为了达到上述要求，在照明方式上应采取措施，OA办公室采用直接照明方式效果不好，多采用以下两种方式：

（1）半间接照明方式——在灯具上加避光百页的作法，避免强光和反射。

（2）间接照明与局部照明相结合的方式——这种方式较为理想，直接照明和间接照明的照度比最好在1：1/2 ~ 1/5（图3-1-36）。

2. 办公室的色彩

因OA办公室容易造成肉体和心理的紧张，故在色彩上要考虑创造一个舒适的、心情愉快的空间，色彩不宜过分强烈。顶棚可适当提高亮度和反射率，亮度最好在9cd/m² 以上，反射率在72% 左右。地面对创造室内气氛起着很重要的作用，应较稳重，亮度宜3 ~ 5cd/m²，反射率宜6% ~ 20%。墙壁宜采用调和色，不宜太强烈，亮度宜7 ~ 8cd/m²，反射率宜42% ~ 50%。

3. 办公室的音响设计

OA办公室中有些设备要产生噪音，应该控制噪音的传播。规范规定办公室的允许噪音级为45 ~ 55dB。防止噪音扩散和传播可以采取以下措施：

（1）声源控制——为避免噪音传播的影响，最好设置专用区。

（2）声音传播途径的控制——对声源采取遮蔽措施，提高传播途径的吸音能力；在平面布局上对要求高的区域拉开适当的距离。

（3）用装饰材料降低噪音——如铺地毯是十分有效的措施，顶棚可选用吸音能力强的材料，墙壁如是玻璃时可用厚窗帘弥补等。采取这些措施不难将噪音控制在规范的标准以内。

4. 室内空气环境

由于空气看不见，摸不到，它的质量好坏不易察觉，常常被人们忽视，但它对环境造成的影响却很大。在设计时应注意保持室内空气的良好质量，有空调时，应有足够的新风补充；不应将外窗全部设计成固定式，应有可开启扇。平时应经常监测室内空气质量。上海市制定的室内空调环境指标可供参考（表3-1-9）。

室内空调环境指标　　　　　　　　　　　　表 3-1-9

粉尘含量	≤ 0.15mg/m³
CO 含量率	<10PPm（百万分之一）
CO₂ 含量率	<1000PPm（百万分之一）
温度	冬天 20℃，夏天 24℃
湿度	冬天 ≥ 49%，夏天 ≤ 55%
气流	0.25m/see

第二节　高层旅馆标准层设计

一、高层旅馆标准层功能组成与规模

（一）客房层功能组成

客房层由客房区、服务区、公共区、交通枢纽等组成，功能关系见图 3-2-1。客房层设计需以明确便捷的交通路线将各部门组织起来，并做到空间划分合理、紧凑，尽量减少无收益空间，减少结构构件，节约能源和设备维修费，减少管理服务人员。

1. 客房区

客房是旅馆中最核心的功能空间，也是旅馆经济收益最主要的来源，客房设计好坏和设施是否完善，直接影响饭店形象和出租率。

客房层设计应根据旅馆的性质、经营方针、客源特点等确定客房的数量、组合形式及客房类型。常见的客房类型有单人间、双人间、套间等。

客房空间可分为几个部分：睡眠空间、起居空间、书写阅读空间、贮藏空间、卫生间等几个部分。各部分的布置均应结合家具的数量、质量、空间造型和陈设、装修、设备配置等，加以精心设计，充分体现舒适方便、宾至如归的感觉。

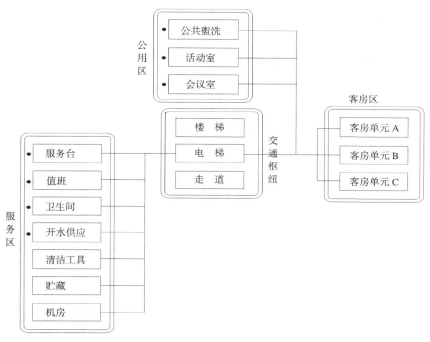

图 3-2-1 旅馆客房层功能关系图

2. 交通枢纽

高层旅馆客房标准层交通枢纽包括走廊、电梯（客用与货用）、楼梯。

（1）走廊

客房层走廊的设计包括平面布局和尺度确定两个方面。平面布局主要体现在走廊如何连接转角间，这在高层旅馆设计中尤为重要。在点形、环形以及一些线形（如 T、L 等形）客房层的转角处，走廊应尽量简短。转角客房最好面对走廊转角，形成封闭的客房环（图3-2-2a），而不宜与其中一边的客房并排（图3-2-2b），其经济差别在高层点型客房层平面中非常明显。图 3-2-2 的两种转角平面若分别用在点型客房中，就形成封闭的环形走廊和"风车形"走廊。"风车形"走廊虽可采光，但比环形走廊大约每层增加走廊面积 50m²。另外一种常见的走廊形式是"H"形（图 3-2-3），这种形式的走廊面积更小，比环形走廊更为经济。但该布局不利于旅客的双向疏散。

客房层走廊的功能包括客人和服务车的通行，因此，客房层走廊的宽度应满足停放服务车时人可通行的要求。有时为了节约面积，并使旅客在进客房门时不受干扰，在客房门处局部拓宽走廊成"葫芦形走廊"。当走廊两侧布置客房时，中间段走廊净宽为 1.5 ~ 1.8m，客房门前走廊净宽为 2.0 ~ 2.4m（可做为设计参考）。

高层旅馆客房层走廊上空多为设备管道，因此净高一般较低，但最小不应低于 2.1m。客房层走廊不宜过长，以免使客人产生单调感。一般客房层走廊不宜超过 60m。此外，明亮的光照、淡雅的色彩界面，墙面阴角线和壁柱的装修处理等，有助于活跃走廊气氛，甚至一幅画、一盆花或一块湖石，也是足以打破令人乏味的单调感。

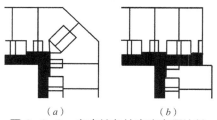

（a） （b）
图 3-2-2 走廊转角处客房布置比较

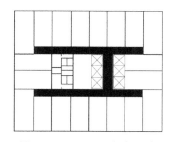

图 3-2-3 H 形走廊形式

（2）电梯

高层旅馆客房层呈竖向叠合，每层交通路线较短，并以电梯厅为交通枢纽。因此，电梯是高层旅馆最主要的交通工具。设计中电梯厅不仅需位置适中，方便使用，其空间亦需合理紧凑，集中布置。

为保证客房安静，减少电梯门启闭及电动机、平层器工作噪声对客房的影响。客房层平面设计需将电梯与客房分开，避免电梯紧邻客房（常以走廊、服务间、疏散楼梯等与客房相隔）。

（3）楼梯

客房层的楼梯，作为层间联系和疏散之用，须符合我国现行防火规范。

3.客房服务区

高层旅馆客房服务区包括服务台、服务厅、棉织品库、清洁用品库、备餐间、贮藏间、机房、服务员卫生间及各种工程管道空间。

国外高层旅馆一般不设分层服务台，因为分层服务台增加了客房层土建面积与无收益的面积，而且常使一些客人有种受监视的心理，没有达到"宾至如归"的感受。客人领取钥匙、结账和存物等手续均在总服务台办理，其他服务内容均经电话由旅馆各部门安排提供。我国新建的高层旅馆逐渐不设分层服务台。当然，到底设不设分层服务台，设计人员可根据旅馆的等级和管理模式，与业主商定。

高层旅馆客房层服务区常与楼、电梯组成核心（图3-2-4）。其中，服务厅（室），位于服务用房和服务电梯之间，主要用于服务用品及设备的临时停放。棉织品库是最主要的服务用房，应考虑布置棉织品存放架、服务车、垃圾处理处、待洗棉织品处、清洁用洗池及写字台和座椅。另外，棉织品库还应设一个存放清洁用品和设备的柜子。但若客房规模很大，则需单独设一内有洗池的清洁用品库。有客房送餐服务或豪华旅馆的客房层应设备餐间，否则，应单独设一开水间。为了客房能够灵活使用，常须增加一间贮藏间，用来存放客房家具及部分陈设。如果服务员不能方便地到职工的洗衣间和更衣间，则客房层还需考虑安排一个供服务人员用的洗手间。各种服务房间设置要求详表3-2-1。

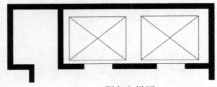
服务电梯厅

图 3-2-4 客房服务区布置

服务用房设置要求　　　　　　　　　　　　　　　　表 3-2-1

服务用房	要求
服务厅	用于服务用品及设备的临时停放；服务厅门应自客房走廊开向服务厅，并与走廊装修结合起来
棉织品室	棉织品室应满足下列使用要求： 1. 能放置根据旅馆等级配备的服务手推车，可按 12～18 间客房／手推车计算。并放置备用手推车，供必要时使用 2. 存放折叠床、折叠箱架、花瓶和其他用品 3. 客房管理人员贮放座椅等其他用品
待洗品室	一般靠近棉织品储存室，包括分拣处和污衣管道
清洁用品室	放置清洁用品及清洁设备，可单独设置或设于棉织品储存室

续表

服务用房	要求
备餐间	有客房送餐服务或豪华旅馆的客房层应设此项，内容包括制饮料、冰和便餐的设备、洗碗设备、电热水炉、配餐桌、手推车存放和餐具器皿柜。房间应设 1.8m 高的瓷砖墙裙，地面材料需耐水、耐热、耐压并易清洗。不设备餐间时，须单独设一开水间
贮藏间	标准不很高的旅馆可根据灵活使用要求设一贮藏家具及部分陈设的房间
洗手间	供服务人员使用，设抽水马桶和面盆各一件，最好考虑更衣空间
备注	服务用房每层设置，也可隔层设置

工程管道设施包括设备管井、电缆井、排烟道、排气道、垃圾和污衣井。这些竖向井道均须分别独立地设置，并且其井壁均应为非燃烧体，以防止火灾时火焰通过井道蔓延。设备管井与电缆井可利用服务核心布局中剩余的、不易安排房间的空间，位置适中，以使水平管道短捷合理。排烟和排气管须紧邻它们所负担的空间。垃圾和污衣井要在服务厅中或附近。井道还须考虑通风和耐清洗等卫生要求。

（二）客房层规模

客房层的规模通常以标准客房层面积和客房间数为指标，为便于比较，后者在有关讨论中均指标准双床间的间数或自然间数。

客房层规模应以用地条件、便于管理、优质服务为依据，并结合旅馆规模、等级、体形、建筑技术、环境与经济等因素综合研究确定。客房层面积过小，客房间数过少，服务设施利用不充分是不经济的；客房面积过大，每层客房数多而分散，水平服务距离过长，将降低服务员的工作效率，不利于管理与服务，而且电梯分设负荷不均，结构设缝，能源供应路线长且管线跨越变形缝等问题接踵而至。

为了提高客房层的服务管理效率，客房层的房间数应尽量符合服务员的工作模数，这个模数一般在 12 ~ 18 间 / 人的范围内。在这个问题上，设计者最好与旅馆经营者共同研究。

高层旅馆客房层规模除了受环境、等级、经营、管理等因素影响外，还受消防、结构设计以及自身体形的制约。

高层旅馆的消防、安全疏散设计至关重要，我国《建筑设计防火规范》GB50016-2014 对划分防火分区面积作了明确规定。因此，在基地面积许可的条件下，客房层面积应尽量符合一个防火分区的最大允许面积，以减少服务核心内消防电梯、疏散梯、前室等占的比例，从而提高经济性。

我国建筑设计防火规范规定防火分区面积最大为 1500m²，若设有自动灭火系统的防火分区面积可增加 1 倍。我国防火规范规定高层旅馆的客房，走道均须设自动灭火系统。因此，正常情况下，设一个防火分区客房层面积最大可达 3000m² 左右。在此面积范围内，高层旅馆客房数以 28 ~ 80 间为宜。

在结构设计中，高层旅馆客房层应尽量不设变形缝。因设缝需划分各自独立的结构单元，不仅要分别设置抗侧力结构，还带来水平管线穿过变形缝时出现的复杂技术问题。因此，客房层平面的纵向长度以不超过 60 ~ 80m 为宜。

标准层体形对客房层规模也有很大影响。对于线形内廊式标准层平面，在满足防火规范的前提下，最少设两个疏散楼梯；在不设变形缝情况下，客房层的最大长度控制在 60 ~ 80m 以内，大约可安排 26 ~ 41 个标准间（开间 3.9 ~ 4.5m），扣除电梯、疏散楼梯和服务间需占 6 ~ 8 个开间，内廊式标准层可安排 18 ~ 35 间客房（标准层面积为 1000 ~ 1200m² ）。

从上可知，在一般情况下，内廊式客房层的房间数最好为 20 ~ 30 间。客房数过少会降低平面效率。如果客房数过多，标准层将出现变形缝。而外廊式客房层因房间数减少一半，常将电梯和服务用房设在走廊的另一侧（图 3-2-8）。因此，单线形客房间数会多于上述半数。

环形客房实际相当于交圈的单线形客房层，因而其客房间数不宜少于单线形的两倍，即不少于 24 间。其上限应比疏散楼梯设在尽端的双线形客房层平面相近，即 30 ~ 34 间。

点形客房层的平面效率与房间数的关系与上述不同，即房间数在某一范围内增加越多，平面效率越低。这是因为过多的房间必然带来过大的塔心面积，从而使客房在整个客房层中的面积比减小。塔心面积受客房间数、层数和管理方式等多方面因素影响。其最小值约为 8m×8m，以安排三部电梯，两部疏散楼梯和一组服务用房，这时围绕塔心正好安排 16 间客房。这种布局的前提是：不设客梯厅及分层服务台，采用剪刀疏散楼梯形式。所以，采用方形平面的点形客房层的客房间数不能少于 16 间，否则塔心面积不够用。在中小型高层塔式旅馆中，电梯数量最多不会超过 8 部。而 8 部电梯加上电梯厅，两个疏散楼梯和服务用房所需面积，在边长为四个客房开间以内的正方形中就可以得到满足。围绕此塔心，点形客房层最多可安排至 24 间客房，再增加则导致平面效率降低。因此，采用方形塔心平面的点形客房应设置 16 ~ 24 间客房（标准层面积 750 ~ 1050m²）（图 3-2-5）。

如果采用圆形平面，由于具有同样的有效使用面积的塔心周长与方形平面塔心周长相近，则围绕塔心布置的客房间数与上述方形相似。特别是园形平面布置上述范围内所有偶数客房间数都较合理。应注意的是，房间数若太小则由于半径太小，卫生间布置就越困难；房间数越多，由于开间太小，壁柜就难以设于卫生间对面，而常连排布置。因此，圆形平面的标准层宜设置 16 ~ 24 间客房（图 3-2-6）。

矩形平面也是比较常见的客房层形式。由于其塔心短边不会比方形的边长长，矩形塔心短边不宜大于两个客房开间，否则两短边必会出现单数客房或塔心面积过大。从平面和结构的完整性来讲，矩形塔心短边最好与对边两个客房开间对齐，这对结构布置，塔心布局和转角客房布置均很有利。为使塔心有足够的面积，并不出现单数房间，矩形塔心长边不宜小于 4 个客房开间。如果长边等于 8 个客房开间，

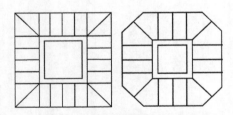

图 3-2-5　点形客房层房间数示意

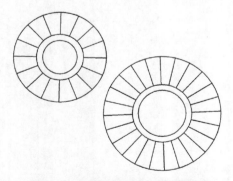

图 3-2-6　圆形客房层房间数示意

房间数相似于方形，所不同的是，房间数越少，塔心布置越难；房间数越多，由于开间变小，卫生间与壁柜越难布置，而常连排布置。另外，18、20 和 22 间客房对圆形平面均很合适，而对方形平面却不很合适。

则塔心面积（2×8个开间）正好与上述最大方形塔心面积（4×4个开间）相等。因此，8个客房开间是矩形塔心长边的最大值。故矩形平面的点形客房宜布置20～28间客房（图3-2-7）。

二、高层旅馆标准层平面形式

标准层平面形式与布局是旅馆设计的重要问题，它不仅影响旅馆标准层的功能使用，还将体现旅馆主体的造型。标准层平面形式应根据旅馆的规模、标准、位置、地形、风向、日照、防火、卫生、经营管理等要求及经济条件进行设计。

标准层布置应满足方便旅客、利于管理等基本要求。因此其平面形式应力求简单，功能分区明确，交通联系紧凑，复杂的平面形式不便于使用管理，同时也将增加结构的复杂性和交通组织的困难，并增加交通设施面积。

高层旅馆多数位于城市中，用地有限，布局紧凑而集中。由于功能使用的雷同性、结构与设备体系的规律性，由客房层竖向叠合构成的高层旅馆，其平面形式一般可分为以下几类：

（一）线形平面

以直线或曲线构成的客房层平面在高层旅馆中最为常见，其基本特点为客房沿走廊一侧或双侧排列布置构成"线"，再由"线"组合成多种形式。其体量比例多为板式体形。平面布局的关键是交通枢纽的位置及服务用房的配置。

1. 直线形平面

直线形平面较紧凑、经济，交通路线明确、简捷。根据走廊在平面中的位置可分为外廊式、内廊式及复廊式。外廊式平面（图3-2-8）能使绝大多数客房有良好景观，多位于海滨、风景区旅馆。但其走廊面积占客房面积比例较高，经济性差，在高层旅馆中很少选用。而内廊式平面（图3-2-9）集中体现了直线形平面经济、简洁的优点，是高层旅馆较常见的平面形式，客房层平面效率较高。但内廊式平面一般长宽比大，使迎风面增大，横向刚度较差。若将标准层平面进深加大，将客房置于矩形平面四周，交通及后勤服务位于复廊式之间，则形成复廊式平面（图3-2-10）。因其横向刚度大，构件规整，更适用于高层旅馆。

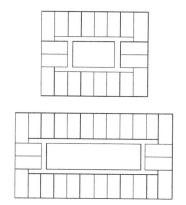

图3-2-7 矩形客房层房间数示意

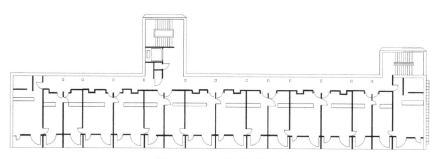

图3-2-8 外廊式平面

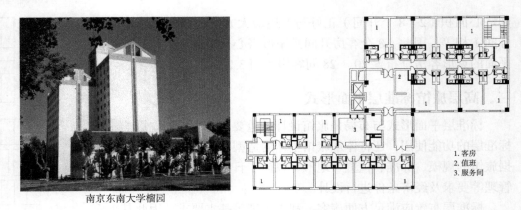

南京东南大学榴园

1. 客房
2. 值班
3. 服务间

图 3-2-9 内廊式平面

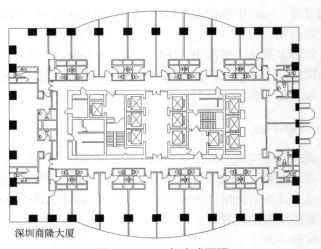

深圳商隆大厦

图 3-2-10 复廊式平面

2. 折线形平面

标准层由互成角度的两翼组成，呈折线状。平面紧凑，内部空间略有变化，交通枢纽和服务核心常位于转折处。平面适于围合广场或城市空间的基地。以钝角相交或多折形等形式具有上述折线形平面的优点，且客房视野开阔，避免了互视问题（图 3-2-11）。而直角相交的 L 形需防止阴角部位两翼客房的互视。其常采用锯齿形平面，以避免视线干扰（图 3-2-12）。

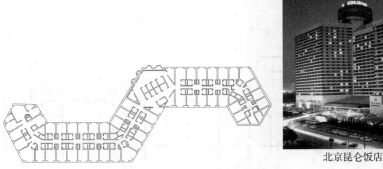

北京昆仑饭店

图 3-2-11 折线形平面

图 3-2-12　L 形平面

北京西苑饭店

上海中国通信贸易大厦

图 3-2-13　十字形平面

3. 交叉形平面

标准层由几个方向的线形客房交叉组合而成，客房易取得良好景观。交通、服务核心常设于交叉处，缩短了旅客和服务的路线，平面效率较高，结构刚度好，但交叉内角处应力集中，施工较复杂。T 字形和十字形交叉平面具有旅客集散方便、服务方便的优点，但需防止阴角部位相邻客房面的视线干扰(图 3-2-13)。Y 形交叉平面视野开阔，标准层平面效率高。但高层 Y 形旅馆往往三翼较短（ 图 3-2-14 ）。

4. 曲线形平面

曲线形平面的功能特点与一字形平面相似，其设计、施工复杂，工程造价高。为了充分展开曲线，需要占用大量基地面积，且交通路线长，往往仅在特定的环境中，为了使曲面体块效果突出而采用曲线形平面（ 图 3-2-15 ）。

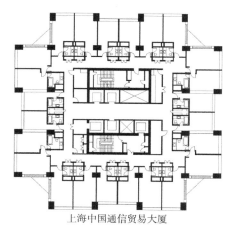

北京长城饭店

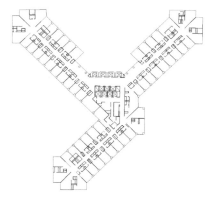

图 3-2-14　Y 字形平面

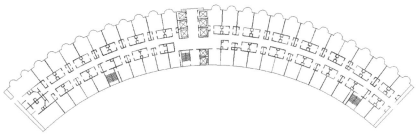

图 3-2-15　曲线形平面（北京五洲大酒店）

图 3-2-16　方形平面（上海海仑饭店）

1. 客房
2. 双套间客房
3. 洗手间

（二）点形平面

点形平面形式的高层旅馆标准层的特点是成点状集中布置，常将交通区、服务区、设备区等集中布置于平面中心，形成核心筒，客房区围绕核心筒布置在平面周边。其基本平面形式为方形、三角形、圆形等，平面紧凑充分利用外墙，交通路线短。其环形走廊，有利于组织双向疏散，结构多采用框筒体系，刚度好。但点形平面由于核心体面积有限，外轮廓尺寸不宜过大，因此标准层客房数量受到限制。平面效率不高，常在高层综合体建筑（塔楼部分含办公、旅馆、公寓等）中采用此平面形式，以兼顾各种功能的协调发挥。

方形平面是点形平面中最常用的一种形式，常用于方整、狭小的基地，交通服务核心居中，外墙四周为客房。常见的方形标准层每层可设 16～24 间客房。为丰富造型，方形平面常在四角或中段略加变化，形成变体的方形平面（图 3-2-16）。

三角形平面常用等腰直角三角形和正三角形两种形式。标准层平面一般每层 24～30 间客房。同样的客房层面积其服务核心所占比例小，平面效率高，客房视野开阔，景观良好，常在角部作不同处理，使造型富有变化（图 3-2-17）。

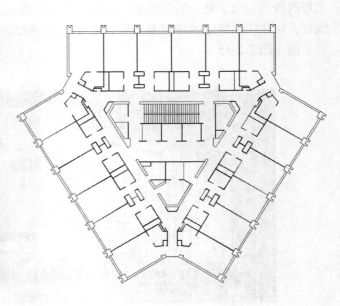

北京兆龙饭店

图 3-2-17　三角形平面

圆形标准层平面一般每层 20～24 间客房，与其他几何形相比，同样的客房面积，其核心最省，交通路线最短。客房呈放射状，较方形客房有更开阔的视野（图 3-2-18）。但楔形客房导致入口处狭窄，通常客房靠外墙一端宽 4.9m，靠走廊一端仅为 2.4m；如何布置卫生间及管道井、客房入口及衣橱就成了设计关键；故常采用壁柜设于床侧，管道井平行走廊等措施。

澳门新濠天地

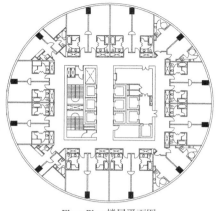
Floor Plan 楼层平面图

图 3-2-18 圆形平面

（三）中庭式平面

中庭式平面特点是标准层平面中央形成多层大空间的中庭，客房区沿中庭围合布置，走廊则围绕中庭布置，客房沿走廊单侧或双侧排列。客房可设计成单间或前后套间。中庭式平面常以观光电梯作为客房的交通枢纽。除了客房有良好景观外，走廊一侧又提供了动人的内院式中庭景观（图 3-2-19）。

中庭内景

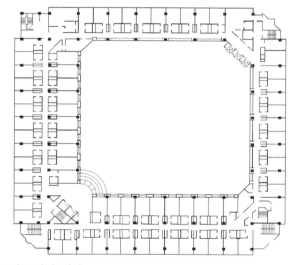

图 3-2-19 中庭式平面（北京天伦王朝饭店）

（四）组合形平面

由多种形式组成的复杂平面为组合形平面。这种平面形式的形成常常是出于多种因素：为了使错落组合的巨大体量造成突出形象，满足奇特造型效果；或适应具体环境需要，在有限基地上布置大型规模的需要；或旅馆扩建与原有客房层连接形成等。组合形平面常见形式有直线组合形平面（图 3-2-20）、直线与曲线组合形平面（图 3-2-21）等。

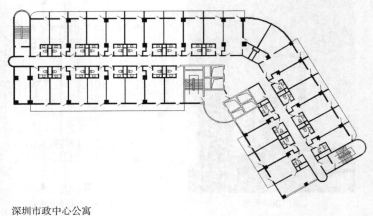

深圳市政中心公寓

图 3-2-20 直线组合形平面

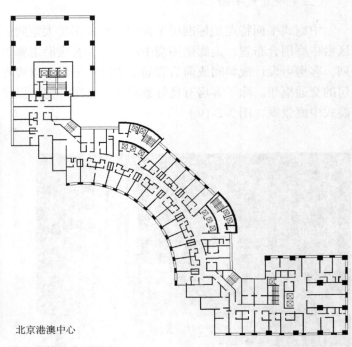

北京港澳中心

图 3-2-21 直线与曲线组合形平面

三、高层旅馆客房设计

（一）高层旅馆客房类型

为了适应不同类型客人的使用要求和消费水平，需将客房划分为不同类型和不同档次。客房类型的确定是旅馆前期工作与设计阶段的重要内容，也是客房设计的依据之一。通常旅馆常以 1～2 种客房为主，另配 1～2 类型，以扩大接待对象。

客房类型应根据旅馆等级标准、旅馆性质、经营方针、客源特点等确定客房类型的配置，同时应具有适度的灵活性，以适应市场可能发生的变化。常用的高层旅馆客房有以下几种类型：

1. 双床间

客房内设有两张单人床的单间客房称为双床间。双床间是旅馆中最普遍的客房类型，因此又称标准间。单元面积 20～38m²，客房净面积 15～24m²。双床间接待面广，尤其适用于团体旅客。

典型的双床间布局为进门小过道一侧布置壁柜和微型酒吧，另一侧为卫生间门。门边墙上有可照全身的穿衣镜。房间内两张单人床平行于窗，离卫生间墙约 300mm，以便整理床铺。两床之间是床头柜、床头灯，对面为书写化妆台及行李架。桌上有电视机，中间墙上有镜子，桌下侧有冰箱及茶具，靠窗为圈手椅及茶几（图 3-2-22）。

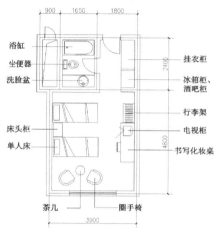

图 3-2-22　双床间布置

2. 双人床间

客房内只设置一张双人床的客房称为双人床间。这种客房适用于商务旅客或家庭旅客（夫妻带小孩）使用。双人床间的开间、进深、卫生间及设备等与双床间完全一样。其位置常在双床间中辟出几间。由于只放一张双人床，相应扩大了室内的起居空间。窗前活动区可布置会客、休息及书桌（图 3-2-23）。

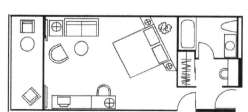
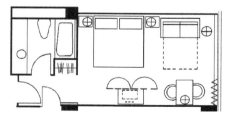

图 3-2-23　双人床间布置

3. 单床间

单床间是旅馆中面积最小的客房，此种客房经济、实用、安全、方便，最受短期出差、中转旅客、单身旅游者的欢迎。

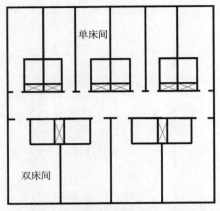

图 3-2-24　单床间与双床间相对布置示意

由于单床间开间较小，因此设计中应注意单床间在客房层中的位置，同时处理好结构，立面等问题。可将单床间与双床间分开单独成一翼或在同一柱网中，双床间在一个开间内布置两间，单床间则布置三间，分列走廊两侧（图 3-2-24）。

单床间内的家具、设备、装修等均宜与房间配套设计，以尽量压缩空间，但仍应配置单独使用的三件洁具卫生间。同时，卫生间的尺度必须与客房的尺度相适应（常采用小体量的盒式卫生间）参见图 3-2-25 所示。

4. 三床间

客房内设三张单人床称为三床间。这类客房属经济间，可在中、低档旅馆中适当设置，通常接待家庭、团体、学生中经济条件较差的旅客。三床间客房往往通过加大标准间的进深或开间，或在标准间内去掉起居空间布置三张床，面积紧凑、经济适用。为了增大三床间的灵活性，其卫生间应与双床间一样（图 3-2-26）。

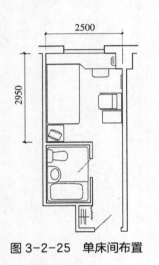

图 3-2-25　单床间布置

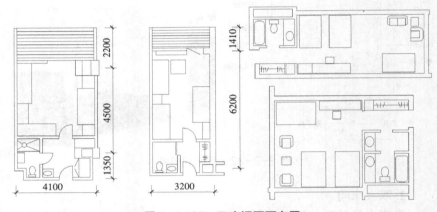

图 3-2-26　三床间平面布置

5. 双套间

由卧室和客厅两个房间组成的成套客房称为双套间。这是高层旅馆中最常见的套间，往往由两个标准间打通形成（图 3-2-27），或设

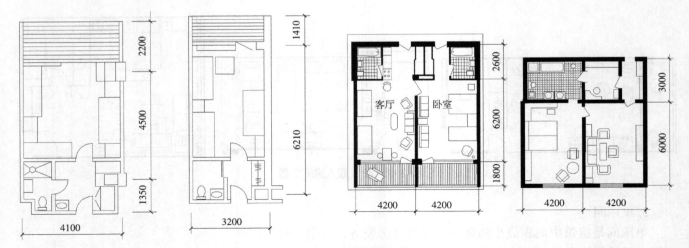

图 3-2-27　双套间平面布置

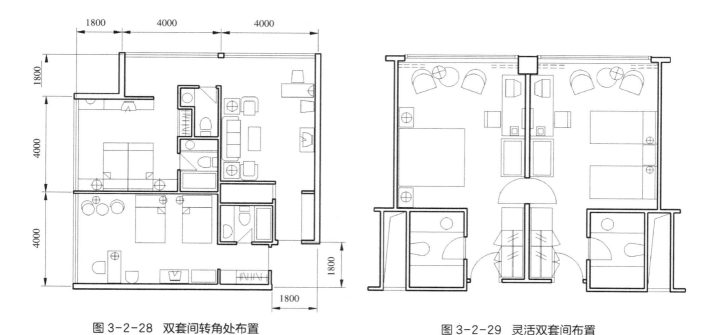

图 3-2-28　双套间转角处布置　　　　　　　　　图 3-2-29　灵活双套间布置

置于点形高层旅馆转角处（图 3-2-28）。双套间卧室可按双床间或双人床间布置，附设三件卫生间。客厅作起居、会客、健身等，并附设客用卫生间。为了便于灵活使用，可将两个相邻标准间之间设隔音双扇门相套，锁上门后任一方无法走入另一房间。该套间既可作单间又可作套间使用，称为灵活双套间（图 3-2-29）。

　　6. 豪华套间

　　豪华套间虽然在高层旅馆中数量不多，但却是旅馆中最精彩的部分，是旅馆等级的象征。豪华套间往往由 4 间以上的客房组成，并有高度私密性要求，保证绝对安全，要求客人路线与服务流线互不干扰。因此往往设置于顶层走廊一端或一侧，具有良好的视野。整个套间装饰高雅豪华，室内设备和用品华丽、名贵。

　　总统级豪华套间是旅馆中最高档次的客房。一般为三星级以上的旅馆所具有，它标志该旅馆已具备了接待总统的条件和档次。总统套间可由 4～11 个不等的客房组成。分设客厅、餐厅、会议室、书房、总统卧室、夫人卧室等。有条件的总统套房还配备专用电梯与小电梯厅，兼作送餐服务。为保证贵宾安全，在套间门外侧应配备几个房间供警卫、秘书、随从等使用。主卧室与夫人卧室应考虑国王级或王后级尺度的单人床。夫人卧室还有梳妆间。总统套间的经典布局是套房一侧 1～2 间作主卧，配专门的卫生间与步入式衣帽间。主卫生间可分隔为小室，设置 6 件洁具（面盆、大便器、净身盆、淋浴间、浴缸、按摩浴缸）。2～3 间作为起居、餐厅、酒吧、娱乐等，配备客用卫生间。其余间设置为书房、工作室、备餐及次卧等。其中次卧也应配备独立卫生间（图 3-2-30）。

　　7. 无障碍客房

　　在《无障碍设计规范》GB 50073-2012 中要求酒店配备残疾人设

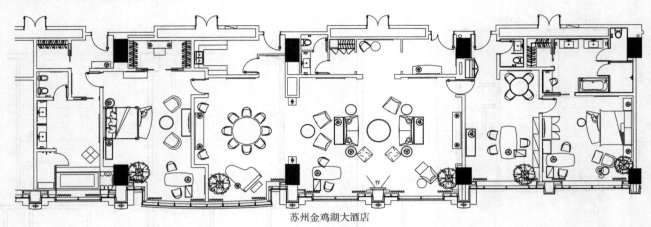

苏州金鸡湖大酒店

图 3-2-30 总统套间布置

施：残疾人专用客房、轮椅出入坡道和卫生间等。旅馆设置的无障碍客房数量应符合下列规定：

（1）100 间以下，应设 1 ~ 2 间无障碍客房；

（2）100 ~ 400 间，应设 2 ~ 4 间无障碍客房；

（3）400 间以上，应至少设 4 间无障碍客房。

考虑到残疾人在紧急情况时能尽快疏散，到达室外安全区域，无障碍客房应设置在距离室外安全出口最近的客房楼层，通常为客房层的最底层。而房间位置在该楼层中应设置在便于轮椅进出、交通路线最短的地方，且床间距离不小于 1.2m。平开门、推拉门、折叠门开启后的通行净宽度不应小于 800mm，有条件时，不宜小于 900mm。在门扇内外应留有直径不小于 1.50m 的轮椅回转空间（图 3-2-31）。

供残疾人专用的客房设置声光警报器，是为这类人员提供更为方便的警报信号，以利于安全疏散。客房和卫生间应设置高 400 ~ 500mm 的呼叫按钮。

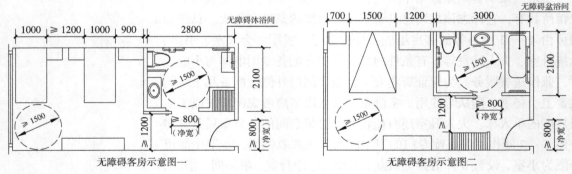

无障碍客房示意图一　　　无障碍客房示意图二

图 3-2-31 无障碍客房布置

（二）客房的设计尺度

1. 客房面积

在酒店的客房设计中，各类设施的面积相匹配于酒店目标市场定位，有一定的比例配套要求。酒店客房类型不同，面积比例也不同。比例越科学，就能越符合经营需要，更有利于产生更大的效益。我国《旅馆建筑设计规范》JGJ 62—2014 根据酒店管理、服务要求和建筑质量标准、设备设施条件，将酒店由高到低划分为从一级到五级的 5 个建筑等级，并规定客房净面积不应小于表 3-2-2 的规定：

客房净面积（m²）　　　　　　　　　　表 3-2-2

旅馆建筑等级	一级	二级	三级	四级	五级
单人床间	—	8	9	10	12
双床或双人床间	12	12	14	16	20
多床间（按每床计）	每床不小于 4			—	—

注：客房净面积是指除客房阳台、卫生间和门内出入口小走道（门廊）以外的房间内面积（公寓式旅馆建筑的客房除外）。

2. 客房开间、进深及柱网

客房的开间、进深、层高等基本尺度是客房设计的关键，对客房使用功能、平面设计、旅馆等级有显著影响，尤其对于高层旅馆，其柱网尺寸应尽量与裙房、地下室柱网尺寸相协调统一，并要求客房也应尽量规整统一。设计中往往将标准间作为客房的基本尺度，其他类型客房则应尽量符合这一尺度。

确定标准间尺度的主要因素是客房的功能性质、设施标准、家具尺寸与布置以及人的活动空间。标准间开间尺寸，是由床的长度和人行过道宽度加上靠墙家具宽度决定的。通常两张单人床垂直于横墙布置，沿另一横墙布置写字台，中间留出通道。床的长度约为 2m，通道宽约 0.7 ~ 0.8m，写字、化妆台宽 0.5 ~ 0.6m，这样房间净宽约为 3.30 ~ 3.40m。因此，客房开间轴线尺寸采用 3.6m 就可满足标准间基本要求（图 3-2-22）。由此，以标准双床间的开间为例，经济级的为 3.3 ~ 3.6m，舒适级的为 3.6 ~ 3.8m，豪华级的在 4.0m 左右。而事实上，随着酒店设计标准的提高，近年建成的高级酒店标准开间已经突破 4.0m。五星级酒店标准开间达到 4.5m 左右。

标准间进深尺寸，是由各种家具摆放后形成的使用空间尺寸来决定的。单人床宽一般为 1.0 ~ 1.2m，两床之间的床头柜宽约 0.6m，靠窗休息区宽度约为 1.5m，加上卫生间进深约为 2.2m，客房总进深轴线尺寸应大于 6.5m（图 3-2-22）。经济型酒店的进深一般为 6.5 ~ 8.0m，若客房采用床宽 1.2m，并加大休息区空间，则客房进深尺寸还可加大。近年新建的酒店进深尺寸有：8.5m、9.0m、9.5m、10.0m 甚至 10.5m。

综上所述，高层旅馆客房区柱网常采用，7.5m×7.5m、7.8m×7.8m、8.4m×8.4m、9.0 m×9.0m。这一柱网尺寸容易与裙房部分，地下室部分协调统一。

3. 客房层高与净高

客房标准楼层的层高，受三个因素影响：一是净高（各室内、公共走廊、电梯间等）的设定；二是结构体、梁高及设备系统（空调、配管、消防喷淋头、音响、感应器等）所需空间的高度；三是地板、耐火层（钢骨结构）等表面材料处理的尺寸及施工方法。

在客房空间高度方面，压缩层高与净高对高层旅馆来说具有极大的经济意义。降低层高，不仅有利于降低建筑工程及室内装修费用，还利于节能。近年来，国外旅馆客房层高多采用 2.6 ~ 2.8m，国内高层旅馆客房层高也趋向于降低。我国酒店层高多为 2.75m，若要求装自动喷淋灭火装置，客房设吊顶，则层高采用 3m 较为合适。

层高或净高的确定，往往受结构形式及设备管道的影响，为协调这一矛盾，应做到客房尽量规整，墙梁对齐，避免因梁外露而设吊顶。走廊及卫生间过道处净高可以低些，以便在吊顶内安置设备（主要是空调管道），但净高不能过低。有空调的客房净高不能低于 2.4m，不设空调时不应低于 2.6m，利用坡屋顶内空间作客房时，应至少有 8m² 面积的净高不低于 2.4m，卫生间净高不应低于 2.2m，公共走道及客房内走道净高不应低于 2.1m。从人的舒适度考虑，客房净高以 2.4m 为最低舒适尺度，太低则产生压迫感。同时要防止出现房间狭小而顶棚太高的空间，让人产生恐惧感。

（三）客房卫生间设计

1. 卫生间面积

卫生间是旅馆客房的重要组成部分，其面积大小，设备与装修的质量，是衡量旅馆等级的重要标志。卫生间往往占据客房中 1/5 到 1/4 的面积，高星级滨海度假酒店卫生间面积往往占据客房 1/3 以上。卫生间很大程度影响着客人对入住的评价。

《旅馆建筑设计规范》要求客房附设卫生间不应小于表 3-2-3 的规定。

客房附设卫生间   表 3-2-3

旅馆建筑等级	一级	二级	三级	四级	五级
净面积（m²）	2.5	3.0	3.0	4.0	5.0
占客房总数百分比（%）	—	50	100	100	100
卫生器具（件）	2			3	

注：两件指大便器、洗面盆；3件指大便器、洗面盆、浴盆或淋浴间（开放式卫生间除外）。

2. 卫生间布局

旅馆区别于其他建筑的最大特点之一，就是管线复杂。而管线往往集中布置于卫生间附近。因此客房卫生间设计应考虑卫生间的设备维修和管道更新，并在平面布置中力求左右成双，上下对齐，以简化管线，缩小管井面积。以下是卫生间在旅馆中常见的布置方式：

（1）靠走廊布置

这是卫生间最普遍的布置方式，它能充分利用建筑进深，既缩短客房宽和走廊长度，又缩短了平均每间客房所需外墙长度，平面效率高，是比较经济的组合形式。另外，使客房与走廊之间有一定过渡，利于降低走廊噪音对客房的影响，避免干扰。检修方便，检修门开向走廊，可尽量减少检修时对客房的干扰，保证客房的私密性和安静。但采用这种布置的卫生间为暗房间,常采用人工照明和机械通风（图 3-2-32a ）。

（2）卫生间靠外墙布置

在度假型经济酒店以及比较有特色的设计酒店中多采用卫生间靠外墙的组合形式。这种组合形式的优点是通风良好,它对于客人来说,洗浴不只是一个生理需求,更是一种欣赏自然风景、享受人文乐趣的场所。但这种组合形式也存在许多缺陷,如客房进深较小、开间较大;平均每间外墙长度比较大;检修时需进出客房等（图 3-2-32b ）。

（3）卫生间布置在客房之中

即在大进深客房之中部设置卫生间,将客房分为前后两部分,靠走廊入口处的前部用作客厅,后部靠外墙用作卧室。动静分隔,内外有别,保证卧室不受干扰,特别适用于中庭或高层旅馆,但卫生间检修较麻烦（图 3-2-32c ）。

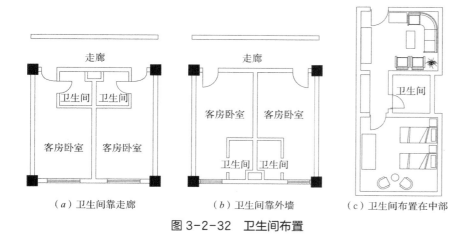

（a）卫生间靠走廊　　（b）卫生间靠外墙　　（c）卫生间布置在中部

图 3-2-32　卫生间布置

旅馆客房标准间内卫生间均设三件卫生洁具（浴缸、坐便器、洗脸盆）。最常见的布置方式见图 3-2-32,放各种梳洗用品,墙上大片镜面。低标准的卫生间可用淋浴间替浴缸,客房标准较高或因生活习惯需要,则应增设净身盆,成为四件以上洁具的卫生间。

（1）洗浴区

洗浴区常见浴缸和淋浴间配合使用。浴缸用材有搪瓷、玻璃钢、人造大理石、工程塑料等。浴缸规格尺寸分为大、中、小三种,其尺寸为:

酒店客房常用浴缸尺寸			表 3-2-4
名称	长（mm）	宽（mm）	深（mm）
大号浴缸	1680	800	450
中号浴缸	1500	750	450
小号浴缸	1200	700	550

卫生间大小往往取决于浴缸的尺寸,通常普通标准间采用中号浴缸。

浴缸应带有淋浴装置,可采用软管式淋浴喷头,墙上设卡子,高度宜为 1.7m;为防溅水,应设尼龙或塑料挡水帘,或采用推拉玻璃门挡水。在浴缸上方应设多层毛巾架，墙上设拉手杆、肥皂盒等。

不过，浴缸的使用会带来占用空间、增加投入的弊端，所以除非酒店客房类型要求配备浴缸，否则可以用淋浴间替代，既可以节约空间，又能减少投入。淋浴间常见的是玻璃淋浴间，材质选用安全玻璃，玻璃门边设有胶条，既防水渗出，也能使玻璃门开启时更轻柔舒适。为防止客人淋浴时不慎摔倒或烫伤，淋浴间还应设置紧急呼叫按钮；还应设置为防止高血压者淋浴不适时使用的紧急开门器。

（2）面盆区

洗脸盆常采用陶瓷、搪瓷等材料，其尺寸一般为 550×400mm。盆面离地高度约 760mm，形状多为椭圆形，嵌于大理石化妆台面中。化妆台面宽 550~600mm，其正面常是整片镜面，台侧应备有便于使用刮胡刀、卷发钳等电器的插座以及电吹风、毛巾架等。在面盆区，台面与化妆镜是卫生间造型设计的重点。大块化妆镜便于客人使用，也扩大了空间感。一些客房的化妆镜后面还设有同步加热导线，起到镜面防雾作用。

（3）坐便区

坐便区首先要求通风，照明良好。坐便器一般宽 360~400mm，长 720~760mm，前方需留有 450~600mm 空间，左右需留 300~350mm 间隙，常选用抽水力大的静音马桶。卫生间的电话和厕纸架宜安放在马桶与洗手台之间，这样既可以避免被淋浴的水冲到，又方便客人拿取使用。档次高的旅馆还应设电话分机。另外，烟灰缸与小书架的设计得当也会显示出酒店的细心周到。净身盆是专为妇女净身用的设施，尺寸稍小于坐便器，宽约 350~400mm。

（四）客房家具与设施

客房内的家具是供客人使用的物品，也是旅馆定级分档的依据。标准间客房一般应包括两张单人床或一张双人床、床头柜、衣橱、行李架、写字台与化妆台、坐凳、休息椅、茶几或小圆桌等。高标准单间客房还应增设酒吧台柜、冰箱柜、电视柜、双人沙发、办公桌椅、接床长凳等。客房内主要家具介绍如下：

1. 床

床是客房内的主要家具，其质量和造型影响客人休息和客房气氛。要求床可以方便移动，造型优美。床的高低、大小、软硬度等应设计合理，使用舒适。床的尺寸详表 3-2-5。

客房床尺寸一览表		表 3-2-5
类型	宽度（mm）	长度（mm）
单人床	1000	2000
加宽单人床	1150	2000
小双人床	1350	2000
双人床	1500	2000~2100
王后级双人床	1800	2000~2100
国王级双人床	2000	2000~2100

一般旅馆标准间或双人床间选用 1.0m 宽单人床和 1.5m 宽双人床。高档次旅馆为使客人睡眠更加舒适,床的规格尺寸还可适当加大。床的高度以床垫面离地 450～500mm 为宜。

2. 床头柜

床头柜是客房设备操作枢纽,柜上装有各种电器设备的开关,向客人提供在床上就能控制各项设备的便利,床头柜的功能在某种程度上反映了客房的等级。

床头柜包含的基本功能有:电视机开关、广播选频、音量调节、灯的开关(床头灯、房间灯、过道灯、脚灯)、电子钟、定时呼叫、市内电话及国际直拨电话等。

床头柜的高度应与床的高度配合,通常为 500～700mm 之间。床头柜的宽度以单人用宽 500mm;双人合用宽 600mm 为宜。

3. 写字台及化妆台

写字台供客人书写、阅读用,一般位于床的对面。长条形写字台宽 500～600mm,高 700～750mm,长至少为 900mm;若台上放置电视机,则长度需 1500mm 左右。写字台应配置相应的凳子,高 430～450mm,不用时可置于台下,写字台底与凳面间净空 200mm 左右。

中低档旅馆客房中,写字台可兼作化妆使用。此时应在台上方墙面设镜面,且镜顶有灯,镜子下沿应与台面平行,上沿距地高度不小于 1700mm。豪华客房常将写字台与化妆台分开设置,写字台设在窗前,化妆台设在床头柜边、壁柜附近或卫生间内。

4. 行李架

行李架是供旅客放置箱包、整理行李的台子。台长 750～900mm,高度为 450mm。其造型可与写字台统一设计。行李架表面和靠行李架墙面应加以保护,架上附设软垫或靠背,以便兼作座位使用,架下可用作贮存空间。

5. 休息椅与茶几

旅馆客房窗前区常为起居空间,应设置休息椅和茶几,供客人眺望、休息、会客或用早餐。茶几一般为直径 600～700mm 的小圆桌,休息椅多采用两把圈手椅,使客人使用舒适又节省空间。这一区域的照明可采用落地灯。

6. 壁柜

壁柜用以贮存旅客的衣物、鞋帽、箱包,也可收藏备用的卧具如枕头、毛毯等。常设于客房入口小走道一侧,卫生间的对面。标准间壁柜进深最小净空为 560mm,最好为 600mm。使衣服可垂直墙面挂放。壁柜宽度平均每人 600～1000mm。挂衣棍高度应为 1.75m,棍上部应留 75mm 空间,以方便衣架取挂。壁柜门一般采用推拉门或折叠门,不影响走道交通。柜内应设随柜门开闭而自动开关的灯。

为了提高客房的舒适度,向客人提供更多服务,以取得更多收益,舒适级以上客房常设微型酒吧。通常将微型酒吧与壁柜组合在一起,上部为酒吧柜台,存放各种酒类及酒具,下部放小型冰箱。

一些新建旅馆不仅在总台设存放贵重物品的业务,还在客房内设微型保险箱，方便客人自编密码存放现金及贵重物品。保险箱常设于小过道一侧，有的套间置于写字台一侧。

第三节　高层住宅标准层设计

一、高层住宅体型和平面形式

我国《建筑设计防火规范》GB50016-2014规定，建筑高度大于27m的住宅建筑称为高层住宅。高层住宅的体形可分为塔式高层住宅、板式高层住宅。

（一）塔式高层住宅

塔式高层住宅是高层住宅的主要形式。它具有面宽小，进深大，用地省，容积率高，户型变化多，公共管道集中，结构合理等优点。塔式住宅，按其平面几何形状，可分为以下几种形式：

1. 井形平面（图3-3-1）

井形平面是我国高层住宅中最为常见的形式。其主要特点是每层8户，四面中部各有一开口天井，以解决采光通风，平面形似井字。它具有以下特点：①可以根据地形和不同的销售对象，灵活调整户型及每户的建筑面积，以适应市场的需要；②大小不同的8套住宅，都是三面临空，采光通风条件较好；③电梯、疏散楼梯及垃圾管道等公共服务设施，都集中布置在中央筒体内，既紧凑合理，又对结构有利；④厨房、厕所、生活阳台等次要空间以及竖向管道、空调主机等设施，均可隐藏于开口天井之内，不影响立面美观。

井形平面由于必然有部分房间面向开口天井开窗，这样就不同程度地产生了视线干扰的问题。可以采用几种方法以阻挡或削弱视线干

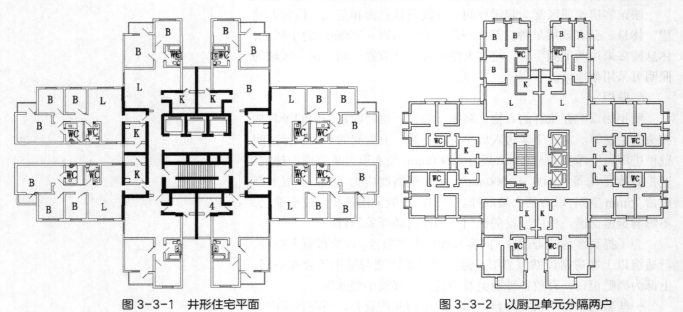

图 3-3-1　井形住宅平面　　　　　　　图 3-3-2　以厨卫单元分隔两户

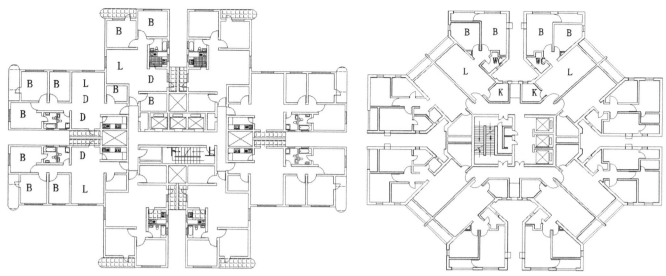

图 3-3-3　以生活阳台阻隔两户间干扰　　　　图 3-3-4　变换采光角度避免干扰

扰：①将厨卫单元靠天井一侧布置，保证起居厅和餐厅的私密性（图3-3-2）。②在餐厅外开口天井内设生活阳台，以挡板分隔两户，以阻挡视线干扰。天井其开口宽度至少为 2.7m（图 3-3-3）。③通过变换对天井的采光角度，以削弱或阻挡视线干扰（图 3-3-4）。

　　井式住宅的最大缺点是朝向差。由于沿平面四周均布置住户，其朝向无选择余地，因此，冬季总有两户难以见到阳光，夏天的东西晒也总有住户无法避免。作为商品住宅，这一弊端就更为明显。

　　2. V 形平面（图 3-3-5）

　　V 形平面在一定程度上克服了井形平面的缺点，使每户均有良好的朝向或景观。房间布局紧凑，交通面积少。其富有韵律的平面形式也为建筑造型提供了良好的条件，有助于克服高层住宅形式过于单调、呆板的缺点。V 形平面由于受到方位、采光的限制，其标准层户数，宜控制在 5～8 户以内。

　　V 形平面也存在一定的不足之处：

　　①平面相对井形平面或其他平面而言，略显不规整，会出现异形房间，给使用及施工带来不便。

　　②结构的整体刚度不如井形平面呈中心对称式，结构布置较为复杂。

　　③由于受到采光、通风、进深的限制，故每户面积均较大。这些缺点需在设计中认真对待，加以改善。

　　3. 蝶形平面（图 3-3-6）

　　蝶形平面可视为井形平面和 V 形平面的中和。其躯干部分布局与井形平面相似，而两翼整体布局又类似于 V 形平面。蝶形平面一般每层 6～8 户，也能保证户户向阳或朝向好景观，视野开阔，通风，采光条件较好。且蝶形平面凹凸变化较大，其造型容易取得较为突出的虚实对比效果。但蝶形平面转角相折处必然会产生一些不规则形状房间，在设计中应尽可能将这些异形空间安置为走道、厨房、浴厕、管道竖井、垃圾间等辅助空间，以保证客厅、卧室平面规整。

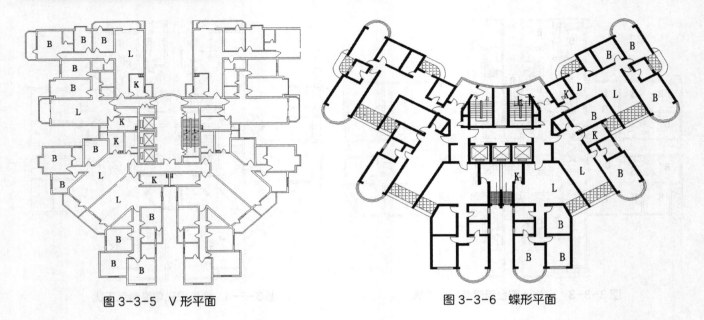

图 3-3-5 V形平面

图 3-3-6 蝶形平面

蝶形平面与V形平面较适于建在日照要求高的地段（如我国北方地区）、基地某一方向景观较好的地段，或地块形状特殊的地段。

4. 其他平面类型的塔式高层住宅

综合考虑基地形状、地形地貌、景观朝向、户型要求、结构形式等因素，塔式高层住宅可以衍生出以下平面形式：

（1）矩形平面（图 3-3-7）

该平面开间，进深方向不一，适合于窄而长的基地，整体性较强，结构受力合理，刚度好，户间干扰小。但其采光、通风条件较井形平面差，有可能出现暗厨、暗厕，且公摊面积较大。

（2）十字形平面（图 3-3-8）

该平面可视为井形平面同向两户拼联而成，其特点与井形平面相

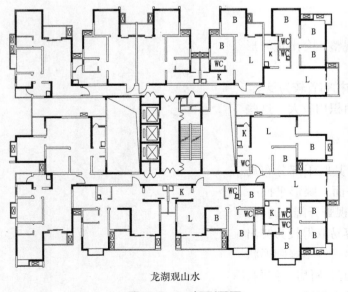

龙湖观山水

图 3-3-7 矩形平面

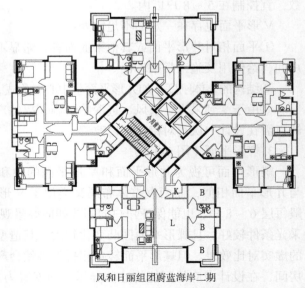

风和日丽组团蔚蓝海岸二期

图 3-3-8 十字形平面

似，但用地不如井形平面经济。

（3）Y形平面（图3-3-9）

该平面采光、通风较好，朝向好的住宅所占比率较高，视野开阔，平面形式对造型有利。但每层容纳户数较少，交通面积较大，柱网不规整，作为纯高层住宅尚可，而对底层布置商场的住宅则不太适合。

（4）风车形平面（图3-3-10）

该平面每层容纳的户数较多，可以是4户、8户、12户不等，四翼可加长或缩短，具有一定的灵活性。但交通面积较大，走廊内户间干扰较大。

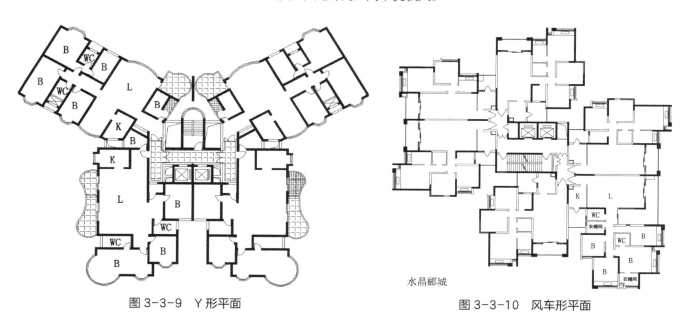

图3-3-9　Y形平面

水晶郦城

图3-3-10　风车形平面

（5）圆形平面（图3-3-11）

该平面交通核位于几何中心，平面受力均匀，结构合理；布置非常紧凑，与各住户的位置关系好；各朝向分布均匀，同时便于疏散。

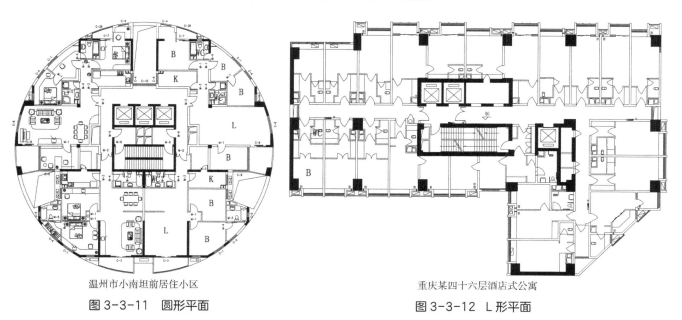

温州市小南坦前居住小区

图3-3-11　圆形平面

重庆某四十六层酒店式公寓

图3-3-12　L形平面

但是，不易较好地解决前室的自然排烟与自然采光的问题，需要采用相应的技术措施和设备，运行费用较高。

（6）L形平面（图3-3-12）

该平面流线清晰，疏散便利，且能自然排烟，通风。但是，局部房间常常会出现东西朝向。

5. 小结

塔式住宅平面几何形状的多样性，使其形体灵活，适应性强；同时，它具有高容积率和高节地性能，为居民提供良好的居住条件，留出大量的公共活动空间；体形系数小，总面宽小，建筑阴影区小，阴影覆盖时间短，有助于提升城市生活质量和建筑节能；内部布局比较灵活，紧凑，住户间相互干扰较少；视野开阔，满足了更多住户的观景需求。但是，塔式住宅平面在具有多样性的同时，也出现了许多难以避免的缺陷。比如井形平面中会出现一些靠天井的房间，这些房间往往隔得很近，住户之间会产生视线干扰；一些房间朝向很差，存在异形的空间，且公摊面积大等缺点。所以，在塔式高层住宅的设计中应该取长补短，充分发挥它的优势，改善它的不足。

（二）板式高层住宅

板式高层住宅具有日照、通风好、容量大、造价低、分摊电梯费用少、施工方便等优势。其地势平坦的地区应用较广。板式高层住宅按平面形式可分为内廊式、外廊式、单元组合式几种类型。

1. 内廊式

内廊式平面的主要通道位于平面中部，各住户沿通道两侧布置。这样可以提高通道的利用率，使电梯服务户数增多。其缺点是每户面宽狭窄，采光、通风条件较差，往往出现暗厨和暗厕，户型标准较低，带有公寓性质，供低收入者租用或购买；受朝方向影响的户数多（图3-3-13）。

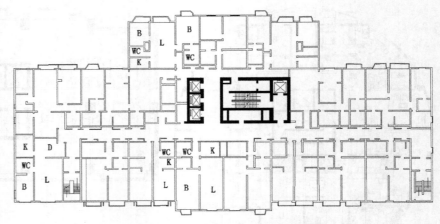

图3-3-13　内廊式住宅（北京丽苑公寓）

若在户内增设楼梯来联系上下层空间，则形成内廊跃层式住宅（图3-3-14）。这种方案是隔层设廊户内跃层，廊层安排户门、厨房、起居厅、餐厅、卫生间等与起居有关的用房，跃层上主要安排卧室、书房等。其优点是动静分区明确，走廊对户内干扰小，将户外公用面积转化为户内使用面积，提高了交通空间的利用率；每户楼下楼上房间可交叉布置在廊的两边，即起居厅在北面，卧室可在楼上南面，也可相反。这样就改善了每户的日照和视线，也使进深加大，节约土地。缺点是住宅的上下层平面常常不一致，结构和构造比较复杂，上下层设备管线也较复杂，很不经济。内廊跃廊式日照、通风的问题也不好解决。

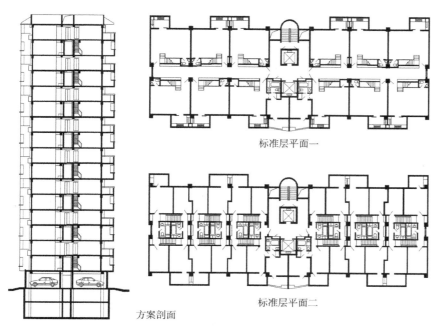

标准层平面一

标准层平面二

方案剖面

图 3-3-14　内廊跃层式住宅

2. 外廊式

外廊式平面即每层平面的各户通过外廊作为水平交通通道（图 3-3-15）。该平面每户日照通风条件较好，住户间易进行交往。其缺点是外廊对住户干扰大。为解决这一问题，出现了外跃廊式住宅。

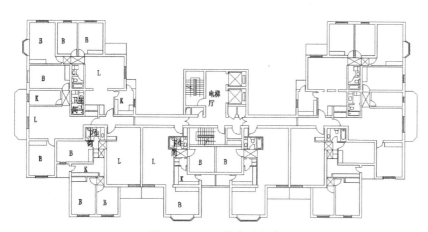

图 3-3-15　外廊式住宅

外跃廊住宅是通廊设于北向（或西向）二层之间，上半跑下半跑到达户门，廊隔层设置，在一定程度上解决了廊对住户的干扰（图3-3-16）。

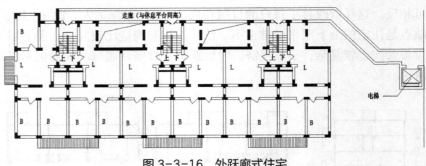

图 3-3-16　外跃廊式住宅

另一种外跃廊住宅是三层设一外廊，廊层平层入户，廊上下层从两户中间的小楼梯入户（图3-3-17）。其优点是廊上下层不受通廊干扰，比较安静，日照通风均较佳，唯廊层还不能完全解决干扰问题，设计中应尽量将餐厅、厨房对着走廊，着力解决厨房排气问题——利用廊上部空间直排室外，开向走廊的窗装防视线干扰的毛玻璃和防盗栏杆。但这种方式对于住宅的通风仍有影响——走廊的位置限制了靠走廊房间的开窗。

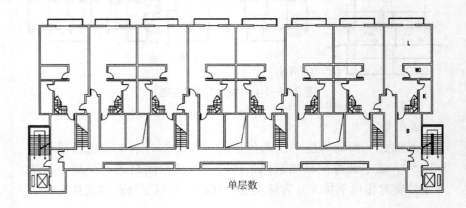

单层数

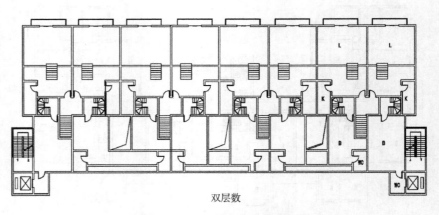

双层数

图 3-3-17　外廊跃层式住宅

3. 单元组合式

即以单元组合成为一栋建筑、单元内各户以电梯、楼梯为核心布置，楼梯与电梯组合于一起或相距不远，楼梯作为电梯的辅助工具，组成垂直交通枢纽。这种住宅类型标准较高，每单元设一部电梯服务 2～4 户。由于没有通廊，无干扰住户之忧，且电梯可以层层到达，使用方便，加之其采光通风日照均佳，所以其舒适度很高（图 3-3-18）。选用此类型应注意在适当位置设单元之间联系通道，便于电梯检修时居民使用。但是，相对于塔式高层来说，单元组合式电梯服务户数少，住户电梯费用会较高。

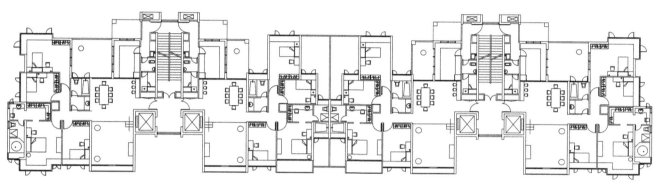

图 3-3-18　单元组合式住宅

4. 小结

板式高层住宅体形紧凑，土地利用率高，结构合理简单，各套型视野开阔，套型间视线干扰少，通风采光条件好，每户均能获得较好的朝向。虽然板式高层住宅有以上诸多优势，但是也存在些许不足，比如内廊式平面采光、通风条件很差，往往出现黑房间，品质很低；而外廊式虽然通风条件较好，但是存在干扰现象；而单元式住宅的电梯服务户数少，住户电梯费用会较高，不经济。所以，在设计板式高层的时候要有意识地取长补短，发挥它的优势。

（三）塔式与板式高层住宅的比较

从节地效果而言，塔式高层住宅由于其进深较大，有利于建筑密度和容积率的提高，对节地有利，而板式高层住宅则不具备这方面的优势。

在通风方面，单元组合式的板式高层住宅通风效果最理想，各户均较易组织穿堂风。而在塔式高层住宅中，各户组织穿堂风的难度略大，塔式高层住宅必须采用易"捕风"的平面形式，才可获得较好的通风条件。

1. 在获取日照方面

两者的差别主要表现在日照的不均匀性上。板式高层住宅（内廊式除外）的日照不均匀性不明显，各套型均有较多的朝阳房间，并且基本可得到全天日照。而塔式高层住宅的日照不均匀性非常显著：由于各套型之间有相互重叠的部分，各套型不仅朝阳的房间数量不同，而且得到的日照时间也相当悬殊。

2. 在视线干扰方面

多数板式高层住宅内的住户为东西向排列，相邻两户的对视干扰较少，而点状塔式高层住宅因平面凹凸，不可避免地要产生一定的对视干扰。

在适应地形方面，对于局部区域却有较大的起伏的用地（特别是东西向起伏较大时），板式高层住宅不容易施展，往往土方过大或结构设计难以保证基础的连续性。而点状塔式高层住宅由于面阔较小，比较容易适应这样的地形。

3. 在节能方面

多数情况下，塔式高层住宅往往在平面上凹凸变化较多，增大了外围护结构的外表面积，这对节能同样是不利的因素。

在高层住宅设计中，要从基地、地形地貌、景观朝向、户型要求、结构形式、节能等方面着眼，充分吸收板式高层和塔式高层的优点，作出合理的可行方案。

二、高层住宅结构选型

高层住宅的结构体系对于平面形式的确定是相当重要的，建筑平面布局需较多地适应结构的要求，做到平面紧凑，体形简洁。同时，结构选型也需为建筑的灵活性提供可能，考虑将来发展与提高的需要。根据高层住宅平面特点，其结构体系有以下几种类型：

（一）框架结构体系（图 3-3-19）

框架结构对高层住宅平面布局和形状构成表现出很大的灵活性。不仅住宅户内空间在很大程度上划分灵活，尤其对于底层为商场，上层为住宅的商住综合类建筑，其底层大空间易于形成。但结构梁柱在

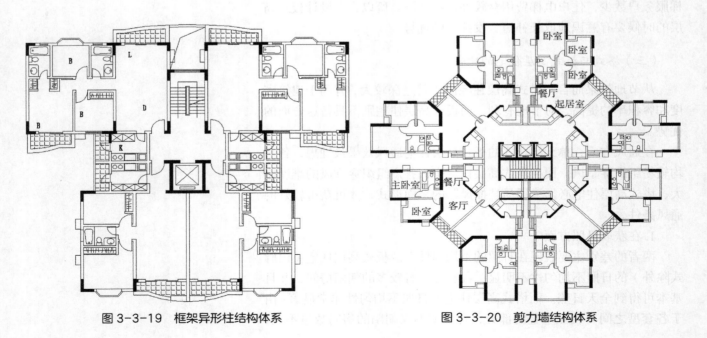

图 3-3-19　框架异形柱结构体系　　　　　图 3-3-20　剪力墙结构体系

室内的暴露影响了室内空间的划分，应精心处理方能取得好的效果。由于框架结构承受水平荷载的能力不高，因此不能建得太高，常常适用于 15 层以下的高层住宅，特别是用在高层商住楼中。

由于常规框架柱的截面尺寸往往大于墙厚，其突出部分对室内空间（特别是小房间）和家具布置造成了较大的影响。因此，常采用截面宽度与墙厚相等的 T 形、L 形的异形柱。室内空间更为完整、美观。

（二）剪力墙结构体系（图 3-3-20）

剪力墙结构由钢筋混凝土墙体承受全部水平和竖向荷载，剪力墙沿横向、纵向正交布置或沿多轴线斜交布置。剪力墙结构墙体多，不容易形成面积较大的房间，为满足底层裙房商业用房大空间的要求，可以取消底部剪力墙而代之以框架，形成底部大空间剪力墙结构。为了使上下结构布置更合理，上部住宅剪力墙结构也要尽可能做成大空间，内部采用轻质隔墙，便于住户按家庭人口多少和使用要求去分隔。由于这种结构体系刚度大，空间整体性好，适用 30 ~ 40 层以下的高层住宅。

（三）框架剪力墙结构体系（图 3-3-21）

在框架结构中布置一定数量的剪力墙可以组成框架剪力墙结构。这种结构既具有框架结构布置灵活、使用方便的特点，又有较大的刚度和较强的抗震能力，在国内高层商住楼中用得最为广泛。将住宅部分的剪力墙通过结构转换层，到底部为框架结构而形成框 - 支剪力墙，适用层数为 15 ~ 30 层。

（四）芯筒 - 框架结构体系（图 3-3-22）

由于高层商住楼大多为塔式建筑，通常将电梯、楼梯、服务用房

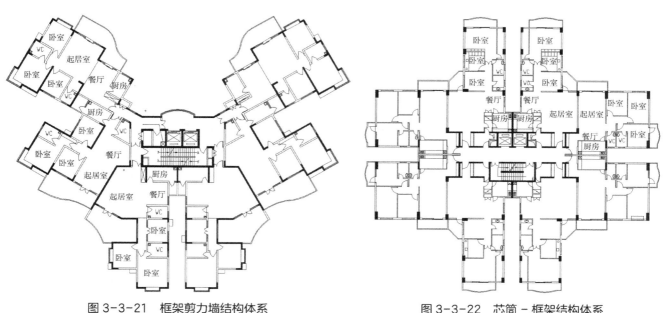

图 3-3-21　框架剪力墙结构体系　　　　图 3-3-22　芯筒 - 框架结构体系

组成的核心筒做成钢筋混凝土结构，与框架共同工作。这样，既加强了结构整体刚度，平面有效使用部分仍保证了灵活性，满足了住户装修改造的要求。一般适用于 40 ~ 50 层以下的建筑。

第四节　高层建筑核心体设计

一、核心体的组成部分

核心体是高层建筑向高空发展的最基本的结构构件。通常为纵横交错的剪力墙围合成的筒体。核心体也是高层建筑重要的功能空间，通常布置以下内容（图 3-4-1）：

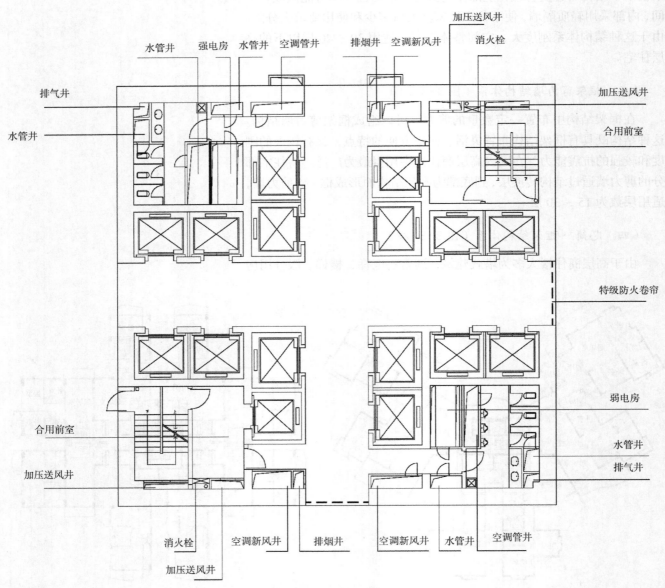

图 3-4-1　核心体组成

（一）结构空间

高层建筑核心筒一般由钢筋混凝土浇筑而成，承受高层建筑的水平荷载（风荷载），并与结构柱共同传递建筑的竖向荷载。核心筒一般尽量居中，不宜开设较大的洞口，侧壁一般为较厚的剪力墙，为保证结构整体刚度，其上的开口位置及大小均受结构受力及规范要求限制。核心筒内部，结合楼梯、电梯、设备用房的划分，设有剪力墙等构件与侧壁相连，它们与层间结构梁板共同提高核心筒的整体刚度。

（二）垂直交通与疏散系统

核心体的位置往往是垂直交通和水平交通的转换站，核心体内设有电梯厅、电梯（客梯、货梯、消防电梯）、楼梯间、走道等垂直与水平交通设施，承担正常时期交通疏导功能及紧急时期疏散功能。因此，各交通设施的布局除满足紧凑高效、易于识别、便于集散等基本要求外，还必须满足防火要求。

（三）设备空间

指与主要使用空间相关的各种设备空间，如水箱、强弱电配电房、小型空调机房以及水、电、暖通的各种管道井也多设置在核心体内。强电、弱电室一般每层设置。强电室面积约 $3m^2$ 左右，弱电室 $1.5 \sim 2.5m^2$ 左右。电器及水管井，考虑检修需要，净空深度一般不超过 800mm，宽度则视设备数量定。电缆井、水管井需在管道安装好后用与楼板耐火极限相同的材料封堵，每层管井总面积少则 $4 \sim 5m^2$，多则 $10m^2$ 以上。当防烟楼梯间和消防电梯不具备自然通风排烟条件，则必须设置独立的正压防烟系统。正压送风风道面积约 $0.6 \sim 1m^2$。设备空间在核心体内的合理设置，能确保主要空间最大限度地满足使用功能的要求。

（四）服务空间

指除主要使用空间以外的服务空间，如洗手间、垃圾间、开水间、服务台等房间，往往由于有管道或管线竖向连通的要求而设置于核心体内。

综上所述，核心体既是高层建筑结构的重要组成部分，又是交通、水电、通信、空调等设施集中的地方。各种设施内容随楼面面积，楼层数以及设备选型的不同而变化。因此，核心体的基本尺度是比较灵活的，通过大量统计得到的经验数值，当以上四部分均设置于核心体内时，其总面积约为标准层面积的 20% ～ 30%。高层住宅核心体所占的比值更小些。

二、核心体的位置

如前所述，高层建筑标准层由核心体和壳体组成。核心体即为"核"，主要由服务空间和交通枢纽组成，往往设在建筑朝向、采光、通风等方面的最不利区域，并以高度集中的方式留给主要使用空间最佳部位。而壳体则由办公、旅馆、居住等生活与工作部分组成。核与壳体的不同组合，可以构成多样的标准层形式。按核心体在标准层中的位置关系分为以下形式：

（一）中心核心体（图 3-4-2）

核心体位于平面的中心，围绕其四周的使用空间占有最佳位置，采光、视线良好，交通路线简捷，其结构多采用框筒体系。核心体与平面几何中心一致，结构平面对称，是最理想的结构布置方式，因而是高层建筑采用最多的一种平面形式。其常用于办公楼、旅馆建筑，也用于高层住宅。

中心核心体的标准层其外墙到核心体距离 W 一般为 10 ~ 15m。因交通疏散系统位于中心部位，其标准层面积较大。一般可做到 1000 ~ 2500m^2。

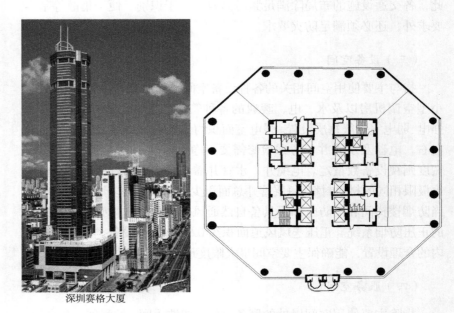

深圳赛格大厦

图 3-4-2　中心核心体

（二）单侧核心体（图 3-4-3）

核心体位于建筑的一侧，使用空间可避免不利朝向，并增大使用空间的进深。当核心体位于标准层长边时，则外墙至核心体距离 W 为 10 ~ 20m，若核心体位于标准层短边，则外墙间距离 W 为 20 ~ 25m，可布置大空间景观办公室。核心体内楼梯间、电梯厅可靠外墙开窗，利于自然通风和排烟。其缺点为交通中心偏于一侧，路线较长，因而标准层面积较小。图 3-4-3（a）中标准层面积可做到 1000 ~ 2000m^2，而图 3-4-3（b）中标准层面积可做到 500 ~ 1000m^2。另外，由于结构偏心较大，为使重心与刚心一致，应有防止偏心的设计，因此在结构上不适于太高的建筑。

单侧核心体多用于板式住宅，也可用于办公建筑。

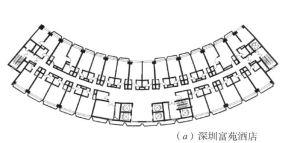

（a）深圳富苑酒店

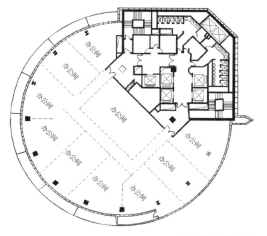

（b）深圳发展中心

图 3-4-3　单侧核心体

（三）双侧核心体（图 3-4-4）

核心体位于建筑的两端，使用空间较大而方整，可布置高度灵活

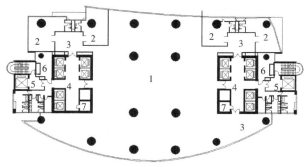

1. 普通办公
2. 高级办公
3. 办公休憩空间
4. 电梯厅
5. 前室
6. 空调机房
7. 管道井

深圳特区报业大厦

图 3-4-4　双侧核心体

的大空间景观式办公间。双侧核心使高层建筑底层大厅通透、宽敞。交通系统位于两端，分布均匀，路线短捷，可分区组织不同使用者的交通，并确保双向疏散。采用双侧核心体的标准层，外墙间距 W 一般为 20～25m，标准层面积约为 1500～3000m²。常用于板式办公建筑、旅馆建筑，也适用于各层功能和层高不同的复合建筑。

采用双侧核心体时中央使用部分的结构体系多采用框架结构。若在核心体之间架设大型梁，可以组成巨形框架，形成无柱使用空间，进一步增大了使用空间的灵活性。

（四）体外核心体（图 3-4-5）

核心体布置在主体空间的外部，以通道与之相连，有利于创造大面积、完整、开敞的房间。其核心体的数目可根据标准层的规模和交通组织而定，面积大的建筑需在多处设置疏散楼梯，多用于大公司的办公楼，独家使用，但不利于出租型的多用户办公。应注意设备管道在各层的出口受到结构制约，以及核心体与使用部分结合部的变形问题。标准层进深及面积视核心体的数目与布置而变化，当只有一个核心体时与单侧核心体形式类似，如有多个核心体时，与双侧核心体形式类似。有时在平面中心加核心体时，面积可以更大，达 3000m² 以上。

上述四种核心体的比较见表 3-4-1。

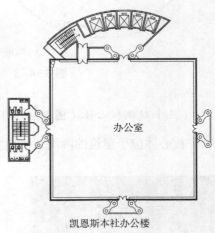

凯恩斯本社办公楼

图 3-4-5 体外核心体

四种核心体类型比较   表 3-4-1

核心体位置	位置示意	外墙到核心体距离	标准层面积	常用建筑类型	优缺点
中心核心体		W=10～15m²	1000～2500m²	办公楼、旅馆、住宅	使用空间采光视线好，交通便捷，但使用空间相对分散
单侧核心体		W1=10～20m² W2=20～25m²	1000～2000m²	板式住宅、办公建筑	避免不利朝向，空间进深大，但交通路线长也约束标准层面积

续表

核心体位置	位置示意	外墙到核心体距离	标准层面积	常用建筑类型	优缺点
双侧核心体		W=20~25m²	1500~3000m²	板式办公建筑、旅馆、复合式建筑	内部通透宽敞，交通便捷，但对中部结构要求高
体外核心体		只有一个核心与单侧核心体相似；多个在外侧与双侧相似；中心加一个核心筒可达3000m²以上		办公（独家使用）	有大面积、完整开敞的房间，但核心体与使用部分结合处易出问题

三、电梯数量

电梯是高层建筑主要的垂直交通工具，电梯的选用及其在建筑物中的布局对整个大楼的正常使用及提高效率都有相当大的影响。同时，电梯一经选定和安装使用就几乎成了永久的事实，以后想增加或改型都非常困难。因此，在建筑设计开始时就必须对电梯的数量及规格合理选用。

电梯数量的确定是个十分复杂的问题，它涉及到高层建筑的性质、建筑面积、层数、层高、各层人数、高峰时期人员集中率、电梯停层方式、载重量、速度和控制系统等多种因素。这里介绍两种较为简便的确定电梯数量的方法。

（一）估算法

在高层建筑方案设计阶段，建筑师可根据建筑的性质、规模、标准层面积及特征等一系列因素，估算出电梯数量。估算法根据国内外的经验公式进行，虽然不很精确，但在方案设计阶段却很适用。待设计进一步深入时，可借助于计算方法作调整。电梯数量在方案阶段可参照表格 3-4-2 进行估算。

电梯数量估算参照表 表 3-4-2

建筑类别		标准 数量			
		经济级	常用级	舒适级	豪华级
住宅		90~100 户/台	60~90 户/台	30~60 户/台	<30 户/台
旅馆		120~140 客房/台	100~120 客房/台	70~100 客房/台	<70 客房/台
办公	按建筑面积	6000m²/台	5000m²/台	4000m²/台	<2000m²/台
	按办公有效使用面积	3000m²/台	2500m²/台	2000m²/台	<1000m²/台
	按人数	350 人/台	300 人/台	250 人/台	<250 人/台
医院住院部		200 床/台	150 床/台	100 床/台	<100 床/台

注：1. 本表的电梯台数不包括消防和服务电梯。
2. 高层办公服务梯（货梯、消防梯）按客梯数的 1/3~1/4 进行估算。旅馆的工作、服务电梯台数等于 0.3~0.5 倍客梯数。住宅的消防电梯可与客梯合用。
3. 12 层及 12 层以上的高层住宅，其电梯数不应少于 2 台。当每层居住 25 人，层数为 24 层以上时，应设 3 台电梯；每层居住 25 人，层数为 35 层以上时，应设 4 台电梯。
4. 医院住院部宜增设 1~2 台供医护人员专用的客梯。
5. 超过 3 层的门诊楼设 1~2 台乘客电梯。
6. 办公建筑的有效使用面积为总建筑面积的 67%~73%，一般宜取 70%。有效使用面积为总建筑面积扣除不能供人居住或办公的面积，如楼梯间、电梯间、公共走道、卫生间、设备间、结构面积等。
7. 办公建筑中的使用人数可按 4~10m²/人的使用面积估算。计算办公建筑的建筑面积，应将首层不使用电梯的建筑面积和裙房的建筑面积扣除。
8. 在各类建筑物中，至少应配置 1~2 台能使轮椅使用者进出的无障碍电梯。

（二）统计参照法

统计参照法即对已建成实例规模、层数相当的办公楼进行调研，针对其电梯使用情况加以分析比较，确定新设计建筑的电梯规模，包括电梯数量、载重量、电梯速度等。表 3-4-3 ~ 表 3-4-5 为我国一些高层建筑电梯数量实例供设计者参考。

高层办公楼电梯数据统计　　　　　　　　　　　　　　　　　　　　表 3-4-3

	楼名	地上层数	标准层面积（m²）	客梯台数	总面积/台数	消防电梯台数	消防梯/客梯
普通高层	北京金融大厦	20	800	6	2666	1	0.16
	北京赛特大厦	23	1070	6	4100	1	0.16
	北京京信大厦	27	1591	8	5366	1	0.125
	北京发展大厦	20	1901	10	3800	2	0.2
	深圳天安国际大厦	31	2450	10	7595	3	0.3
	总后深圳医疗中心	28	1497	6	6986	2	0.33
超高层	广州富力中心	55	2100	19	6078	2	0.105
	深圳国贸中心	49	1322	11	5888	1	0.090
	深圳赛格广场	68	1600	15	7253	2	0.133

高层旅馆电梯数据统计　　　　　　　　　　　　　　　　　　　　表 3-4-4

	旅馆名称	层数	客房（间）	客梯（台）	客房/每梯	服务电梯（台）	服务电梯/客梯（%）
普通高层	印度尼西亚旅馆	14	400	6	67	3	50
	新加坡世外桃源旅馆	22	520	5	104	3	60
	北京长城饭店	22	1001	7	143	4	57
	瑞士日内瓦洲际旅馆	18	400	4	100	2	50
	罗马尼亚布加勒斯特旅馆	24	428	4	107	2	50
	美国丹佛希尔顿旅馆	21	884	6	147	3	50
超高层	日本京王广场旅馆	47	1014	10	101	4	50
	上海喜来登酒店	40	525	6	88	2	33.3
	烟台皇冠假日酒店	46	701	8	88	4	50

高层住宅电梯数据统计　　　　　　　　　　　　　　　　　　　　表 3-4-5

	住宅名称	层数	每层户数	总户数	电梯台数	户数/每梯
普通高层	北京北苑小区	25	8	200	3	67
	北京明光村住宅	26	8	208	2	104
	北京世银安居住宅	18	8	144	2	72
	北京华普公寓	30	12	360	3	120
	深圳锦绣苑	33	8	264	3	88
	深圳海景花园	32	6	192	3	64
	深圳海滨花园	17	5	85	2	43
超高层	加拿大梦露大厦	50	10	460	6	77
	天津天汇尚苑	49	4	184	3	61
	杭州华润·新鸿基钱江新城	47	6	276	6	46

四、电梯布置

核心体的电梯是高层建筑垂直交通与水平交通的转换枢纽，也是进入楼层的"门户"。因此，它既有作为转换交通的空间尺度要求，又有作为楼面总体面貌的形象要求。从运行效率、缩短候梯时间、降低建筑费用与良好的空间环境来考虑，电梯应集中设置组成电梯厅。其位置应布置在门厅中容易看到的地方，并使各使用部门的步行路径短捷、均等。电梯厅的面积与电梯数量、布置方式有直接的关系。图3-4-6与表3-4-6为电梯厅的基本布置方式与电梯厅深度尺寸。

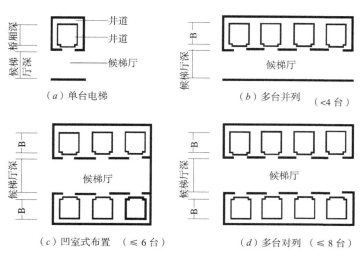

图 3-4-6 电梯厅的基本布置方式

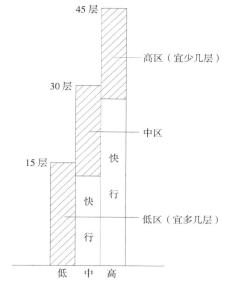

图 3-4-7 电梯分区示意

电梯厅深度尺寸（B 为轿厢深）　　　　　　　　　表 3-4-6

电梯种类	布置形式	电梯厅深度
住宅电梯	单台	≥ B
		老年居住建筑≥ 1.6m
	多台单侧并列	≥ B*
	多台双侧对列	≥相对电梯 B* 之和并 <3.5m
乘客电梯	单台	≥ 1.5B
	多台单侧并列	≥ 1.5B*，当梯群为四台时该尺寸应≥ 2.4m
	多台双侧对列	≥对列电梯 B* 之和并 <4.5m
病床电梯	单台	≥ 1.5B
	多台单侧并列	≥ 1.5B*
	多台双侧对列	≥对列电梯 B* 之和
无障碍电梯	单台或多台	公共建筑≥ 1.8m；居住建筑≥ 1.5m

注：1. B 为轿厢深度，B* 为电梯群中最大轿厢深度。
　　2. 本表的候梯厅深度不包括不乘电梯人员穿越候梯厅的走道宽度。货梯候梯厅深度同单台住宅电梯。

当建筑超过一定层数时，为了提高电梯的运载能力与运行速度，减少人在轿厢内的停留时间，提高运行效率，电梯应分区运行。分区一般以建筑高度50m或10～12个电梯停站为一个区，低区层数可稍多一些，高区宜少些，并在竖向空间布局时考虑将人多的空间（办公、餐饮等）布置在低层区，人少的空间（旅馆、公寓）布置在高层区或中层区（图3-4-7）。每个分区由一到数台电梯组成，每个分区的电梯自成一组，互相连成一排布置，每排不超过4台（图3-4-8）。这样，电梯的速度可随分区所在部位的增高而加快，即高层区电梯速度比中低层区快，再加上高层区电梯在中低层不停站，大大缩短了运行时间，从而减少电梯数量。

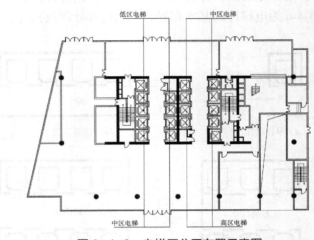

图3-4-8　电梯厅分区布置示意图

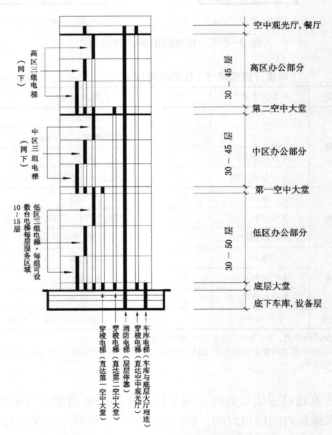

图3-4-9　超高层建筑电梯分区示意

电梯分区布置应注意以下几个问题：

1. 电梯始发站应有明显标志，如分区情况，到达楼层等；

2. 非乘梯人员不应穿过候梯厅，可在电梯厅周边设过道；

3. 图 3-4-6b 中厅深应适当扩大，以避免高低区乘客间的干扰。

对于特别高的超高层建筑，采用以上方法分区就不够经济合理了，因为每组电梯均要占用下部的层层建筑面积，越往下部，电梯井道所占面积越多，且电梯效率极低，投资庞大，从技术上、经济上都是极不合理甚至是不可能的。为此，这类超高层建筑常采用图 3-4-9 所示的分区方式，其要点是将建筑从高度上分为 2 ~ 3 个区域，称为低区、中区、高区。在区域交接处设转换电梯的空中大堂，在中区或高区工作者，由底层大堂分乘穿梭高速电梯直接抵达第一或第二空中大堂，再由空中大堂转乘本区内的分区电梯抵达区内的不同楼层。采用高速穿梭电梯，大大提高了中区、高区乘客的交通效率。通常穿梭电梯从底部抵达空中大堂可控制在 30 ~ 50s 以内。

五、安全疏散与防火设计

高层建筑水平与垂直方向交通体系组织，最简明、最充分的是体现在标准层平面，既表示出水平运动的规律，同时又通过楼梯和电梯在平面布局中反映出垂直运动的规律。因此，我们将高层建筑标准层防火的重点放在以下两方面：一是水平疏散流线组织，其中主要考虑：安全出口及疏散门的设置、疏散距离及疏散宽度；二是对水平与垂直运动交点——核心体内的电梯、楼梯防火安全及其位置、数量、布置方式进行重点处理。

（一）安全疏散设计

1. 安全出口数量

（1）防火分区安全出口数量

高层建筑每个防火分区和地下室的安全出口不少于两个。当其中一个安全出口被烟火堵住时，人流仍可由其他一个出口疏散出去。但在下列情况也可只设一个出口：

①住宅建筑

建筑高度大于 27m、不大于 54m 的建筑，当每个单元任一层的建筑面积不大于 650m²，或任一户门至最近安全出口的距离不大于 10m 时，并且每个单元设置的一座疏散楼梯通至屋面，单元之间的疏散楼梯能通过屋面连通，户门应具有防烟性能的乙级防火门。

②公共建筑

一二级耐火等级公共建筑内的安全出口全部直通室外确有困难的防火分区，可利用通向相邻防火分区的甲级防火门作为安全出口，但应符合下列要求：

a. 利用通向相邻防火分区的甲级防火门作为安全出口时，应采用防火墙与相邻防火分区进行分隔。

b. 建筑面积大于 1000m² 的防火分区，直通室外的安全出口不应少于 2 个；建筑面积不大于 1000m² 的防火分区，直通室外的安全出口不应少于 1 个。

c. 该防火分区通向相邻防火分区的疏散净宽度不应大于其按建筑设计防火规范规定计算所需疏散总净宽度的 30%，建筑各层直通室外的安全出口总净宽度不应小于规范所规定计算所需疏散总净宽度。

（2）房间安全出口数量

安全疏散对大空间房间的开门数量也有所要求，有的房间空间大，但只有一个出口。虽然宽度足够，发生火灾时，由于恐慌心理，容易发生意外事故。因此，在防火设计中应注意。除以下情况外，均应设置两个或两个以上疏散门：

①对于医疗建筑、教学建筑，建筑面积不大于 75m² 的房间；对于其他建筑或场所，建筑面积不大于 120m² 的房间。

②位于走道尽端的房间，建筑面积小于 50m²，且疏散门的净宽度不小于 0.90m，或由房间内任一点至疏散门的直线距离不大于 15m、建筑面积不大于 200m²，且疏散门的净宽度不小于 1.40m。

③歌舞娱乐放映游艺场所内建筑面积不大于 50m²，且经常停留人数不超过 15 人的厅、室。

2. 安全疏散距离

（1）走道的安全疏散距离

高层建筑若设置两个以上安全疏散出口时，应分散布置，且安全出口间距离应符合以下要求：

① 安全出口之间的距离不应小于 5m。距离太近，安全出口集中，人流疏散不均造成拥挤，还可能因两个出口同时被烟堵住，使人员不能脱离危险地区而造成重大伤亡。

② 安全出口之间的最大距离应根据建筑物类别区别对待。例如，建筑环境和疏散路线熟悉的建筑疏散距离可以远一点，如住宅、办公楼等。相反，建筑环境不熟，疏散路线生疏，因此疏散的距离应有所区别，如旅馆等。医疗用房火灾时病员疏散速度慢，这一类建筑的特殊性要求，安全疏散的距离应短一些。其具体要求详图 3-4-10 与表 3-4-7。

高层民用建筑的安全疏散距离　　　　表 3-4-7

建筑物名称		房间门或住宅门至最近的外部出口或楼梯间的最大距离（m）	
		位于两个安全出口之间的房间	位于袋形走道两侧或尽端的房间
医院	病房部分	24	12
	其他部分	30	15
教学楼、旅馆、展览楼		30	15
歌舞娱乐放映游艺场所		25	9
其他建筑		40	20

（2）房间内安全疏散距离

①大空间房间

高层建筑内安全出口不少于两个的观众厅、展览厅、多功能厅、

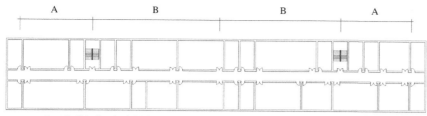

A——位于袋形走道两侧或尽端的房间至疏散楼梯间的最大距离
B——位于两部疏散楼梯之间的房间至楼梯间的最大距离

图 3-4-10　高层建筑安全疏散距离示意

餐厅、营业厅、阅览室等大空间房间，其室内任何一点至最近的疏散出口的直线距离不宜超过 30m；当疏散门不能直通室外地面或疏散楼梯间时，应采用长度不大于 10m 的疏散走道通至最近的安全出口。当该场所设置自动喷水灭火系统时，室内任一点至最近安全出口的安全疏散距离可分别增加 25%。

②普通房间

房间内任一点至房间直通疏散走道的疏散门的直线距离，不应大于表 3-4-7 规定的袋形走道两侧或尽端的疏散门至最近安全出口的直线距离。

3. 安全疏散宽度

（1）高层公共建筑内楼梯间的首层疏散门、首层疏散外门、疏散走道和疏散楼梯的最小净宽度应符合表 3-4-8 的规定。

高层公共建筑内楼梯间的首层疏散门、首层疏散外门、疏散走道和

疏散楼梯的最小净宽度（m）　　　　表 3-4-8

建筑类别	楼梯间的首层疏散门、首层疏散外门	走道		疏散楼梯
		单面布房	双面布房	
高层医疗建筑	1.30	1.40	1.50	1.30
其他高层公共建筑	1.20	1.30	1.40	1.20

（2）高层住宅建筑的户门、安全出口、疏散走道和疏散楼梯的各自总净宽度应经计算确定，且户门和安全出口的净宽度不应小于 0.90m；疏散走道、疏散楼梯和首层疏散外门的净宽度不应小于 1.10m。

（二）疏散楼梯间防火设计

1. 疏散楼梯间防火要求

（1）楼梯间应能天然采光和自然通风，并宜靠外墙设置。

（2）楼梯间内不应设置烧水间、可燃材料储藏室、垃圾道。

（3）楼梯间内不应有影响疏散的凸出物或其他障碍物。

（4）封闭楼梯间、防烟楼梯间及其前室，不应设置卷帘。

（5）地下室、半地下室与地上层不应共用楼梯间。当必须公用楼梯间时，在首层应采用耐火极限不低于 2h 的不燃烧体隔墙和乙级防火门将地下、半地下部分与地上部分的连通部位完全隔开，并应有明显标志。

2. 疏散楼梯间的分类

电梯、楼梯是高层建筑主要的垂直交通工具，遇到灾害时，疏散楼梯成为高层建筑垂直疏散的主要途径，因此，合理设计疏散楼梯间是十分重要的。高层建筑疏散楼梯间根据楼梯性质的不同分为五类，下面具体介绍其设计要求：

（1）防烟楼梯间

防烟楼梯间是指从走道进入防烟前室或阳台、凹廊，再进入楼梯间，因而能够有效地阻止烟气进入楼梯间。

①防烟楼梯间的设置范围

a. 一类高层公共建筑和建筑高度大于 32m 的二类高层公共建筑。

b. 建筑高度大于 33m 的住宅建筑，且户门不宜直接开向前室。其确有困难，每层开向同一前室的户门不应大于 3 樘，且门应具有防烟性能，其耐火完整性不应低于 1.00h。

②防烟楼梯间的设计要求

a. 应设置防烟设施。

b. 前室可与消防电梯间前室合用。

c. 前室的使用面积：公共建筑不应小于 $6.0m^2$；住宅建筑不应小于 $4.5m^2$。与消防电梯间前室合用时，合用前室的使用面积：公共建筑不应小于 $10.0m^2$；住宅建筑不应小于 $6.0m^2$。

d. 疏散走道通向前室以及前室通向楼梯间的门应采用乙级防火门。

e. 公共建筑防烟楼梯间和前室内的墙上不应开设除疏散门和送风口外的其他门、窗、洞口。

f. 楼梯间的首层可将走道和门厅等包括在楼梯间前室内，形成扩大的前室。但应采用乙级防火门等与其他走道和房间分隔。

（2）封闭楼梯间

封闭楼梯间是四面有墙通过防火门进入的楼梯间。这种楼梯间隔烟阻火的效果比防烟楼梯间差。

①封闭楼梯间的设置范围

a. 裙房和建筑高度不大于 32m 的二类高层公共建筑；

b. 建筑高度大于 21m、不大于 33m 的住宅建筑。

②封闭楼梯间设计要求

a. 不能自然通风或自然通风不能满足要求时，应设置机械加压送风系统，或采用防烟楼梯间；

b. 除楼梯间的出入口和外窗外，楼梯间的墙上不应开设其他门、窗、洞口；

c. 高层建筑其封闭楼梯间的门应采用乙级防火门，并应向疏散方向开启；

d. 楼梯间的首层可将走道和门厅等包括在楼梯间内，形成扩大的封闭楼梯间，但应采用乙级防火门等与其他走道和房间分隔。

（3）剪刀楼梯间

剪刀楼梯间是在同一楼梯间设置一对相互重叠，又互不相通的两个楼梯（图3-4-11）。在其楼层之间的梯段一般为单跑直梯段。剪刀楼梯间具有两条垂直方向疏散通道的功能，在平面设计中既节约空间又达到双向疏散的作用。

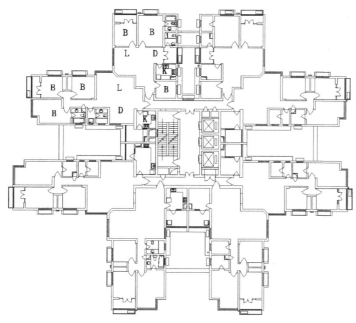

图3-4-11　设有一个防烟前室的剪刀梯平面

①剪刀楼梯间设置范围

高层建筑的疏散楼梯，当分散设置确有困难，且从任一疏散门至最近疏散楼梯间入口的距离不大于10m时，可设置剪刀楼梯间。

②剪刀楼梯间的设计要求

公建：a. 楼梯间应为防烟楼梯间；

b. 梯段之间应设置耐火极限不低于1.00h的防火隔墙；

c. 楼梯间的前室应分别设置。

住宅：a. 应采用防烟楼梯间。

b. 梯段之间应设置耐火极限不低于1.00h的防火隔墙。

c. 楼梯间的前室不宜共用；共用时，前室的使用面积不应小于$6.0m^2$。

d. 楼梯间的前室或共用前室不宜与消防电梯的前室合用；楼梯间的共用前室与消防电梯的前室合用时，合用前室的使用面积不应小于$12.0m^2$，且短边不应小于2.4m。

（4）敞开楼梯间

敞开楼梯间是指楼梯四周有一面敞开，其余三面为具有相应燃烧性能和耐火极限的实体墙；但火灾发生时，它不能阻止烟、火进入楼梯间。在高层建筑内仅有建筑高度大于21m、不大于33m的住宅建筑，户门具有防烟性能，且采用乙级防火门，可采用敞开楼梯间。

（5）室外疏散楼梯

室外疏散楼梯是指用耐火结构与建筑物分隔，设在墙外的楼梯。

室外疏散楼梯主要用于应急疏散，可作为辅助防烟楼梯使用。室外疏散楼梯设置要求如下：

①栏杆扶手的高度不应小于 1.10m，楼梯的净宽度不应小于 0.90m。

②梯段和平台均应采用不燃材料制作。

③通向室外楼梯的门应采用乙级防火门，并应向外开启。

④除疏散门外，楼梯周围 2m 内的墙面上不应设置门、窗、洞口。疏散门不应正对梯段。

（三）消防电梯设计

消防电梯是在火灾发生时供运送消防人员、消防器材以及抢救受伤人员的交通工具。火灾时，普通客梯应立即降到首层停驶，普通人员通过疏散楼梯间疏散至高层建筑底层，消防人员及消防器材则通过消防电梯迅速到达起火层进行扑救工作。因此，消防电梯对于减少高层建筑火灾损失和人员伤亡具有重要的作用。

1. 消防电梯的设置范围

下列高层建筑必须设消防电梯：

（1）建筑高度大于 33m 的住宅建筑；

（2）一类高层公共建筑和建筑高度大于 32m 的二类高层公共建筑。

2. 消防电梯设置数量

消防电梯应分别设置在不同防火分区内，且每个防火分区不应少于 1 台。相邻两个防火分区可共用 1 台消防电梯。

3. 消防电梯设计要求

（1）消防电梯应设置前室，并应符合下列规定：

①前室宜靠外墙设置，并应在首层直通室外或经过长度不大于 30m 的通道通向室外。

②前室的使用面积不应小于 $6.0m^2$；与防烟楼梯间合用的前室，应符合剪刀楼梯间布置要求和防烟楼梯间设置要求。

③除前室的出入口、前室内设置的正压送风口和住宅内符合规定的开向前室的户门外，前室内不应开设其他门、窗、洞口。

④前室或合用前室的门应采用乙级防火门，不应设置卷帘。

（2）消防电梯井、机房与相邻电梯井、机房之间应设置耐火极限不低于 2.00h 的防火隔墙。隔墙上的门应采用甲级防火门。

（3）消防电梯的井底应设置排水设施，排水井的容量不应小于 $2m^3$，排水泵的排水量不应小于 10L/s。消防电梯间前室的门口宜设置挡水设施。

（4）消防电梯应能每层停靠，载重量不应小于 800kg；从首层至顶层的运行时间不宜大于 60s。电梯的动力与控制电缆、电线、控制面板应采取防水措施，在首层的消防电梯入口处应设置供消防队员专用的操作按钮，电梯轿厢的内部装修应采用不燃材料，电梯轿厢内部应设置专用消防对讲电话。

（四）楼电梯间的防排烟设计

当高层建筑发生火灾时，疏散楼梯间是高层建筑内部人员唯一的垂直疏散通道，而消防电梯是消防队员进行扑救的主要垂直运输工具。为了疏散和扑救的需要：

1. 必须确保在疏散和扑救过程中疏散楼梯间和消防电梯井内无烟。为保证这一要求，首先，防烟楼梯间和消防电梯间必须设前室。前室的作用：

（1）可作为火灾时的临时避难场所；

（2）阻挡烟气直接进入防烟楼梯间和消防电梯井；

（3）作为消防队员进行扑救工作的安全区；

（4）降低建筑本身由热压在楼梯间和电梯井内引起的烟囱效应。

2. 要在防烟楼梯间和消防电梯间设置防排烟设施。因为烟气在这些竖向的井道内流动的速度很快（3～4m/s），远远超过人的疏散速度。因此，在防烟楼梯间和消防电梯间采用防排烟设施，是阻止烟气进入或把进入的烟气排出高层建筑外，从而保证人员安全疏散和扑救。

楼电梯的防烟设施分为可开启外窗的自然排烟和机械加压送风的防烟设施两种类型。

（1）机械防烟

机械防烟即用机械通风方式使防烟楼梯间、消防电梯间及其前室和合用前室保持正压，阻止烟气袭入，保证这些场所不受烟气干扰。

高层建筑的下列场所和部位应设置防烟设施：防烟楼梯间及其前室；消防电梯间前室或合用前室；避难走道的前室、避难层（图 3-4-12～图 3-4-14）。

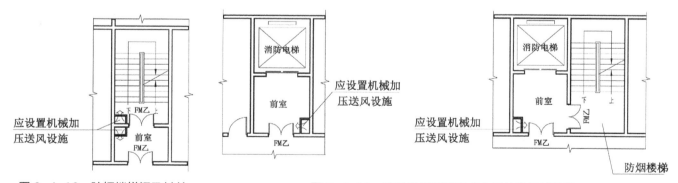

图 3-4-12　防烟楼梯间及其前室机械送风　　　　图 3-4-13　消防电梯间前室或合用前室机械送风

（2）自然排烟

自然排烟即利用建筑的阳台、凹廊或在外墙上设置便于开启的外窗进行无组织的自然排烟。自然排烟的优点是：

①不需要专门的排烟设备；

②火灾时不受电源中断的影响；

③构造简单、经济；

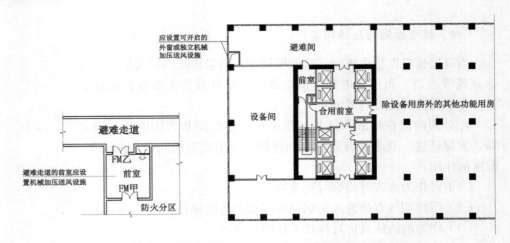

图 3-4-14　避难走道的前室、避难层机械送风

④平时可兼作换气用。

其不足之处是受室外风向、风速和建筑本身的密封性或热压作用的影响，排烟效果不太稳定。

建筑高度不大于 50m 的公共建筑和建筑高度不大于 100m 的住宅建筑，当其防烟楼梯间的前室或合用前室符合下列条件之一时，楼梯间可采用自然排烟：

①前室或合用前室采用敞开阳台，凹廊（图 3-4-15）；

②前室或合用前室具有不同朝间的可开启外窗，且可开启外窗的面积满足自然排烟的面积要求（图 3-4-16）。

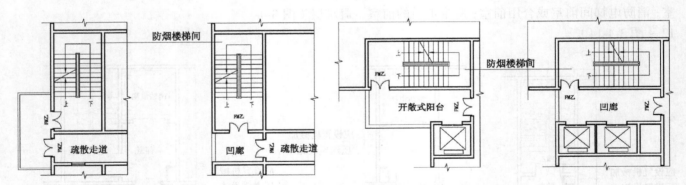

图 3-4-15　利用阳台或凹廊排烟的前室及楼梯间

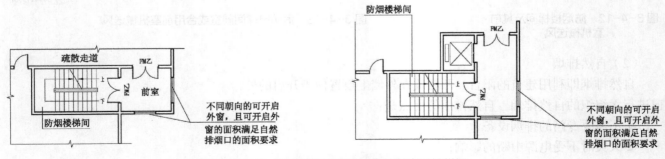

图 3-4-16　利用外墙开启窗排烟的前室及楼梯间

六、实例分析

（一）上海现代建筑设计大厦（高层办公建筑）

上海现代建筑设计大厦位于上海市静安区石门二路、山海关路口。总建筑面积 3.7 万 m²。大厦地上 24 层，地下 2 层，高层女儿墙顶高 97.75m。大厦一层为大堂，第 2～第 8 层是可供出租和展示的办公用房，第 5 层设职工餐厅，第 9～第 23 层为上海现代建筑设计集团设计与办分用房。24 层多功能会议厅，地下室作车库、设备用房等。

大厦标准层面积 1311m²，平面布局将核心体置于长方形平面的南北两端，包括交通枢纽、服务用房、设备用房。中央留出完整的大空间办公区域，有利于提高空间使用效率，方便各种设计人员工作单元的灵活布置，创造体现现代化办公特色的空间。

主楼标准层采用矩形平面，柱网为 8.1m×8.2m，层高 3.7m，采用 500mm 高宽扁梁，吊顶净高 2.5m 以上。标准层楼板在纵向东、西二长边均设置落地的通讯用地沟，上铺覆防静电盖板，为提高大楼智能化水平创造条件。

标准层核心体内布置交通枢纽、服务用房、设备用房。共计 6 台客梯，1 台货梯（兼消防梯），两座独立设置的防烟疏散楼梯，其中一台与消防电梯共用前室（图 3-4-17）。

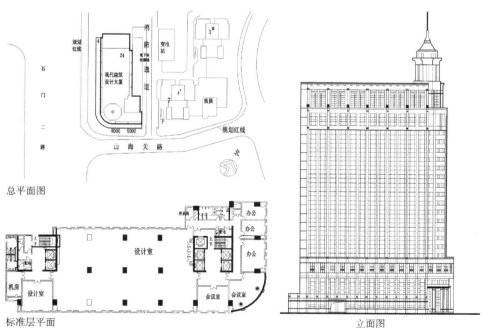

图 3-4-17 上海现代设计大厦

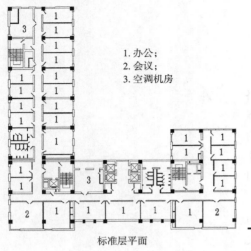

1. 办公；
2. 会议；
3. 空调机房

标准层平面　　　　　　　　　立面图　　　　　　　　　　实景

图 3-4-18　北京文化部办公楼

（二）文化部办公楼（高层办公建筑）

文化部办公楼地处北京东二环路，大楼地上 16 层，地下 2 层，建筑面积为 32545m²，是一座现代化的智能型办公大楼。办公楼内部以办公用房为主，建筑第 1 ~ 第 3 层为公共活动区，集中布置外宾接待室、贵宾室、大小会议室、电话会议室、多功能厅、外宾及内部餐厅等用房，4 ~ 15 层为内部办公区。

为争取主要办公用房有良好的朝向，将办公楼主体平面呈"L"形布局，形成板式平面。核心体布置在东西翼。4 部主客梯居中布置，两台消防电梯与防烟楼梯间组合后分置两侧。两者共用前室，通过卫生间与空调机房的外墙内收形成的阳台，使疏散楼梯间能够自然通风，自然排烟（图 3-4-18）。

（三）白玫瑰大酒店（高层旅馆建筑）

白玫瑰大酒店，坐落在武汉武昌洪山广场南侧，按四星级宾馆标准设计，酒店总建筑面积 23310m²，建筑层数 21 层，建筑高度 83m，停车位 60 个。

酒店大楼平面呈矩形，南北长 43.6m，东西宽 22m。酒店第 6 层以下布置公共活动用房，分层布置大堂、服务、餐饮、娱乐、桑拿、出租写字间等项目。第 10 层以上设 300 间客房。客房类型完善，计有单床间、双床间、套间、豪华套间，满足不同档次旅客使用要求。第 21 层设有总统套间客房。

核心体位于酒店标准层中部，由交通枢纽与设备用房组成，布置了 3 台客梯，两台货梯（兼消防电梯），两部疏散楼梯采用机械防烟，其中一部与消防电梯共用前室。

酒店大楼采用框支剪力墙结构，6 层以下的框架柱网为酒店的公共部分提供了大跨度空间，6 层以上剪力墙结构体系为客房的室内装修创造了无柱的环境（图 3-4-19）。

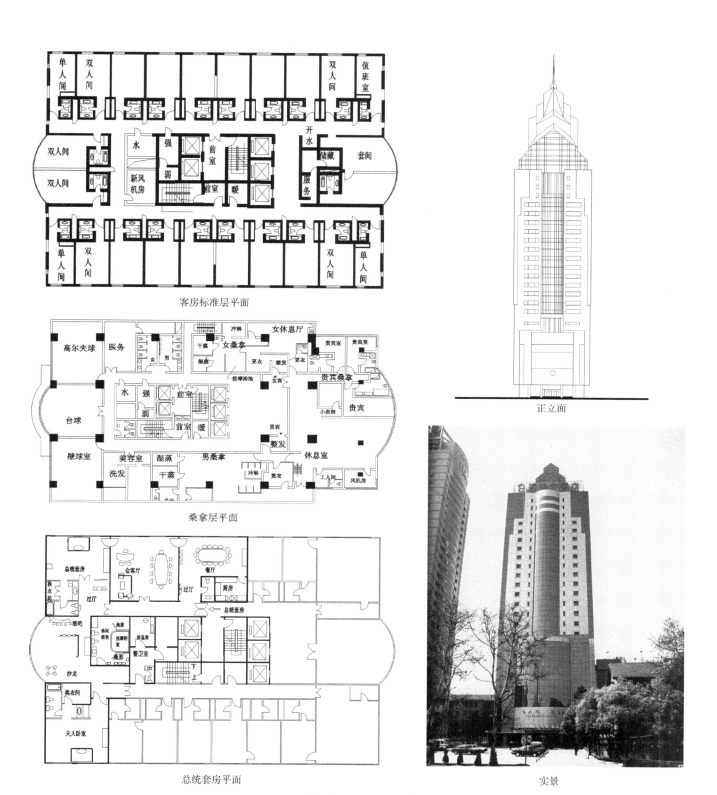

客房标准层平面

桑拿层平面

总统套房平面

正立面

实景

图 3-4-19　武汉白玫瑰大酒店

实景

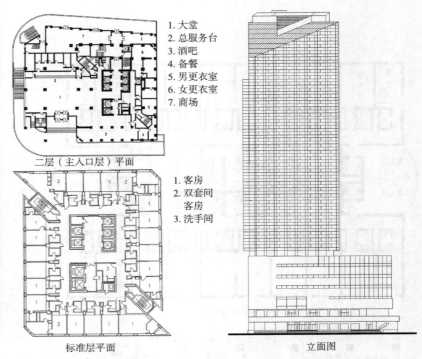

1. 大堂
2. 总服务台
3. 酒吧
4. 备餐
5. 男更衣室
6. 女更衣室
7. 商场

二层（主入口层）平面

1. 客房
2. 双套间客房
3. 洗手间

标准层平面

立面图

图 3-4-20 上海海仑宾馆

（四）海仑宾馆（高层旅馆建筑）

海仑宾馆位于上海南京东路福建路口的繁华商业地段，是拥有 415 套客房的四星级宾馆。总建筑面积 41697m²，主楼 34 层、地下一层，总高度 117.56m。主楼标准层层高为 2.9m。

为与基地周边环境协调，设计将入口大堂设于第 2 层。酒店第 7 层以下分别布置车库、设备用房，商场、大堂、餐厅、多功能厅、办公休闲娱乐等项目，第 7 层以上为客房层。

标准层运用建筑平面变化及切割移位的形体构成，把矩形平面从对角线切开错位，以疏散楼梯相连，减小了体量感，减弱了对街道的压抑感。核心体位于平面中心，布置了 5 台客梯，2 台货梯（兼消防梯），以及一些设备管井及服务用房。两部防烟疏散楼梯位于平面外侧对角线处，有利用旅客及时疏散（图 3-4-20）。

（五）深圳中海花园（高层住宅建筑）

深圳中海花园位于深圳市福田中心区，整个花园由 11 幢高层住宅楼和底层裙房组成。分成 A、B、C 三个区布置，并围合成一个具有特色的空间，形成优美的小区环境。

高层住宅主要分为 A 型和 B 型。A 型住宅塔楼采用一梯 6 户的 V 型平面，每房均有朝南的良好朝向。在满足了大起居，大厨房、大卫生间、小卧室的"三大一小"的新型起居方式下，为住户提供了较多储藏空间。各户型平面紧凑，动静分区明确，保证了卧室的私密性。

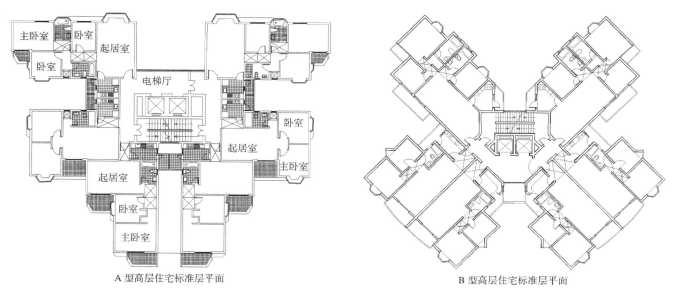

A 型高层住宅标准层平面   B 型高层住宅标准层平面

图 3-4-21 深圳中海花园

结构体系采用了框架剪力墙体系，满足底层架空停车场的需要。B 型住宅平面采用一梯 6 户呈 45°角交叉布置的标准平面。各户型均以起居厅为中心，功能分区明确。起居厅外墙大面积玻璃窗除满足采光要求外为室内提供了良好的视觉景观，同时整齐的 45°柱网和底层商业大空间柱网布置相协调。

A 型与 B 型住宅核心体内由两部电梯（一部兼作消防梯），一部剪刀疏散楼梯组成，电梯厅兼作消防电梯与疏散楼梯的共用前室。A 型住宅因疏散梯开窗处紧靠厨房，故电梯厅、前室采用自然排烟，疏散梯采用正压送风。B 型住宅采用自然排烟，仅对右部疏散楼梯前室加压送风（图 3-4-21）。

（六）上海海丽花园（高层住宅建筑）

海丽花园位于上海市卢湾区，由三幢住宅、11 幢办公楼及裙房组成，总建筑面积达 10 万 m²。

海丽花园的每幢住宅涵盖了多种套型，从两室两厅至三室两厅双卫，以满足不同人士的需求。蝶形平面使整幢建筑获得最大的南朝向。各种套型设计上做到了各有特色，富于变化。每一户朝南的使用面积均过半，一梯 6 户的设计将各户相互间的干扰减至最低。

户型设计：每个空间都较为方正，室内无梁无柱，厨房、卫生间集中布置，易于使用及技术上管道的安装，实际上也是为住房节约了空间。厨卫完全直接对外采光通风。

所有起居间都有一自然的空间划分，便于住户对客厅和用餐空间进行功能上的分割，做到了易划分、不浪费的空间设计。

主卧室均朝南，并带有阳台，大部分带有卫生间，明确了对于主卧室及次卧室的定义。

住宅核心体内由三部电梯（一部兼作消防梯），两部疏散楼梯及一些设备管道空间组成，电梯厅兼作消防电梯与疏散楼梯的共用前室。疏散楼梯与电梯厅直接对外开窗（图 3-4-22）。

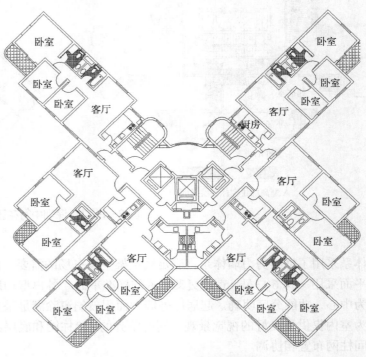

图 3-4-22　上海海丽花园

第四章 高层建筑裙房、地下车库设计

第一节 裙房设计

高层建筑底部的公共用房和附属用房在平面布局上常常超出标准层的平面范围，这种扩大的底部空间我们形象地将其称为裙房。

纵观一百多年高层建筑实践，随着都市化的发展与现代建筑技术的日趋成熟，高层建筑的裙房空间逐步趋向于集诸多功能于一体。并继续向大型化、组团化、综合化的方向发展，究其原因，归纳如下：

1. 世界范围内的城市化不断发展导致了人口、生产、金融、经济的集中，而这集聚过程往往引起城市人口与土地、环境之间的种种矛盾。这样，客观上需要非土地的投入，如良好的交通组织和设施，密集综合的空间等手段来维持和完善城市的正常运转。因此，将不同性质、不同用途的社会生活空间组成综合体建筑，更能充分发挥建筑空间的协同作用，增进都市机能的整体综合效应。可以说，裙房综合化是都市发展的必然结果。

2. 对于城市居民，综合体带来了极大的便利，规模越大，功能越多，带来的便利也越大。而裙房综合体集购物、休闲、餐饮、康乐等于一体，符合人们的行为心理，满足不同人的不同需求，具有较高的情感效益。

3. 对开发商而言，裙房综合体具有商业聚合效应，优势互补，市场适应性较好。因此，具备高而稳定的经济效益，投资风险相对减少。

4. 现代建筑技术的不断发展，新材料、新结构的出现，加之设备技术的不断完善，使裙房中各类功能空间的组合，具有更大的灵活性。

裙房功能的复合化使多种矛盾交织在一起，因此，其空间处理是高层建筑设计中较困难的课题之一。裙房空间既是城市交通与高层建筑内部交通的转换点，又是高层建筑融入城市空间的结合点。裙房空间处理的优劣，将直接影响到高层建筑与城市空间的协调统一。

一、裙房的基本类型

根据裙房与主体建筑的关系，并结合基地条件与裙房的功能要求，平面布置中常有以下几种组合方式：

（一）直落式裙房

由于各种条件的限制，部分高层建筑的裙房空间虽然处于主体建筑的投影范围之内，但是其功能与空间形式与标准层部分有明显的区隔，称之为直落式裙房。这种裙房一般受标准层的柱网、剪力墙及设备竖井的限制，空间较为局促。有时，为了使裙房获得较大的空间尺

度、便于功能安排和使用，在裙房与主体塔楼之间设置转换层，裙房空间变得更为自由灵活，但会加大整体的成本。

直落式裙房的实例有香港中国银行大厦（图 2-1-23）、上海金茂大厦（图 3-1-2）等。

（二）基座式裙房

这是最常用的一种形式。基座式裙房将高层建筑公共用房集中于底部，并扩大柱网形成基座（图 4-1-1）。其优点是在建筑红线范围内利用低矮的裙房尽量布满基地，以保证裙房拥有更多的建筑面积，既使高层主体建筑与邻近建筑保持必要的防火间距，又使高层建筑的临街面与街道环境景观取得协调统一。

基座式组合常采用框架、框筒、框支剪力墙等结构形式。由于主体建筑柱网较密，且柱子较粗，在其柱网范围内往往还有部分剪力墙落下，并附带大量的设备管井，造成主体柱网内空间不甚理想。因此，在基座式内部空间布局中，应充分考虑这一不利因素。

基座式裙房组合方式体形关系实例有深圳国贸大厦（图 4-1-2）、巴西利亚国会大厦（图 3-1-1）等。

（三）毗邻式裙房

当裙房占地面积较大时，按高层建筑防火规范，主体建筑四周至少在一个长边内不能扩建裙房。这时常将主体建筑与裙房的某一个边或角落相连，以使塔楼靠近消防车道，形成毗邻式组合（图 4-1-3）便于火灾扑救。这种组合方式具有较多的优点：由于裙房与塔楼均对外开放，容易组织各种对外、对内的出入口与交通流线，合理地处理裙房与塔楼的内部功能分区。而且由于裙房不受塔楼结构的限制，使其布置更为自由灵活。

毗邻式组合主体建筑常采用框架、框剪、框筒、剪力墙等结构形式，其体型关系实例如（图 4-1-4）。

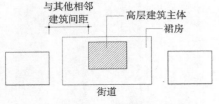

图 4-1-1 基座式裙房

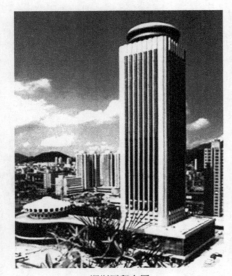

深圳国贸大厦

图 4-1-2 基座式裙房实例

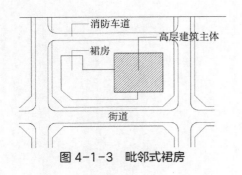

图 4-1-3 毗邻式裙房

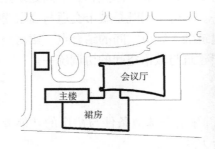

纽约联合国总部大厦

图 4-1-4 毗邻式裙房实例

（四）分离式裙房

当基地条件允许时，可将高层主体建筑与裙房完全分离，两者之间只有连接体相联系，形成分离式组合（图 4-1-5）。其优点是主体建筑与裙房在功能布置中不受结构与设备等技术因素干扰，相互都无约束，特别是两者的结构形式均可根据各自的功能特点来选择。例如主体建筑层数多，但功能单一，可选用框架、剪力墙、框剪、框筒等结构形式，而不必考虑对裙房的影响。裙房功能复杂，空间大小相差悬殊，结构柱网偏大；但层数低，采用框架结构即可满足功能组合要求。分离式组合还有利于建筑师更自由地采取各种建筑形式，各部建筑进深可浅可深，总图布置上可采用庭园式手法，更强化其内部环境，往往一些高标准的旅馆建筑采用这种组合方式，如日本新高轮王子饭店。值得注意的是，分离式组合方式往往需要占用更大的基地面积，只有在基地面积比较富裕的情况下才有条件采用。

分离式裙房组合方式体形关系实例如图 4-1-6。

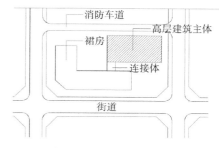

图 4-1-5　分离式裙房

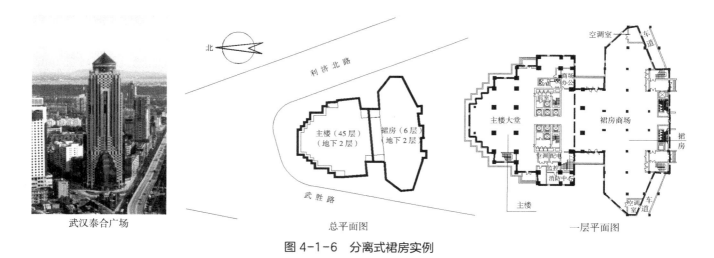

武汉泰合广场　　　　　总平面图　　　　　一层平面图

图 4-1-6　分离式裙房实例

二、裙房的功能配置及其流线组织

随着社会经济的高速发展，高层建筑特别是超高层建筑的功能越来越复合，绝大多数情况下，高层建筑与裙房共同构成了尺度超大、功能复合、流线复杂的城市综合体，形成城市的新中心，因此，裙房的功能配置一般受城市人口规模、整体定位、经济发展水平、市民的消费习惯以及高层建筑主体的定位等因素影响，具有广泛的多样性、复合性特征。根据其与主体建筑功能之间的关系，可以将裙房的功能划分为两类：与高层主体联系紧密的附属性功能和相对独立的经营性功能。

（一）附属性功能及其流线组织

附属性功能作为高层建筑主体的有效补充，是高层建筑主体的功能配套，使其功能更加完善，使用更加方便舒适。在综合开发过程中，高层建筑主体的功能定位直接影响附属性裙房的功能配置。附属性功能与高层建筑主体的功能之间的关系如下：

1. 当主体建筑为行政办公楼时，如政府办公及专用办公（含海关、税务、公安等）楼，裙房的功能空间一般包括公共空间，如专用办事大厅（或便民服务大厅）、会议中心、接待室、陈列室、图书阅览室；服务空间，如休息空间、厕所、吸烟室、医疗室等；其裙房的人行流线及功能空间组织相对简单，一般是围绕办事大厅而进行的。

2. 当主体建筑为一般办公楼时，包括出租办公及某个公司的专用办公（如银行、证券、保险类公司），裙房的功能空间一般包括大堂（或营业大厅）、少量办公空间以及商业服务空间（如餐饮、休闲等）；其裙房的人行流线及功能空间组织相对简单，一般是围绕大堂而进行的，重点是区分工作、进餐、休息三种基本行为及其对空间环境的需求，见图 4-1-7。

3. 当主体建筑为酒店旅馆时，一般为星级旅游饭店，裙房的功能一般包括大堂（或门厅）、至少容纳 200 人的多功能厅（或会议室）、至少容纳 200 人的大宴会厅（含序厅及专门厨房）、至少两个会议室或洽谈室、展厅（≥ 2000m²）、大堂酒吧、独立酒吧及茶室、独立的鲜花店、室内泳池、影剧院、健身中心、商场以及休闲类空间（如桑拿浴、保健按摩、棋牌、保龄球等）；其裙房的人行流线及功能空间组织一般是围绕大堂或门厅而进行的，重点是对住宿、会议、餐饮三种流线的组织，见图 4-1-8。

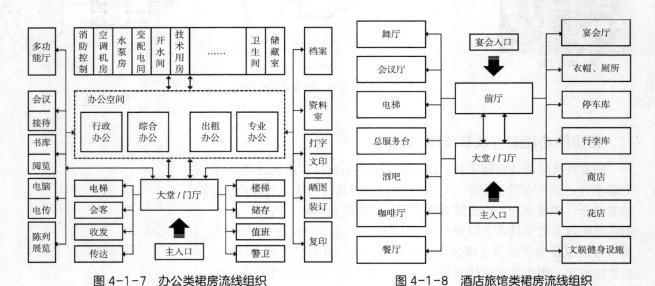

图 4-1-7　办公类裙房流线组织　　　　图 4-1-8　酒店旅馆类裙房流线组织

4. 当主体建筑为住宅时，包括普通住宅及公寓，裙房功能一般为满足居民日常生活的一般经营性商业空间，包括超市、餐饮及杂货店等。这种裙房一般只有 1~2 层，面积较小，功能较简单，流线也较为简单，一般为沿街分布；当其面积较大、功能较复杂时，可以参考经营性裙房的流线组织。

（二）经营性功能及其流线组织

有些裙房与主体建筑之间并无必然联系，是作为一种相对独立的经营性商业空间而存在的，裙房的功能定位根据其所处区位及开发商的需求也有所变化，以购物中心最为常见。其功能一般包括购物、餐饮、休闲、娱乐四类，而裙房的功能空间包括商业空间、共享空间、服务空间（表4-1-1）。

商业类裙房的常见经营性功能　　　　表 4-1-1

商业空间	零售	百货商店、超市、专卖店
	餐饮	美食街、品牌餐厅、小型餐饮、咖啡屋、酒吧、水吧
	休闲	图书馆（主题书店）、健身会所、美体护理
	娱乐	溜冰场、影剧院、亲子游乐中心、电玩城
共享空间		广场、中庭、屋顶花园、空中庭院、门厅、通道
服务空间		银行、服务中心、吸烟室、厕所、医疗及其他接待

这类裙房是作为一种独立的建筑存在，基本不受主体建筑的影响。其功能空间组织有两种方式：

1. 以步行式商业内街结合节点空间（中庭等）为主导的公共空间组合方式——"街"。其布局开放、舒展，依靠主力店拉动内部人流的流动。

2. 围绕中庭垂直设置功能的空间组合方式——"庭院"。其店面围绕庭、厅设置，主力店水平作用减弱，垂直作用增强，见图4-1-9。

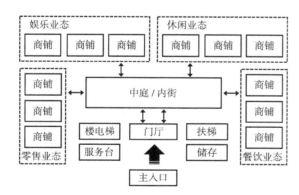

图 4-1-9　商业类裙房流线组织

三、裙房总平面布局要求

裙房是高层建筑中与城市环境结合最紧密部分，也是各种不同性质的流线集聚与分散的主要场所。因此在裙房总平面布局中，除了应考虑高层主体建筑内部功能特点与流线外，更重要的是分析城市环境中的诸元素如道路、建筑、人流、车流等与基地内部的关系。由于城市环境各有不同，因此裙房布局也是千变万化。但在设计中，应遵循以下原则：

（一）符合城市规划要求

裙房总体布局应适应城市规划对于土地综合利用的要求，应根据相应要求对地上、地下进行综合利用。总平面各流线组织中应遵循城市交通规划的要求。裙房内部空间与外部空间应适应城市规划对城市公共空间设计的要求。相邻建筑应根据规划保持和谐统一。

高层建筑在城市中占有非常重要的地位。在设计之初，城市规划管理部门会对此提出明确要求，包括高度、容积率、建筑密度、绿地率、停车数量、干道开口位置等。这些立足于城市总体规划或控制性规划的要求，在设计中必须遵循。

（二）交通路线顺畅

裙房承担着巨大人流、货流在水平方向集散，合理、流畅的交通组织是这一机能不至于混乱、阻塞的保证。应合理设置步行道、非机动车道、机动道与停车场，使人流车流互不干扰，且联系方便。另外，根据功能分区，安排合理交通路线，引导人流和分散人流至不同目的地，也是设计考虑的重点。

（三）合理安排各种出入口

裙房出入口包括公共出入口（商场、餐饮、娱乐等出入口）、半私密出入口（办公楼、旅馆、公寓式住宅出入口）、后勤出入口（职工、货运、污物出入口）、车辆出入口（地下车库、自行车库出入口）等。具体设计应结合城市道路及消防环道，在裙房四周合理安排各种出入口，并做到交通顺畅，人车分流。其中公共出入口应布置在人流较多的主干道上，商场出入口应尽量均匀设置，而半私密性出入口可设于次干道或建筑次要边上，但应与主体建筑结合紧密。后勤出入口则应尽量隐蔽。

出入口设置还应满足城市交通规划的有关要求。例如地下车库的出入口不宜设在城市主干道上，一般应设在次干道或支路上。进入基地的车道出入口距城市主干道交叉口之道路红线交点处应≥70m。

（四）设置临时停车空间

在裙房主要出入口（如商场、写字楼、住宅、宾馆）附近，应设置一定数量的临时停车空间，以方便客人临时停车或候车。

地上临时停车空间应尽量满足以下要求：

1. 保证一定的停车数量及面积，留出足够的缓冲空间，以进出分离为宜。

2. 停车空间在视觉上应有一定的隐蔽性，并可结合绿化设计。

3. 停车空间与步行系统，垂直交通的联系应方便，相互距离尽可能短，且有一定的可视性或明确的导向。

（五）合理的过渡空间

裙房作为高层建筑的近地空间，与周边环境和城市空间的关系较为密切，在裙房设计中一般需要对城市的空间序列或层次及比例尺度做出积极回应，即在城市与裙房之间安排合理的过渡空间，或积极融入，或对比冲突。

城市街道空间与裙房内部空间有明显的不同，以人流频繁的商场为例，为了避免突兀感及空间序列更为圆融，使消费者由城市公共空间进入商业氛围浓厚的裙房内部空间，最好应考虑有适当的过渡空间，如内收处理、空廊设置均可起到疏散人流、丰富建筑造型、调整建筑尺度、增加空间层次、对过往行人产生吸收力等作用。如图4-1-10为上海八佰伴百货大楼前的弧形空廊。

图4-1-10 上海八佰伴百货大楼

（六）满足防火要求

总平面布局中，高层建筑的主体与主体，主体与裙房的关系，以及建筑周边与道路的关系等，都与防火设计密切相关，是总体布局中须优先考虑的问题。

我国现行《建筑设计防火规范》GB 50016-2014中对高层建筑总平面布局做了详细规定，例如：

1. 高层建筑、裙房及其他民用建筑之间的防火间距不应小于表4-1-2规定，如图4-1-11所示。

民用建筑之间的防火间距（m）   表4-1-2

建筑类别		高层民用建筑	裙房及其他民用建筑		
		一级	二级	三级	四级
高层民用建筑	一级	13	9	11	14
裙房及其他民用建筑	二级	9	6	7	9
	三级	11	7	8	10
	四级	14	9	10	12

注：本表中的裙房是指不高于24m的建筑主体的附属建筑。

2. 消防车道的设置要求：

（1）当建筑物沿街道部分的长度大于150m或总长度大于220m

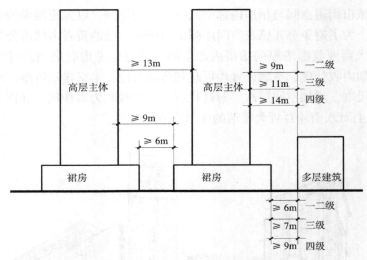

图 4-1-11　高层建筑防火间距

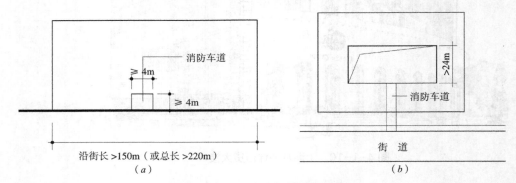

图 4-1-12　消防车道设置要求

时，应设置穿过建筑物的消防车道，如图 4-1-12（a）所示。确有困难时，应设置环形消防车道。

（2）高层民用建筑，超过 3000 个座位的体育馆，超过 2000 个座位的会堂，占地面积大于 3000m² 的商店建筑、展览建筑等单、多层公共建筑应设置环形消防车道；确有困难时，可沿建筑的两个长边设置消防车道。对于高层住宅建筑和山坡地或河道边临空建造的高层民用建筑，可沿建筑的一个长边设置消防车道，但该长边所在建筑立面应为消防车登高操作面。

（3）有封闭内院或天井的建筑物，当内院或天井的短边长度大于 24m 时，宜设置进入内院或天井的消防车道，如图 4-1-12（b）所示。当该建筑物沿街时，应设置连通街道和内院的人行通道（可利用楼梯间），其间距不宜大于 80m。在穿过建筑物或进入建筑物内院的消防车道两侧，不应设置影响消防车通行或人员安全疏散的设施。

（4）消防车道应符合下列要求：
①车道的净宽度和净空高度均不应小于 4.0m；
②转弯半径应满足消防车转弯的要求（9～12m）；
③消防车道与建筑之间不应设置妨碍消防车操作的树木、架空管线等障碍物；

④消防车道靠建筑外墙一侧的边缘距离建筑外墙不宜小于 5m；

⑤消防车道的坡度不宜大于 8%。

（5）环形消防车道至少应有两处与其他车道连通。尽头式消防车道应设置回车道或回车场。回车场的面积不应小于 12m×12m；对于高层建筑，不宜小于 15m×15m；供重型消防车使用时，不宜小于 18m×18m。

3. 救援场地和入口的设置要求：

（1）高层建筑应至少沿一个长边或周边长度的 1/4 且不小于一个长边长度的底边连续布置消防车登高操作场地。该范围内的裙房进深不应大于 4m，如图 4-1-13 所示。

建筑高度不大于 50m 的建筑，连续布置消防车登高操作场地确有困难时，可间隔布置。但间隔距离不宜大于 30m，且消防车登高操作场地的总长度仍应符合上述规定。

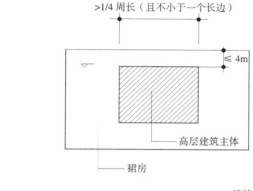

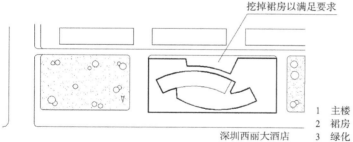

图 4-1-13　高层建筑总平面布局防火要求

（2）场地的长度和宽度分别不应小于 15m 和 10m。对于建筑高度大于 50m 的建筑，场地的长度和宽度分别不应小于 20m 和 10m。

（3）场地应与消防车道连通，场地靠建筑外墙一侧的边缘距离建筑外墙不宜小于 5m，且不应大于 10m。场地的坡度不宜大于 3%。

（4）在建筑物与消防车登高操作场地相对应的范围内，应设置直通室外的楼梯或直通楼梯间的入口。

四、裙房对外交通组织

高层建筑，由于功能多，容量大，在占地不大的范围内，往往产生很大的交通流量。研究表明，一栋 10 万 m² 的办公综合建筑基地内每日吸引的人流可高达 5 万人次。这种人流的集聚是高层建筑巨大商业价值的体现，但也为其如何妥善疏散大量人流提出了问题。而裙房处于高层建筑垂直交通与城市水平交通的节点上，其对外交通组织显得尤为重要。随着城市大规模开发建设，某些高层建筑附近往往出现严重的交通阻塞，这正是裙房对外交通组织不理想的表现。因此，在建筑基地内应精心设置专门场地和设施作为交通流的集散、转换、组织分配及车辆存放等。并且在设计中不应孤立考虑单幢建筑的交通组织，应有效地将裙房交通纳入城市交通网络来考虑，处理好裙房与城市各种交通体系的关系。

（一）外部交通关系

裙房外部交通大致可分为以下几类：

1. 高层建筑内各公司、机构所属职工上下班交通

其行为方式为步行或车行。该类交通伴随有大量人流，但主要集中在早晚上下班时间及其前后。

2. 顾客及来访者交通

其行为方式为步行或车行。该类交通虽具有较多人流，但没有明显的高峰时间，来访者交通多数集中于上班时间，顾客交通则明显偏向下午和晚上。尤其当建筑内商业、娱乐面积构成较大时，顾客交通持续时间长，人流量大，且往往于主干道上，成为对外交通处理的重点。

3. 货运交通

其行为方式为车行，多数在上班时间内进行。

在总平面及裙房的设计中，根据这几类交通方式，做出流线图，反复推敲，选出最佳流线组织。

（二）外部交通组织形式

在确定裙房外部交通组织形式时，既要考虑高层建筑的规模和功能构成，还应研究本区域内城市交通系统的特征。

1. 平面交通组织

（1）人车合流型

这种形式的主要特征为：人流、车流进入基地后，通过共用裙房前广场将不同交通分配至各自的入口，即人、车合用裙房前广场，使其具有双重性质。当停车量较少时，裙房前广场具有公共广场性质，供人们休息、停留；当停车量大时，广场除留出必要的人行通道外，全部可用来停车，广场主要为停车场性质。人车合流型的优点是节约场地，减少地下停车面积，从而降低造价。此外，该方式可减少出入口数量，便于实施封闭式管理。但当交通量较大时，易产生混乱和危险。人车合流型仅适用于建筑面积较小或机动车使用率较低的高层建筑（图 4-1-14）。

（2）人车分流型

该形式为传统的交通组织形式，将主要人流和车流分别从二至三个方向进入基地，并在相应位置设置人流集散广场、车行广场及停车

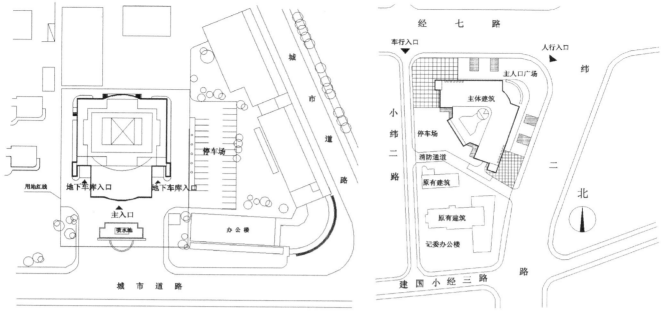

图 4-1-14 人车合流型广场　　　　图 4-1-15 人车分流型广场

场，人流通过集散广场及道路从不同部位进入裙房。这种形式的优点是人、车之间互不干扰。但采用该形式容易导致步行线路过长。人车分流型适用于规模较大、车流量大、但建筑功能简单的高层建筑（图4-1-15）。

2. 立体交通的组织

当高层建筑规模大，裙房内部功能又复杂，或修建地段的地形较复杂，或高层建筑位于城市交通枢纽地带时，仅通过平面交通组织往往难以达到理想的交通秩序，这时应采取立体交通的组织方式。

立体交通组织即将高层建筑和相邻建筑物的底层或地下层的公共空间通过与地面交通分离的空中或地下步道系统贯通起来，并与地面街道、地铁、轻轨及停车场相连，组成一套完整的立体交通网络。

立体交通组织将人流、车流组织在不同的位置与标高处，避免了不同流线之间的相互干扰，缓解了高层中心区地面交通的压力，提高了运营效率，为行人提供了安全、舒适的环境，给城市和高层建筑注入了新的活力（图4-1-16）。

（1）人车上下两层分流

这种形式是目前高层建筑较常用的立体交通系统。一般将步行人流安排在第2层进入，车流安排在底层进入。不同流线从不同高度进入高层建筑裙房，乘车进入基地的人流可以通过楼梯、自动扶梯、电梯从地下车库或室外停车场到达各楼层。当基地处于山地时，人车分流可根据地形作上下分流处理。

（2）人车上下多层分流

这种形式将人流、车流通过地下、地面、空中等不同层面进入建筑基地，特别将不同方式进入基地的人流（包括行人、乘自备汽车、乘公共汽车、地铁及其他交通方式的人流）也从不同平面进入高层建

图 4-1-16 裙房立体交通组织

筑的裙房，并在建筑内部通过水平、垂直的交通转换流向各自的目的地。多层分流交通体系将孤立的建筑空间连接起来构成城市交通网络。由于建筑内部的交通通道同时也是商业街道，在彻底解决人车分流的同时，也给城市中心区带来更多的商业效益，并在恶劣气候条件下为行人提供了舒适的环境。人车多层分流的组织方式主要出现在以下几种情况：

①当高层建筑与城市交通枢纽工程联合开发，如在地下铁路客站的上面修建高层建筑，地铁站的人流将从裙房的底层出入。这时地铁人流，出入高楼的机动车辆，出入大楼的步行人流将安排在上下多个层面上进行组织。如上海陆家嘴城市设计（图 4-1-17），采用多层分流的方式，人流从三个层面进入，从地铁站或过街隧道可进入裙房的地下一层；从马路人行道或通过城市广场可进入建筑物首层；从第 2 层过街楼或通过自动扶梯可进入裙房第 2 层；货车可直接驶入地下一层装卸货物。避免了交通阻塞，保证城市干道过境车辆的畅通。该方案是运用多层立交组织交通较为成功的一个例子。

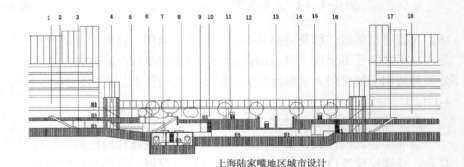

上海陆家嘴地区城市设计

图 4-1-17　结合地铁站的多层次立体交通

图例：1. 北部拱廊　2. 街道平面层　3. 共同层　4. 楼梯井（附残障人电梯）　5. 共同层至轻轨站　6. 地铁站大厅，标高 -4.33m　7. 地铁站月台，标高 -8.33m　8. 陆家嘴广场，标高 +4.0m 至 4.85m　9. 步行坡道　10. 通往街道 / 公共汽车　11. 中心天桥，地面层以上 +5.5m　12. 轴线大道车道　13. 延安路隧道　14. 步行地道　15. 步行坡道　16. 通往街道 / 公共汽车　17. 自动扶梯 / 楼梯至街道　18. 南部拱廊

②当高层建筑处于城市立交道路系统地段，例如城市车行道和城市步行交通道分为上下立交，高层建筑裙房的交通组织应把城市交通系统中的人行交通和车行交通都纳入裙房中整体考虑。同时，还应考虑专门进入大楼的人流进出口。在交通如此复杂情况下，在设计中往往将裙房第一二层作为城市公共空间纳入城市交通系统。第 3 层以上则作为高层建筑的内部空间，这时进入裙房的人流应至少分为上、中、下三个层面。底层作为城市车行交通空间，供车辆穿越、出入。第 2 层则接纳城市空中步道的人流，第一二层汇集的人流通过自动扶梯与电梯到达第 3 层，再通过各功能部分的主入口进入高层建筑内部（图 4-1-18）。

③高层建筑的规模巨大而且功能复杂时，会出现多种不同的出入口，这时进入大楼的车辆和人流需要安排在上、中、下不同的高度上。为了缓解裙房地面水平交通的巨大压力，必须有足够的通道。在基地

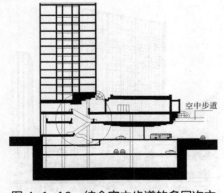

空中步道

图 4-1-18　结合空中步道的多层次立体交通

条件允许下，应开发一定的立体广场，如架空广场、地下广场，并作适当处理，以此解决大量人流、车流的快速疏散。当基地内出现多幢高层建筑时，则应充分利用裙房屋顶，将其开发为环境优美，可供社交、休息、运动的屋顶花园，并在其中组织塔楼的主要出入口，通过尺度较大的台阶和地面相连（图 4-1-19）。

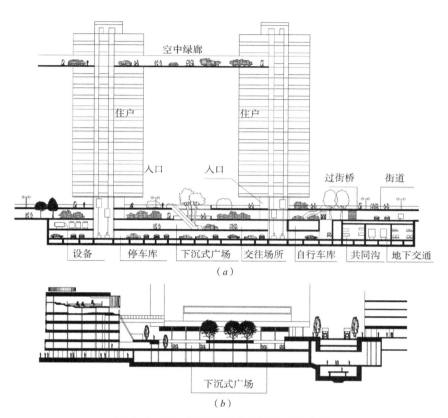

图 4-1-19 结合广场的多层次立体交通

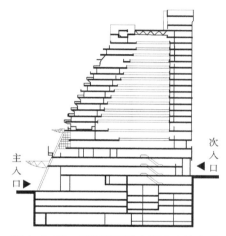

图 4-1-20 利用地形的多层次立体交通

④高层建筑地处地形复杂的地段，其裙房外部交通往往需要结合地形把车道、停车场、地下车库、进入大楼的人行步道等安排在多个层面上（图 4-1-20）。

（三）裙房基地与城市交通系统的接口

高层建筑的外部交通是其与城市空间系统各要素间的结构联系枢纽，因此，处理好高层建筑裙房外部交通的关键是协调好它与城市交通网络的接口。两者接口形式是内部交通组织的先决条件，同时两者间又有密切的关系。有何种交通连接方式便产生何种内部组织形式。设计时应充分利用已有的城市交通条件，合理连接、合理组合，既不影响城市交通，又能使基地内部交通方便、顺畅，有利于人流的引导、疏散。

1. 与机动车道的接口

（1）平面接口

即裙房各出入口与城市道路之间通过道路及广场水平连接。该方式基地内部交通方式较为单纯，易于组织，但出入口的通过能力受城市道路上已有的交通量的限制。当城市道路交通量较大时，容易造成局部拥挤及阻塞，安全隐患较大。适合于规模较小的高层建筑，并最好运用于与城市支路的接口。平面接口方式在设计中应注意以下几点：

①在容易造成高峰人流的出入口，如办公出入口应布置规模较大的集散广场，并适当加宽城市人行道作为进入城市交通系统的缓冲空间，最好将该出入口靠近城市公交车站布置。

②当城市干道交通量较大时，从高层基地出入的机动车辆应采取进出分离、客货分离的形式，并在城市道路与停车空间之间留出足够的缓冲空间。其优点是提高出入口的通行能力，避免机动车辆进出停车场及私家车与货车的相互干扰，同时也减少对周边城市交通的影响（图 4-1-21）。

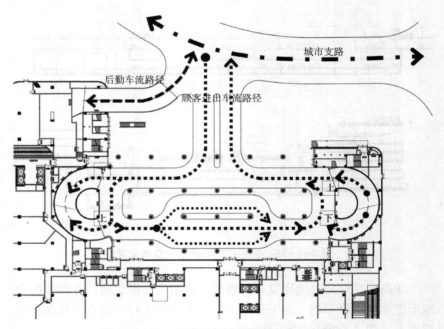

图 4-1-21　重庆万象城购物中心的车流布置

③当高层建筑的用地条件较为紧张时，如果采用进出分离等措施会造成出入口距离过近，极易形成干扰，发生拥堵等。为此，可以在适当加大出入口尺度的同时增加其功能，进而减少出入口的数量。如香港 APM 购物中心的两个出口，其中一个满足了私家车、公交巴士等功能，另一个为出租车出口，而入口只有一个，满足了私家车、公交巴士、出租车等功能，有效解决了用地不足造成的拥堵的问题。

④当城市干道行车速度超过 40km/h 时，应在车行出入口设加速及减速辅助车道，其长度一般为 20～40m。

⑤接口不应靠近城市道路交叉口。距交叉口的最短距离应由交叉口道路红灯时间内最大排队长度决定，并应大于 70m。

（2）立体接口

即高层建筑出入口与城市道路之间采用高架封闭式汽车专用环道来连接。车流经专用车道直接到达裙房二层或三层出入口。再经过基地内环形车道到达地面停车场或地下停车库。这种立体环道的通过能力很大，但需占用较大的基地面积，因而常常由一个片区中的建筑群来共同使用，使专用环道充分发挥其效益。

立体接口方式使高层建筑的对外交通组织更灵活，更方便，最大限度地减少了车辆对地面层公共活动场所的干扰，并大大减轻进入高层建筑的大量车流对城市车行道和步行道的压力。另外，架空车道与架空平台的结合，使消防车可以直接靠拢各高层主体进行扑救，从而使防火安全得到充分的保证，并使地面公共场所条件拥有更多的绿地。当然，修建专用环道需占用更大的基地面积，投资较高。而且，环道的造型必须精心设计，应突出美观、舒展的特征，避免破坏裙房造型的整体性。

除了高架封闭式车道外，立体接口还可以根据需要采用另外两种方式，一是将城市道路上的主线车流沉入地下，使城市道路与高层建筑相交的部分成为次要集散道路。这种方式使车辆流线与地下车库联系更为紧密，基本避免了车流对地面人流的干扰（图 4-1-22）。另一种方式是将人流集散广场局部下沉，以组织步行线路，车道以天桥方式跨越下沉空间（图 4-1-23）。

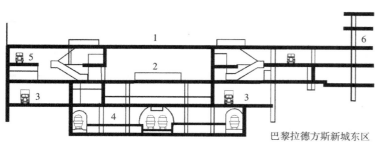

巴黎拉德方斯新城东区

1. 地面道路　2. 换乘广场　3. 汽车公路　4. 地铁站台
5. 公共汽车站　6. 高层建筑裙房

图 4-1-22　步行系统位于车道上方

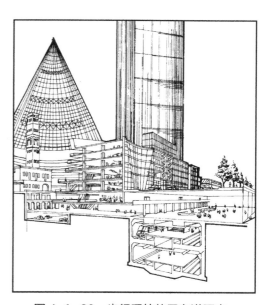

图 4-1-23　步行系统位于车道下方

2. 与城市步行系统的接口

在人口密集的城市中心地段，当建造起数量众多的高层建筑时必然带来以下问题：

（1）人流、车流密集，产生严重的人车混行，一定程度上干扰了城市正常交通，增加了城市交通事故；

（2）城市道路成为纯粹的交通空间，传统的、丰富的街道活动被迫转移到建筑内部，"逛街"变为"逛房"，破坏了城市公共地段的活力。

高层建筑集多种功能于一体，实际上缩短了步行出行距离，提高了步行交通密度，使步行在高层建筑内所有交通方式中所占的地位更为重要。为了解决上述车流对步行线路的干扰，实现对传统街道文化在高层次上的回归，世界上某些城市采取了建设城市步行专用系统的办法：即在大型建筑之间建设空中连接通道，在二三层或其他楼面上把它们连成一个整体，使大量人流及活动离开地面层，形成一个专用步行街（图4-1-24）。其优点有以下4种：

①步行专用系统完全实现人车分流，还给市民一片安全地带；

②步行专用系统将公共性强的商业、娱乐、餐饮等公共设施连成一个公共活动网络，达到功能互补，因而能够汇集大量人流，无形中提高了自身的商业价值与社会价值；

③由于增加了空间的多样性，使市民进入基地后可以根据自己的计划选择行走路线，提高活动效率；

④人们在室内外空间不断变化过程中，在不同高度跨越车行道时会产生新奇和愉悦的心理感受，让人们重新享受在步行过程中自由、安全逛街的乐趣。

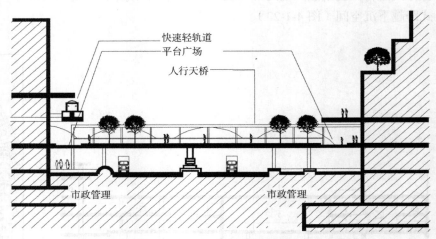

图4-1-24　空中专用步行街的处理

步行专用系统对高层建筑设计带来了新问题，设计时应注意以下问题：

①建筑的主要出入口位置和形式应根据步行系统来确定。主入口的设置不仅要考虑内部交通组织，还要照顾到步行系统的流量与流向，避免对步行系统的堵塞及混乱。

②建筑的出入口由单层单向变为多层多向，建筑物的大堂成为多层多向交通的结合部，裙房的一部分空间成为城市的公共走廊。设计时要处理好内外交通关系，接口层的交通流线成为设计的主导因素。

③在裙房二三层空间处理中，应结合高架步行系统，完善商业步

行道体系，如增设一些广场，使之与地面体系相似，并使附近人们就近通过广场进入空中步行系统。在步行系统连接处应具备良好的空间导向及明确的标志（图4-1-24）。

④在对裙房的地下空间的利用中，应结合地下步行系统，并强化地面、地下空间之间的联系。其可以通过设置下沉广场、地下商业街等形式来丰富地下步行系统。

⑤高层建筑中，裙房中的室内广场、中庭、屋顶花园等可能成为步行系统的有机组成部分。它们增加了步行系统的多样性及层次性，为市民提供更多的休闲活动空间，改善城市公共环境。在设计中，应对两者的相互利用，相互补充作充分的考虑。

第二节 地下车库设计

随着高层建筑向地面上空不断发展，从建筑结构安全考虑，建筑物埋入地下的深度也随之加大，其地下室的深度和层数也进一步增加。高层地下室在满足结构要求的同时，也为高层建筑的某些功能提供了足够的空间。设计中往往将汽车库及各类设备用房安排在地下层中。

随着我国经济的发展，城市小轿车的数量剧增，而且相对集中于大城市，由此而带来的停车压力明显增加。为解决这个日益突出的问题，住房和城乡建设部及各地城市规划管理部门都对新建、改建楼宇提出了相应的停车量要求和指标，不同的使用功能有不同的停车位要求。如重庆市2012版配建规范，大部分的公共建筑配建值都已达到每 $100m^2$ 一个停车位，商品住宅则根据单套住宅面积的不同而分为每 $100m^2$ 一个停车位或每 $125m^2$ 一个停车位。而高层建筑和其高价的基地地面面积是不能满足大规模停车要求的。因此在高层建筑功能布局中，大多将车库置于地下层。

地下车库具有许多优点，首先，可以在地面空间相当狭窄的情况下提供大量停车位，节约了城市用地。其次，地下车库本身作为经济开发对象，它可以作为一种物业，出租或出售给使用者，成为开发商获利的来源之一。更重要的是，地下车库建设往往成为反映高层建筑档次高低的一个重要标志。好的地下车库将为楼宇顺利销售和出租提供重要保证，大大提高了楼宇的综合效益。

由于基地限制和功能要求，常将车库与设备用房分层设置，车库常位于地下1或地下2层，而设备层常与车库同层或位于更下的楼层。地下车库的布置与高层建筑裙房内外空间结构关系密切，影响也较大。因此，本节重点研究地下车库设计，而设备层将在本书第五章探讨。

一、地下车库规模

地下车库是否拥有足够的停车位，将直接影响高层建筑自身的经济效益与运转效率。当车位足够时顾客欢迎，租用者踊跃，在提高其经济收益的同时，也保证了地面广场环境质量的创造。但若不顾实际情况，盲目增加车位，会造成车位积压，同时引起周边交通拥挤，反而降低了高层建筑外部空间的环境质量。停车位应从以下因素确定：

（一）高层建筑自身对停车位的需求

高层建筑对停车位的需求主要由功能性质确定，对于新建的高层建筑，各地城市管理部门都规定必须按比例建造一定容量的专用汽车库。表4-2-1为部分城市建设项目停车位指标规定值。

另外，以下因素在设计中也应充分考虑：

1. 车位租金。在城市繁华地区，停车需求往往因车位租金的提高而降低。

2. 高层建筑使用者或使用机构的档次越高，其用车量相对较多，对停车场的需求也越大。

3. 高层建筑内不同功能空间的停车需要量所占比例。由于办公停车位使用多在白天，而购物、餐饮娱乐的停车位使用多为傍晚，两种类型的停车需求若比例相当，则用于各项内容的车位可相互调节，提高利用率，停车位总量可适当减小。表4-2-2为各类建筑停车需求量峰值。

部分城市建设项目停车位指标规定值 　　　　　　　　　　　　　　表 4-2-1

			重庆 2012	上海 2014			深圳 2014			北京
				一类区域	二类区域	三类区域	一类区域	二类区域	三类区域	
商业类	商业（100m²/辆）	零售	1.0	0.5	0.8	1.0	0.4-0.6	0.6-1.0	1.0-1.5	建筑面积 10000m² 以上 0.65；建筑面积 10000m² 以下 0.45
		市场		0.8	1.2	1.5	0.8-1.2	1.2-1.5	1.5-2.0	
	餐饮、娱乐（100m²/辆）		1.0	1.5	2.0	2.5	0.8-1.0	1.2-1.5	1.5-2.0	0.7
	酒店（车位/客房）除重庆外		1.0 五星；0.7 四星及以下	一般 0.3；高级 0.5	一般 0.4；高级 0.6	一般 0.4；高级 0.6	0.2-0.3	0.3-0.4	0.4-0.5	一级旅馆 0.6；二三级旅馆 0.4；四级旅馆 0.2
	办公（100m²/辆）	行政	1.0	0.6-0.7	0.8	1.0	0.4-0.8	0.8-1.2	1.2-2.0	0.65
		其他					0.3-0.5	0.5-0.8	0.8-1.0	
公共服务类	医院（100m²/辆）	综合	1.0	0.6	0.8	1.0	0.8-1.2	1.0-1.4	1.2-1.8	0.65
		社区		0.2	0.3	0.5	0.6-0.7	0.8-1.0	1.0-1.3	0.45
		疗养		0.4	0.6		0.3-0.6			-
	图书馆（100m²/辆）		0.7	0.5-1.0			0.4	0.6	0.8	0.7
居住类	住宅（100m²/辆）	小	-	0.8	0.9	1.0	0.4-1.0			
		中	0.8	1.0	1.1	1.2	1.0-1.2			
		大	1.0	1.2	1.4	1.6	1.2-1.5			
	经济适用房		-	0.5	0.6		0.3-0.5			
	公共租赁房		0.34	0.3	0.4	0.5	-			

各类建筑停车需求量峰值　　　表 4-2-2

建筑类型 ＼ 比率	中午 11：30 ~ 12：30	晚间 17：30 ~ 19：30
商业	70	100
餐饮娱乐	85	100
旅馆	35	100
办公楼	100	10-20
住宅	50	100

4. 地面停车和地下停车的比例。表 4-2-2 所列停车位应是地面停车与地下停车的总和。在规划布局中，没有必要按停车量的 100% 建地下汽车库；因为即使地下停车设施再充足，地面停车也是不能避免的。地面停车率约占 15% ~ 25%。

（二）高层建筑所在区域的交通设施及条件

高层建筑所在区域的公共设施、停靠点数量规模、道路宽度、周边出入口长度，以及与其他街区相联系的地下通道、公共走廊、周围公共停车库的现状及发展等因素，均直接影响停车位的确定，尤以下列几点较为突出：

1. 基地周边道路交通条件。条件好则车辆易达，对停车位需求量大，反之则小。

2. 公共交通系统完善与否。公交系统完善，进入基地的人流会更多地选用公共交通工具而减少自备车使用，对停车位需求相应减少。其中重点考虑项目是否能与轨道交通直接接驳或间接连接。表 4-2-3 是目前国内部分城市针对公共交通系统降低停车需求的规定。

部分城市针对对公共交通系统降低停车配建的规定　　　表 4-2-3

	上海 2014 版	南京 2012 版	深圳 2014 版	成都 2014 版
条文	5.1.8	第十九条	6.4.2.1	2.3.8 中注④
需满足的条件	项目位于轨道交通站点 300m 范围内	一二类区中 50% 以上的用地面积在轨道交通站出入口 100m 范围内	轨道交通 500m 范围内的区域可按照一类区计算	地铁站街坊项目，满足交通影响评价
减少比例值	20%	10%	≈ 20%	20%

3. 道路停车限制政策。如果基地周边道路限制车辆停放在街道上，则相应增加了停车位的需求。

停车位的确定为停车场建筑面积进行估算提出一定依据，小型车每车位约 30 ~ 40m²，其他车型则按表 4-2-4 乘以换算系数。以上指标均包括停靠位和车道以及墙、柱等建筑构件面积。实际工程统计表明，地下停车库平均每车位约 37 ~ 47m²，室外停车场平均每车位约 27 ~ 37m²。

停车库设计车型外廊尺寸和换算系数　　　　　表 4-2-4

车辆类型		各车型外廊尺寸（m）			车辆换算系数（按面积换算）
		总长	总宽	总高	
机动车	微型汽车	3.2	1.6	1.8	0.7
	小型汽车	5	2	2.2	1
	中型汽车	8.7	2.5	4	2
	大型汽车	12	2.5	4	2.5
	铰接车	18	2.5	4	3.5
自行车		1.93	0.6	1.15	

二、地下车库的防火设计

高层建筑地下车库往往规模较大，投资较高，如果设计中缺乏防火措施或防火设计考虑不周，一旦发生火灾，往往会造成严重的经济损失和人员伤亡事故，故地下车库的防火是设计的重要组成部分。

（一）地下车库火灾特点

地下车库往往与设备用房相邻布置，由于其电气设备和安装使用不当而引起短路、起火，会迅速蔓延至地下车库；地下车库内汽车燃料的不慎泄漏，一旦使用明火或吸烟，能迅速引发大火。这些都是造成地下车库起火的主要原因。

地下车库发生火灾时，所造成的危害比在地面上要大得多。研究表明，在火灾中造成人员伤亡的主要因素是浓烟和与烟同时发生的有毒气体。而地下车库属密闭空间，因此浓烟所造成的危害就更为明显。一方面车库内一些轻质材料及防水材料等可燃物在助燃、空气不足时燃烧，将大量发烟，并伴生有毒气体。另一方面，由于缺乏自然通风，使烟迅速达到一定浓度，短时间即可对人员造成极大的生命威胁。

地下车库的疏散与消防更为困难，因空间大而封闭性强，人的方向感很差，在慌乱的情况下很容易迷路，火灾发生后的混乱程度比地面上更严重，且规模越大，危险性越大。同时，火势蔓延的方向和烟的流动方向与人员撤离走向一致，都是自下而上，火与烟的扩散速度如果大于人员的疏散速度，就十分危险。消防扑救线路单一，只能自上而下，扑救线路与火势又相冲突，烟和热气流汇集在出入口。这些不利因素给消防人员进入地下灭火造成很大困难。

综上分析，地下车库防火的关键是遵循防患于未"燃"，立足于"自救"的原则，做到"预防为主，防消结合"。

（二）地下车库的防火分类耐火等级及防火分区

汽车库的防火分类是按停车数量多少来划分类别的，《汽车库、修车库、停车场设计防火规范》GB50067-2014，车库防火分类分为四类，详表 4-2-5。

车库的防火分类（包括地下车库） 表 4-2-5

名称		I	II	III	IV
汽车库	停车数量（辆）	> 300 辆	151～300 辆	51～151 辆	≤ 50 辆
	或总建筑面积（m²）	> 10000	5001～10000	2001～5000	≤ 2000
修车库	停车数量（辆）	> 15 辆	6～15 辆	3～6 辆	≤ 2 辆
	或总建筑面积（m²）	> 3000	1001～3000	501～1000	≤ 500
停车场	停车数量（辆）	> 400 辆	251～400 辆	101～250 辆	≤ 100 辆

地下和半地下车库的耐火等级应为一级。这是因为地下车库缺乏自然通风和采光，发生火灾时，火势易蔓延，扑救难度大，地下车库通常为钢筋混凝土结构，可达一级耐火等级要求。

大型高层建筑的地下车库往往规模较大，为了将火势控制在发生范围内，避免向外蔓延，需将地下车库按一定面积划分防火分区。地下车库不设自动灭火系统时，其防火分区最大建筑面积为2000m²，设有自动灭火系统时，其防火分区最大建筑面积可增加一倍，为4000m²。各防火分区以防火墙进行分隔，当必须在防火墙上开设门、窗、洞口时，应设置甲级防火门、窗或耐火极限不低于3.00h的防火卷帘。

（三）地下车库的安全疏散

通过有效的防火分区，将火势控制在一定区域内，使地下车库内人员避难逃生及车辆疏散争取了尽量多的时间及机会，而要做到顺利逃出，还有赖于进一步的安全疏散设计，规定如下：

1.地下车库人员安全出口应和汽车疏散出口分开设置。这是因为不论平时还是在火灾情况下，都应作到人车分流，各行其道，避免造成交通事故，不影响人员的安全疏散。

2.地下车库的每个防火分区内，其人员安全出口不应少于两个，目的是能够有效地进行双向疏散。但若不加区别地多设出口，会增加车库的建筑面积及投资。因此，符合下列条件之一的可设一个出口：

（1）室内无车道且无人员停留的机械式停车库。

（2）IV类汽车库，即停车数不超过50辆的汽车库。

（3）当地下车库规模较大，划分为两个或两个以上的防火分区，且相邻防火分区之间的防火墙上设有防火门时，每个防火分区可分别设一个直通室外的安全出口。

（4）室内无车道且无人员停留的机械式汽车库可不设置人员安全出口，但应按以下要求设置供灭火救援用的楼梯间：

①停车数量大于50辆，且小于等于100辆，可设置1个楼梯间；

②停车数量大于100辆，且小于等于300辆，设置不少于2个楼梯间，并应分散设置；

③楼梯间与停车区域之间应采用防火隔墙进行分隔，楼梯间的门应为乙级防火门；

④楼梯间的净宽不得小于0.9m。

3. 地下车库室内疏散楼梯应设置封闭楼梯间，其与室内最远工作点的距离不应超过45m。当设有自动灭火系统时，其距离不应超过60m。单层或设在建筑物首层的汽车库，室内最远工作点至室外出口的距离不应超过60m。

4. 地下车库与地上层不宜共用楼梯间，当必须共用时，为防止火灾时，首层以上人员误入地下层，应在首层与地下层的入口处，用乙级防火门隔开，并应有明显标志。同时，地下车库疏散楼梯间类型必须与地上层楼梯间类型保持一致。另外，地下车库疏散楼梯间在首层应采用耐火极限不低于2.00h的隔墙与其他部位隔开，并宜直通室外。其楼梯间的门应采用乙级防火门。

5. 地下车库的汽车疏散出口应布置在不同的防火分区内，且总数不应少于两个，但符合下列要求的可设一个。

（1）Ⅳ类汽车库，即停放车辆不超过50辆，且建筑面积不大于2000m²的地下车库可设置一个单车道的出口。

（2）汽车疏散坡道为双车道，且停车数少于100辆的地下车库，仅需设一个双车道出口即可。停车数量小于等于100辆，且建筑面积小于4000m²的地下或半地下车库，仅需设一个双车道出口即可。

（3）Ⅳ类汽车库设置汽车坡道有困难时，可以采用汽车专用升降机作汽车疏散出口，升降机的数量不应少于2台。停车数少于25辆时，可设1台。

当地下车库规模较大而用地狭窄需设置多层地下车库时，可按照本条规定，根据本层地下车库所担负的车辆疏散是否超过50或100辆来确定汽车出口数。例如三层地下车库，地下一层为60辆，地下二层为40辆，地下三层为30辆；当车道上设有自动喷淋灭火系统且面积没有超过规范要求时，地下三层至地下二层因汽车疏散数小于50辆，可设一个单车道出口；地下二层至地下一层，因汽车疏散为40+30=70辆，大于50辆，小于100辆可设一个双车道的出口；地下一层至室外，因汽车疏散数为60+40+30=130辆，大于100辆，应设两个汽车疏散出口。

6. 除室内无车道且无人员停留的机械式汽车库外，两个汽车疏散出口之间的距离不应小于10m。当两个汽车坡道相毗邻设置时，如剪刀式坡道，应采用防火墙予以分隔。

7. 汽车库的车道应满足一次出车要求，即车道及车辆停放形式应满足：当任何一辆汽车起火时，其他车辆不受影响顺利疏散，即不需要调头，倒车，而直接驶出车位，并且疏散车道不能小于5.5m。

三、坡道式地下停车库设计要点

（一）通道宽度

地下车库的通道宽度和车辆停放方式有关。停放方式是指车辆在车位上停放后，车的纵向轴线与行车通道中心线所成的角度，一般有0°（即平行停车）、30°、45°、60°（即斜角停车）、90°（即垂直停车）等，见图4-2-1。

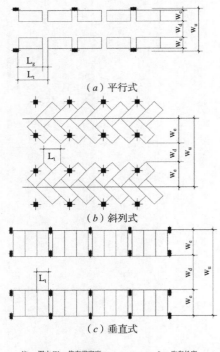

（a）平行式

（b）斜列式

（c）垂直式

注：图中 W_e—停车带宽度
W_d—垂直于通车道的停车位尺寸
W_u—通车道宽度
L_t—平行于通车道的停车位尺寸
L_e—汽车长度
S_t—汽车间净距

图 4-2-1 汽车停车方式

从上图可以看出，平行停车方式车辆进出车位更方便、安全，但每辆车因进出需要而占用的面积较大。斜角停车时，进出车较方便，所需转弯半径较小，相应通道宽度较小；但进出车只能沿一个固定方向，且停车位前后出现三角形面积，因而每辆车占用的面积较大。垂直停车可以从两个方向进出车，停放较方便，在几个停车方式中所占面积最小；但转变半径要求较大，行车通道较宽。综合几种停车方式的利弊，在高层建筑大面积多跨的地下车库中，应多采用垂直停车方式。而平行停车与斜角停车，仅应用于柱距较窄的某些跨度内。

车库通道宽度应根据车辆停放方式及一定车型的转弯半径等有关参数，用计算方法或作图法求出某种停车方式所需最小宽度（表4-2-6）。在实践中，我们可得出一组经验数据，即当地下车库车辆以小型汽车为主，且车辆采用斜角停放时，单车道宽度为 3.8 ~ 4.5m，双车道宽度为 5 ~ 6m；采用后退式垂直停放时车道宽度最小为 5.5m。

机动车停车库设计参数　　表4-2-6

车型分类　　项目 停车方式		垂直通道方向的最小停车带宽（W_e）(m)					平行通道方向的最小停车带长（L_t）(m)					通道宽（W_d）(m)					单位停车面积（A_t）(m²)				
		I	II	III	IV	V	I	II	III	IV	V	I	II	III	IV	V	I	II	III	IV	V
平行式	前进停车	2.2	2.4	3.5	3.5	3.5	0.7	6.0	11.4	12.4	14.4	3.0	3.8	4.5	5.0	5.0	17.4	25.8	65.6	74.4	86.4
斜角式 30°	前进停车	3.0	3.6	6.2	6.7	7.7	4.4	4.8	7.0	7.0	7.0	3.0	3.8	4.5	5.0	5.0	19.8	26.4	59.2	64.4	71.4
45°	前进停车	3.8	4.4	7.8	8.5	9.9	3.1	3.4	5.0	5.0	5.0	3.0	3.8	5.6	6.6	8.0	16.4	21.4	53	59	69.5
60°	前进停车	4.3	5.0	9.1	9.9	12	2.6	2.8	4.0	4.0	4.0	4.0	4.5	8.5	10	12	16.4	20.3	53.4	59.6	72
60°	后退停车	4.3	5.0	9.1	9.9	12	2.6	2.8	4.0	4.0	4.0	3.6	4.2	6.3	7.3	8.2	15.9	19.9	49	54.2	64.4
垂直式	前进停车	4.0	5.3	9.4	10.4	12.4	2.2	2.4	3.5	3.5	3.5	7.0	9.0	15	17	19	16.5	23.5	59.2	59.2	76.7
	后退停车	4.0	5.3	9.4	10.4	12.4	2.2	2.4	3.5	3.5	3.5	4.5	5.5	9.0	10	11	13.8	19.3	48.7	53.9	62.7

注：I - 微型车；II - 小型车；III - 中型车；IV - 大货车；V - 大客车。

（二）坡道设计

1. 坡道类型

地下车库的坡道是汽车出入最主要的垂直运输设施。坡道在高层建筑裙房及地下车库的面积分配、空间利用、造价等方面都占有相当大的比重，而且技术要求较高，因此对坡道设计应充分重视。

坡道的类型从基本形式上可分为直线型坡道（图4-2-2）和曲线型坡道（图4-2-3）。直线型又有直线长坡道和直线短坡道。直线长坡道上下方便，结构简单，在地面上切口规整，在实际工程中应用较广；其缺点是占用面积和空间较大。直线短坡道即楼层采用错层式布置。一条坡道仅上下半层高度，优点是使用方便，节省车道面积；但对于地势平坦地区或层数不多的地下车库，就不能充分发挥这种坡道的优点，反而浪费了一部分空间，并使结构复杂化。曲线型坡道的主要优点是节省面积和空间，在基地狭窄时尤为适用；但缺点是坡道视距小，车辆需连续旋转，故必须保持适当的坡度和足够的宽度，适用于停放小汽车的地下车库。表4-2-7为不同类型坡道优缺点比较。

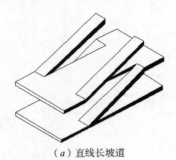

（a）直线长坡道

（b）直线短坡道

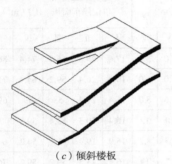

（c）倾斜楼板

图 4-2-2　直线型坡道

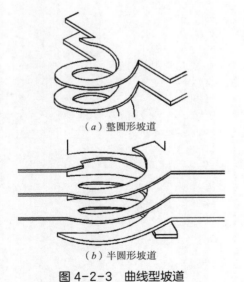

（a）整圆形坡道

（b）半圆形坡道

图 4-2-3　曲线型坡道

不同类型坡道优缺点比较　　　表 4-2-7

坡道形式	直坡道系统	错层式楼面系统	倾斜楼面系统	螺旋曲线坡道系统
形状				
优点	占用的面积较小；设计、施工简单	交通占用面积小	平缓和直线的倾斜楼面有利于行车	占用面积小
缺点	进出直坡道后会碰到急转弯	车库的交通组织复杂	汽车在不同楼面层之间行驶距离大大增加	视距小，弯道急
适用范围	适用于较窄的用地	适用于配建停车楼	对行车要求高的地下停车系统	多设置在地下停车库的角落或外部

在选择车库坡道类型时，并没有固定的模式，由于基地条件的复杂性，往往难于采用单一类型的坡道，因而常常出现折线型坡道或直线与曲线相结合等情况。故应从具体条件出发，采取灵活的布置方式，才能满足车辆进出短捷、迅速、安全等需求。

2. 坡道位置

坡道在地下车库的位置取决于地下车库与地面之间的交通联系、库内水平交通组织方式、地面交通组织方式以及车库平面与基地平面的相互关系等因素。综合以上因素，坡道在地下车库中的位置基本上有以下三种方式，即坡道在车库主体建筑之内（图 4-2-4a），坡道在车库主体建筑之外（图 4-2-4b），坡道一部分在车库内一部分在车库外（图 4-2-4c）。三种情况各有优缺点，实际工程中应根据具体情况灵活处理。

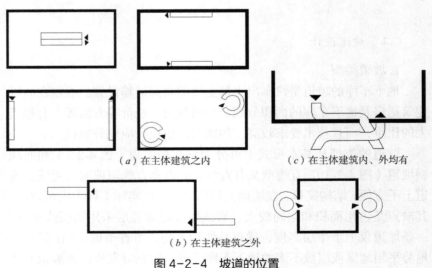

（a）在主体建筑之内

（b）在主体建筑之外

（c）在主体建筑内、外均有

图 4-2-4　坡道的位置

坡道在车库之内的主要优点是节约基地面积，上下联系方便，地面场地较完整。但由于坡道的存在使主体建筑的柱网结构都比较复杂，而且当高层建筑裙房与地下车库面积相当时，采用这种方式车辆必须进入一层裙房后再驶入坡道，则车道与坡道必将占用一部分宝贵的裙房面积,这对于裙房规模较小的高层建筑来说是不划算的。因此，该方式往往用于裙房规模较大且占地率较大的地下车库，或地下车库面积大大超过裙房面积情况。另外，山地城市中，由于基地各边标高不等，则往往以标高较高的一边作地面一层入口，而标高较低的一边作地下一层的入口，则车辆可直接驶入地下一层到达地下车库（图4-2-5）。

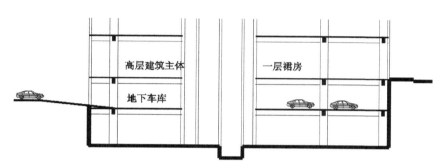

图4-2-5 山地建筑利用不同标高设置车库人口

坡道在车库以外时，坡道与主体建筑分开，结构容易处理，并便于对入口部实行防护，车道与坡道也不会占用裙房面积。但采用这种方式所形成的坡道往往破坏地面场地的完整性，因此车库出入口及坡道的位置应精心考虑。该方式适用于基地内建筑占地率小的情况。严寒地区，由于坡道易于冰冻，影响行车安全，故不应采用这种方式。

当裙房及地下车库规模较小，且建筑占地率较大时，往往采用折衷方法，即将坡道一部分置于车库外，一部分置于车库内，虽增加了结构处理的难度，但少占用裙房面积。或可采用螺旋形坡道，或折线形坡道，以适应基地条件。

多层地下车库坡道位置则往往结合以上几方式，如地面一层至地上一层车库采用坡道在外的方式，地下一层至地下二层采用坡道在内的方式等。

3. 坡道坡度、宽度

（1）坡道坡度

车库坡道坡度主要由车辆进出和上下方便程度、安全程度、车库层高及车库面积等因素确定。这是一个辩证的关系，坡度越大时，汽车爬坡越吃力，耗油和排放废气大，且容易造成危险事故。坡度小固然安全，但坡道长度和面积都将增加。因此，确定适当的坡度是很有必要的。

《汽车库建筑设计规范》JGJ100-98 规定直线坡道的允许最大纵坡为15%，若条件允许，则坡度为12%较为合适；曲线坡道的允许最大纵坡为12%。错层的直线短坡道的纵度还可适当加大；若地下车库停放车辆以中、大型汽车为主时，其坡度应比小型车的坡度小一些，见表4-2-8。

汽车库内通车道的最大坡度　　　　　　　　表 4-2-8

坡度　　通道形式 车型	直线坡道		曲线坡道	
	百分比（%）	比值（高：长）	百分比（%）	比值（高：长）
微型车 小型车	15	1：6.67	12	1：8.3
轻型车	13.3	1：7.50	10	1：10
中型车	12	1：8.30		
大客车 大货车	10	1：10	8	1：12.5
铰接客车 铰接货车	8	1：12.5	6	1：16.7

注：曲线坡道坡度以车道中心线计。

当坡道坡度大于10%时，在坡道上下方变坡位置应设置缓坡段。这是因为，当车辆穿过底部变坡点时，由于惯性引起车辆前端或后端擦地；而坡道顶部若不设缓冲坡，驾驶员视测距离受限，穿越急坡的变化使驾驶员与乘客感到不适。因此，坡道应逐步过渡到较平的楼板面。直线坡道缓坡段水平长度不应小于3.6m，缓坡段的坡度为坡道坡度的1/2，曲线坡道不应小于2.4m，曲线的半径不应小于20m，中点为坡道原起点或止点（图 4-2-6）。

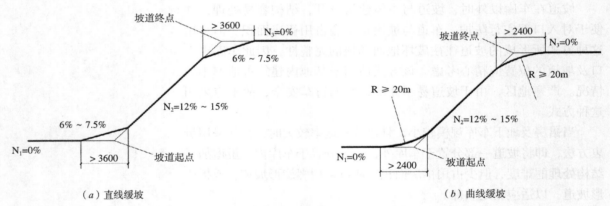

（a）直线缓坡　　　　　　　　　　　（b）曲线缓坡

图 4-2-6　车库坡道剖面设计

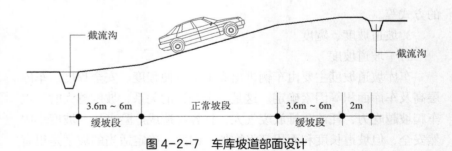

图 4-2-7　车库坡道部面设计

（2）坡道宽度与排水措施

坡道的宽度影响行车安全及坡道的面积，因此，过窄与过宽都是不合理的。直线单车坡道的净宽度应为车辆宽度加上两侧距墙或栏杆的必要安全距离（0.8～1m），双车坡道还要加上两车之间的安全距离（1.0m），曲线坡道的宽度为车辆最小转弯半径在弯道上行驶所需的最小宽度加上安全距离(1.0m)。对坡道,最小宽度建议值见表4-2-9、表4-2-10。规范规定:汽车疏散坡道宽度单车道应不小于3m,双车道不小于5.5m。

汽车库坡道最小宽度　　　　　　　表 4-2-9

坡道形式	计算宽度	最小宽度（m）	
		微型、小型车	中型、大型、铰接车
直线单行	单车宽 + 0.8	3.0	3.5
直线双行	双车宽 + 2.0	5.5	7.0
曲线单行	单车宽 + 1.0	3.8	5.0
曲线双行	双车宽 + 2.2	7.0	10.0

汽车库内汽车最小转弯半径　　　　　表 4-2-10

车型	最小转弯半径（m）
微型车	4.5
中型车	6.0
轻型车	6.5 ~ 8.0
中型车	8.0 ~ 10.0
大型车	10.5 ~ 12.0
铰接车	10.5 ~ 12.5

为了防止地面水进入地下车库,必须采取严格的防排水措施,在坡道的两端应设置与坡道同宽的截流水沟及耐轮压的金属沟盖。并在坡道出地面处设置反坡作为挡水段(图4-2-7)。

（三）车库层高

1.结构选型

不同结构形式形成的层高各不相同,地下汽车库常用的结构形式有以下三种选择:普通梁板式、无梁实心楼盖和无梁空心楼盖(图4-2-8),使用率最高的是普通梁板式。但这种结构形式由于受到梁高的影响,建筑层高较高;而相同净高条件下,无梁实心楼盖和无梁空心楼盖均能有效降低层高。相对而言,无梁空心楼盖虽然在层高上略大于实心楼盖,但含钢量和含混凝土当量较少,综合看来,高层建筑地下停车库在可能情况多选用无梁空心楼盖,以降低空间层高。

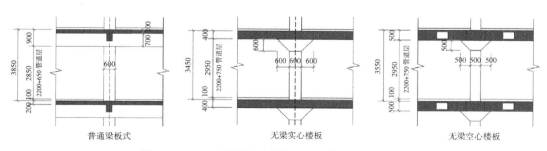

图 4-2-8　不同结构形式的层高示意（单位：mm）

2. 车库层高数据

在坡道坡度确定后，坡道长度随层高的增加而增长。因此，降低层高，缩短坡道则能带给地下车库更多的使用面积。车库的层高是车库净高、结构层与设备层高度之和，而车库净高应为汽车总高加上0.5m的安全距离。表4-2-11为停放各类车型车库的室内最小净高。

停车库内室内最小净高　　　表 4-2-11

车型	最小净高（m）
微型车、小型车	2.2
轻型车	2.8
中、大型、铰接客车	3.4
中、大型、铰接货车	4.2

停车库层高计算内容　　　表 4-2-12

部位	层高内容	备注
车库层高＝（a+b+c+d+e+梁高或板厚 +100 余量）	a、面层厚度（50～100mm）； b、停车库净高（≥2200mm）； c、通风管高度（250～500mm）； d、水喷淋高度（≥200mm）； e、电桥架（≥150mm）； 顶板梁高（无梁楼盖为板厚）预留富余量100mm	1. 楼层式停车库和配建停车楼保证自然通风时，不用考虑 c 项； 2. 表中"+"不代表简单相加，意为需考虑的因素，实际工程中需进行考虑，可进行管线综合； 3. 设计时若遵循上述 3、4、5 原则，则确定层高时可不考虑 d、e 两项

从各专业和开发商对停车库层高的实践来看，综合最小净高及结构和设备高度（表4-2-12），高层建筑地下车库，选用梁板式结构的车库最小层高能控制在3.6m，选用无梁楼盖结构的车库层高理论上能控制在3.3m以内。若停放中、大型客车，则层高相应增大。

（四）柱网选择

高层建筑地下车库一般都有较多的柱，这就增加了车库内不能充分利用的面积。因此，柱网选择是地下汽车库总体布置中的一项重要工作，直接关系到设计的经济合理性。地下车库柱网选择主要应满足停车和行车的各种技术要求，兼顾结构合理，并考虑与上部建筑柱网的统一。设计中主要考虑以下因素：

1. 停放车辆有关数据

柱网选择必须考虑地下车库内停放车辆的类型；不同车型，由于轮廓尺寸不同采用的柱网也不同。表4-2-13为汽车设计车型外廓尺寸。

汽车设计车型轮廓尺寸　　　表 4-2-13

车型	总长	总宽	总高
微型车	3.5	1.6	1.8
小型车	4.8	1.8	2.1
轻型车	7.0	2.1	2.6

续表

尺寸　　　项目 车型	轮廓尺寸（m）		
	总长	总宽	总高
中型车	9.0	2.5	3.2（4.0）
大型客车	12.0	2.5	3.2
铰接客车	18.0	2.5	3.2
大型货车	10.0	2.5	4.0
铰接货车	16.5	2.5	4.0

此外，为了满足驾驶员开门进出需要及防火抢救要求，汽车与汽车、墙、柱等净距也应符合表4-2-14的规定。

汽车与汽车、汽车与墙、汽车与柱之间的间距　　　表4-2-14

	车长≤6或车宽≤1.8	6<车长≤8或1.8<车宽≤2.2	8<车长≤12或2.2<车宽≤2.5	车长>12或车宽>2.5
汽车与汽车	0.5	0.7	0.8	0.9
汽车与墙	0.5	0.5	0.5	0.5
汽车与柱	0.3	0.3	0.4	0.4

2. 经济合理性

柱网选择必须尽量增大车库内有效停车面积，减少因柱产生的空间浪费。例如，地下车库塔楼范围内柱径为1m时，根据汽车距柱边0.3m的要求，则柱占用车库空间宽度为1.6m，接近一台小型车位的宽度。因此，在相同的车库面积中柱越多，减少的停车位越多；若两柱间由停2辆车改为停3辆车时，由于柱距加大，柱子减少，可以多停约5%的车，即每停18辆车可增加1个车位的宽度。若柱间改为停放4辆小轿车，则可以多停约8%的车，即每停12辆车可增加1个车位的宽度。故当车库规模较大时，应尽可能使用大跨度柱网来增加停车数量。

当然，在增加停车位的同时还应考虑柱网结构的合理性。当柱距增加拟停更多辆车时，由于柱径与梁高、层高均应增加，反而使土建造价增加。因此地下车库以每柱距停3辆轿车较为合适。

3. 与上部建筑柱网尺寸统一协调

高层建筑依功能或层数不同分为三类柱网，即塔楼柱网、裙房柱网、地下车库柱网。从结构因素考虑，塔楼属于高层建筑，控制塔楼柱网的主要因素是水平荷载（即风荷载和地震荷载）；而裙房和其下部的地下车库绝大多数属于多层建筑，控制其结构的主要因素是竖向荷载而非水平荷载。从使用功能考虑，塔楼部分多为办公、旅馆、住宅等类型，柱网尺寸为满足空间使用功能，需要有严格的限制；裙房功能以商业、服务、娱乐、餐饮等内容为主，对柱网没有严格要求，相对来说，大柱网更能满足灵活划分空间的需要；地下车库对柱网的要求已在前面述及。综上所述，塔楼柱网应在这三类柱网中占统帅地位，地下车库柱网应服从塔楼柱网，并与之统一；在允许的情况下塔楼柱网选择也应考虑地下车库的需求，而裙房柱网则应与上述二者相协调统一。三者柱网布置应尽量规整，结构合理，有利于充分利用空间。

当塔楼柱距过小而难以与地下车库柱网协调时，由于塔楼面积一般只占地下车库面积的一小部分，因此，地下车库与裙房在塔楼面积外的柱网则可另行布置，以满足地下车库停车要求。但设计中应注意两组柱网交接处的结构联系，并保证地下车库与塔楼必要的交通联系。

4. 停车和行车的多种技术要求

柱网选择还应综合各种停车和行车的多种技术要求，满足因停车方式、进出车方式、单车道或双车道、转弯半径等不同时的要求。表4-2-10为不同车型汽车的最小转弯半径。

综合以上因素，从图4-2-9可看出车位布置与柱网尺寸的关系。当两柱之间停3辆小轿车时，柱网尺寸可定为8～8.5m；当两柱之间停4辆小轿车时，柱网尺寸可定为9.5～11m，这样可以满足停车和行车的多种技术要求，同时也照顾到结构的经济跨度值。

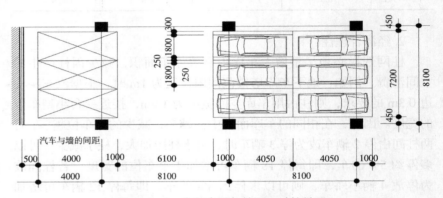

图 4-2-9　车位布置与柱网尺寸的关系

第五章　高层建筑设备系统与建筑设计

高层建筑中为了保障舒适、安全的生活与工作环境，需要设置复杂的设备系统，包括空调系统、给排水系统、电气系统、消防系统以及建筑智能化系统等。所有这些设备系统都应该与土建工程配合，在建筑设计的统筹之下，合理布局，有机配合，才能保证其正常的运行和效率的发挥。

本章主要从建筑师的角度，讲述在高层建筑设计中，如何实现设备系统与建筑设计的合理配合。这种配合贯穿了设计的全过程，往往在设计的初期（即方案阶段），就需要加入进来。这时，建筑与设备双方需要讨论以下事项：

（1）设备用房的位置、面积、尺寸及其与主体结构的相互关系。

（2）设备管线、井道体系的空间位置、走向与尺寸规格。

（3）屋顶及室外大型设备的设置与建筑规范、环境污染的关系。

（4）建筑与设备的防灾处理，如防火分区，排烟设备与建筑之间的复杂关系。

（5）大型室内设备的进入、安装、检修方式……

随着设计的深入，这种配合会变得更加密切：与设备的散热、噪声、振动相应的建筑构造措施；设备的重量与梁高、板厚的关系；如何处理设备间的防水、防潮；如何规划复杂的设备竖井；设备管线与建筑空间的关系……在建筑与设备之间频繁的相互配合、反馈中，建筑设计才得以深入与合理化。因而在高层建筑的设计中，了解必要的相关设备知识，特别是了解设备布置与土建设计的关系，掌握与各设备工种相互配合的方法，是非常重要的。

设备层：所谓设备层，是指建筑物某层的有效面积大部分作为空调、给排水、电气、电梯机房等设备布置的楼层。设备层的具体位置，应配合建筑的使用功能、建筑高度、平面形状、电梯布局（高、低速竖向分区）、空调方式、给水方式等因素综合加以考虑。表 5-0-1 为国外典型的高层建筑设备层所在位置。

国外典型的高层建筑设备层所在位置表　　　　表 5-0-1

名称	层数	建筑面积（m²）	设备层位置（层）
曼哈顿花旗银行（纽约）	B5+60	208，000	B5、11、31、51、61、62
伊利诺斯贝尔电话公司（芝加哥）	B2+31	902，000	B2、3、21、31
神户贸易中心	B2+26	50，368	B2、12、13
东京 IBM 大厦（HR）	B2+22	38，000	B2、21
NHK 播音中心（HR）	B1+23	64，900	B1
京王广场旅馆	B3+47	116，236	B3、8、46

注：表中 B 为地下层。

在高层建筑中，一般将产生振动、发热量大的重型设备（如制冷机、锅炉、水泵、蓄水池等），放在建筑最下部；将竖向负荷分区用的设备（如中间水箱、水泵、空调器、热交换器等），放在中间层；而将利用重力差的设备，体积大、散热量大、需要对外换气的设备（如屋顶水箱、冷却塔、锅炉、送风机等），放在建筑最上层。详见表5-0-1和图5-1-8。

在高层建筑中，因建筑高度大，层数多，设备所承受的负荷很大。从建筑物与设备系统的有效利用角度考虑，要节约设备管道空间、合理降低设备系统造价。因此，高层建筑除了用地下层或屋顶层作为设备层外，往往还有必要在中间层设置设备层，以使空调、给水等设备的布置达到经济、合理。最早明确设置中间设备层的第一座高层建筑，是1950年竣工的30层的联合国大厦。设置中间设备层有以下特点：

（1）为了支撑设备重量，要求中间设备层的地板结构承载能力比标准层大；而考虑到设备系统的布置方式不同，中间设备层的层高会低于或高于标准层，见表5-0-2。

（2）施工时，需要预埋管道附件（支架）或留孔、留洞，结构上需考虑防水、防振措施。

（3）从高层建筑的防火要求来看，设备竖井应处理层间分隔；但从设备系统自身的布置要求来看，层间分隔增加了设备系统的复杂性，需处理好相互关系。

（4）标准层中插入设备层增加了施工的难度。

从目前国内外高层建筑情况来看，往往采用中间设备层，其原因是有利于设备系统（特别是空调和给排水）的布置和管理。一般情况下，每10～20层设一层中间设备层。设备层高度以能布置各种设备和管道为准。例如，有空调设备的设备层，通常从地坪以上2m内放空调设备，在此高度以上0.75～1m布置空调管道和风道，再上面0.6～0.75m为给排水管道，最上面0.6～0.75m为电气线路区。表5-0-2为设备层层高概略值。如果没有制冷机和锅炉，仅有各种管道和其他分散的空调设备，国内常采用层高2.2m以内的技术夹层。

设备层的层高概略值　　　　　　　　　　表5-0-2

总建筑面积（m²）	设备层（包括制冷机房、锅炉房）层高（m）
1000	4.0
3000	4.5
5000	4.5
10000	5.0
15000	5.5
20000	6.0
25000	6.0
30000	6.5

第一节　空调系统与建筑设计

　　本节的目的在于了解空调系统与土建设计相关的内容，使建筑设计人员在工程设计中能够全面掌握空调工程设计中的技术问题，提高设计质量。

一、高层建筑空调系统的组成

　　在高层建筑中，为了更好地控制室内的舒适度，一般采取室内与室外完全隔绝的方式。为此，往往采用全空调系统。高层建筑空调系统主要由冷热源、空气的调节与分配、自动控制和调节装置等几部分组成。（图 5-1-1）。

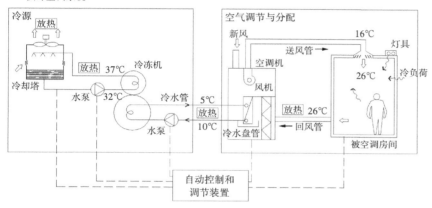

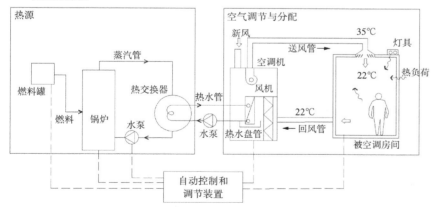

图 5-1-1　空调系统的组成

　　冷、热源——对系统加热和排热，以控制热环境的质量。
　　空气的调节分配——包括空气处理设备、空调风系统、空调水系统。
　　空气处理设备是将送风空气处理到规定的状态，包括空气的温度、湿度、气流速度、粉尘、有害气体等指标。空气处理设备可以集中于一处为整幢建筑物服务，也可以分散设置在建筑物各层面。
　　空调风系统是将符合标准的空气在整幢建筑中进行分配和循环，

包括送风系统和排风系统。送风系统将处理过的空气送到空调区；排风系统将空气从室内排出，并将排风输送到规定地点。

空调水系统是将冷媒水和热媒水从冷源或热源输送至空气处理设备。空调水系统分为冷（热）水系统、冷却水系统和冷凝水系统三部分。

自动控制和调节装置——运用智能化的技术手段，对空调系统的运行进行实时监控和调节，以保证其最佳的运行状态，从而达到舒适与节能兼顾的目的。

二、高层建筑空调系统的特征

1. 空调系统分区

高层建筑通常采用玻璃幕墙等轻质外墙体系，故建筑物的热容量小，对外界环境变化较敏感，在不同朝向、不同高度的空调负荷差别很大。为适应这一特点，有必要按照层数、朝向、用途、使用时间等条件进行空调系统的分区。这样，有利于减少管道和风道的尺寸，便于调节管理以及节省运行费用和能源。

2. 空调设备对建筑立面的影响

冷却塔、新风口、排风口等空调设备需要布置在室外或在外墙上开口，从而对建筑立面造成影响。在建筑设计中如果忽视这些设施的外观处理，往往会导致整个建筑形象的破坏。以深圳地王大厦为例：冷却塔不放在裙房屋面上，而置于办公塔楼屋顶的两个圆塔内和公寓屋顶的红冠内（图 5-1-2），同时解决了噪声和视线景观的问题，保留了漂亮的裙房屋顶花园，这样做虽然造价较昂贵，但综合效益却提高了。另外，其避难层和通风口经过精心的处理，反而成了立面造型的亮点（图 5-1-3）。

3. 风对空调系统的影响

室外风速随建筑高度的增高而增大，使得高层建筑外表面的渗透

图 5-1-2　深圳地王大厦的冷却塔设置

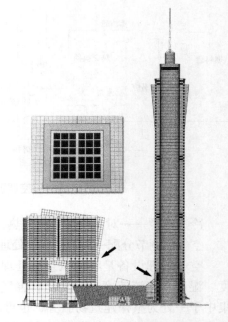

图 5-1-3　深圳地王大厦的立面通风口造型

风和放热系数增大，从而增加了空调负荷。因此，应通过建筑手段，尽可能提高外围护结构的气密性，以保障空调的舒适性和节能效果。

4.大型空调设备的位置

高层建筑的制冷机、空调机组等大型设备通常布置在地下层、设备层、屋顶等处。在其考虑布置位置的时候，不仅要考虑空调系统自身的经济合理性，还要兼顾建筑功能的要求和建筑结构的合理性；设备的安装和维护管理也需要考虑。建筑师应在方案阶段就将其纳入设计构思之中，进行统筹安排。

5.设备管道与建筑空间

空调分配系统的管道尺寸较大，往往占用较多的建筑空间，因此建筑师在确定层高时，必需结合不同空调系统的特点（即管道大小不同）来进行。其既要保证使用的要求，又不能浪费空间。

6.外墙上风口的位置

新风口应在上风方向，取未被污染的空气，避开邻近的有害物排出口。排风口在下风向，与新风口保持一定的距离和高差，同时为防止倒灌应设避风百叶。新风口和排风口均设为防雨淋百叶风口（即侧壁格栅风口）。

三、冷、热源设备与建筑设计

（一）冷、热源设备

1.冷源设备：

（1）制冷机

用于高层建筑空调系统的制冷机主要有离心式和吸收式两种。离心式制冷机（图5-1-4）的工作原理是靠叶轮旋转产生的离心力压缩冷媒物质制冷。它的特点是容量控制方便，造价相对较便宜，维护较方便，但噪声大。吸收式制冷机（图5-1-5）是靠吸收剂的吸收作用

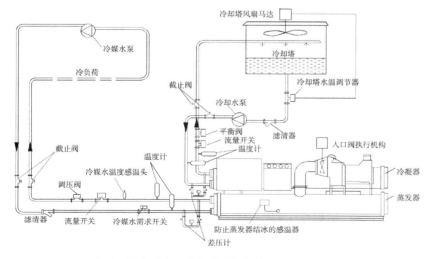

离心式冷水机组水管路系统

图5-1-4　离心式制冷机组工作原理（一）

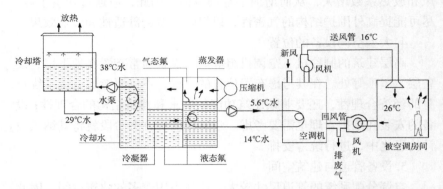

离心式制冷机组工作原理：液态氟吸收水中热量使之变为冷冻水，此时液态氟变为气态氟，压缩机再将气态氟压缩到冷凝器中变为液态氟，这一过程将放出大量热量，故需冷却水系统对冷凝器进行冷却。

图 5-1-4 离心式制冷机组工作原理（二）

制冷，其运行需要高温热源，通常以油、蒸气、热水作动力，用电很少，造价高而运行费用低。但在高层建筑中，因缺少足够的供热设备，故很少采用，尽管它的噪声和振动比离心式制冷机小得多。

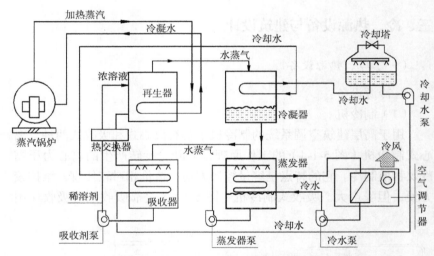

图 5-1-5 吸收冷冻循环（水、锂卤化物吸收冷冻机）

（2）冷却塔

将冷冻机的冷却水与室外空气进行热交换，使其冷却再循环使用的装置。冷却塔有开放式和密闭式两种（图 5-1-6）。开放式价格便宜最为常用，但对环境有影响，且对设备及管道的维护不利。其通常有圆形和方形两种，大型系统常选用方形冷却塔，以节省建筑面积。密闭式的冷却水不与室外空气直接接触，对环境、设备和管道的维护有利；但重量、体积较大，且价格较高。

2.热源设备

（1）锅炉

产生空调热水，根据燃料的不同，有燃油和燃煤气两种。目前电锅炉也有采用，其对环境污染小，安全性高，但运行费用很高。

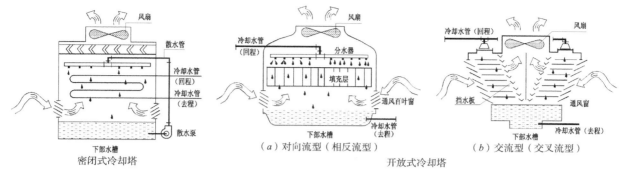

图 5-1-6 冷却塔

（2）冷、热水机组

既产生冷冻水又产生热水，集制冷机与锅炉于一体，主要有吸收式冷热水机组和热泵式冷热水机组（图 5-1-7）两种，在冬季寒冷的北方还需要辅助热源供暖，其总体造价较高。

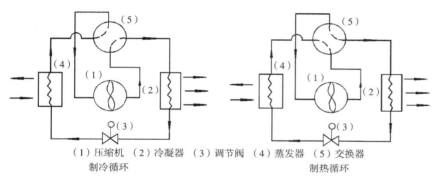

（1）压缩机 （2）冷凝器 （3）调节阀 （4）蒸发器 （5）交换器
制冷循环　　　　　　　　　　　制热循环

图 5-1-7 热泵机组示意图

3. 冷热源设备的位置

高层建筑空调负荷大（每平方米建筑面积所需平均制冷功率为 0.11 ～ 0.16kw），冷、热源设备也很庞大，为节省机房占地面积，除采用区域供冷、供热外，大多数将冷、热源机房置于地下层和屋顶层，同时应解决好隔声、隔震及安全等问题。高层建筑的冷热源设备位置布置方式主要有以下几种，详见表 5-1-1 和图 5-1-8。

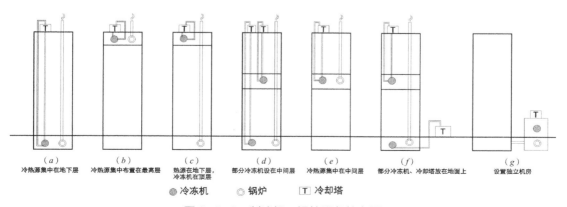

（a）　　　（b）　　　（c）　　　（d）　　　（e）　　　（f）　　　（g）
冷热源集中在地下层　冷热源集中布置在最高层　热源在地下层，热泵机在顶层　部分冷冻机设在中间层　冷热源集中在中间层　部分冷冻机、冷却塔放在地面上　设置独立机房

⬤冷冻机　　◯锅炉　　▢T冷却塔

图 5-1-8 制冷机、锅炉设备的布置

冷、热源设备的位置						表 5-1-1
(a) 冷热源集中在地下层	(b) 冷热源集中布置在最高层	(c) 热源在地下层，冷冻机在顶层	(d) 部分冷冻机设在中间层	(e) 冷热源集中在中间层	(f) 把部分冷冻机、冷却塔放在地面上	(g) 设置独立机房
对设备的维护管理和隔声、减振等的处理比较有利，一般用于 20～25 层以下的建筑物，否则设备承受压力过大，且烟囱占用空间过大	冷却塔与冷冻机（包括蒸发器、冷凝器）之间管路短，冷冻机承压小，管道节省。烟囱短且占空间小。但应注意燃料供应、防火、设备搬运、消声防振等问题。欧美在 30～60 层的建筑物中常采用这种方式	它兼有前面二者的优点，但烟囱所占空间大	对于使用分低、高区的建筑较合适，中间层的冷冻机常考虑用吸收式，以减少噪声和振动。层数在 30 层以上的办公楼或旅馆常采用	设备承受一定压力，管理方便；但中间设备要比标准层高，噪声和振动容易上下传递，结构上应作考虑	减轻承压，但冷却塔需考虑隔声	常应用在无地下层可供利用，或增设空调系统的高层建筑中。其优点是对隔声防振有利，但管线较长，目前我国采用较多

（二）制冷机房（制冷站）设计

1. 制冷机房设备

其设备有制冷机组、冷冻水泵、冷却水泵等，平面布置如图 5-1-9。设备之间需留出 0.8～1.5m 检修通道。

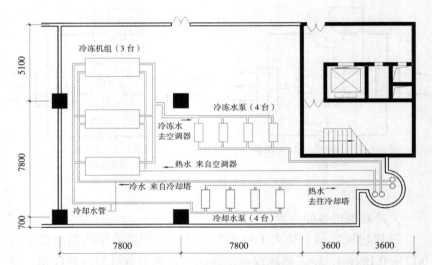

图 5-1-9　某高层建筑冷冻机房平面布置
（位于地下 2 层，标高 -9.7m，面积 225m²）

2. 制冷机房的设计要求与注意事项

（1）设备重量很大，结构工程师为获得准确的设计荷载数据，必须向设备供应方咨询。同时建筑师和设备工程师也应对设备的布置进行了解。

（2）设备的尺寸及使用空间高度要求较高，机房净高度一般为 4～6m（离心式制冷机一般为 4.5～5m，吸收式制冷机则要求设备顶部距板或梁下不小于 1.5m）。当制冷机房在地下室时，可采用局部降低地坪或楼板（如制冷机房下层布置贮水池等净高要求低的房间）标高的处理方式，来布置机房设备，这样可以不为局部而提高整层的层高。当机房位于地面上的设备层时，可将设备层设计为两层楼高，不布置机房的部分处理局部夹层，这样既充分利用空间，又不会影响建筑立面的竖向节奏。如深圳地王大厦 68 层的办公楼，共设置了 4 个双层高的避难兼设备层，布置了大型泵房、变电、空调等设备，局部设双层或夹层，充分利用空间，而外立面效果却完整统一，不受影响（图5-1-10）。

33层的高层公寓楼

地王大厦的裙房造型

68层的高层办公楼

图5-1-10　深圳地王大厦的建筑造型

（3）机房的位置：从结构观点来看，地下室最好，其荷载对主体结构的影响最小。从建筑观点来看，因冷冻机组运行时振动和噪音大，且有水洒落在地面；放在地下室，它的隔声、隔振和防水、防潮都比较容易处理。

（4）与空调机组的相互联系，需要周密考虑。冷冻站的位置会影响冷冻水管的费用和整个系统的运行效率，在一幢比较高的高层建筑中，大约20层左右需设一个设备层；从节省冷冻水管和提高系统运行效率来看，将冷冻机房放在接近于底部的1/3处比较恰当。地下室未必是冷冻站的最好位置。可以考虑的楼层除了顶层和地下层外，还可能有一个或多个在中间楼层。如芝加哥电报电话大楼60层，冷冻站放在第16层；芝加哥北密执安大道900号大厦66层，冷冻站则放在第14层。

（5）冷冻机组尺寸很大，因此设备的安装进场需要作特殊考虑。如上海新锦江大酒店的冷冻机置于老锦江地下室中，采用了斜坡滑移方式安装（图5-1-11）；而上海商城裙房冷冻机则采用了吊装方式。

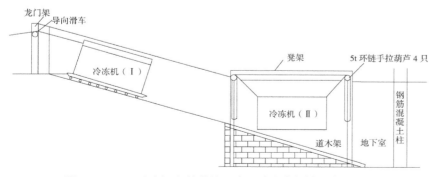

龙门架
导向滑车
凳架
5t环链手拉葫芦4只
冷冻机（Ⅰ）
冷冻机（Ⅱ）
钢筋混凝土柱
道木架
地下室

图5-1-11　冷冻机安装就位示意图（上海新锦江大酒店）

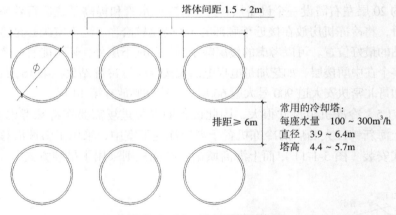

（6）与施工计划的配合：冷冻机属重型设备，交货期较长，而机房上面的顶板在设备全部就位以前，往往不能浇注，这会大大拖延施工进度，因此设备应提早订货；或者在楼板上预留吊装机组的洞口，待机组安装好后，再将预制板盖在洞口上。不过仍然要注意的是，这样做会对整个楼板的施工安装带来影响。

3.冷却塔的布置与建筑设计

（1）放置冷却塔最常见的位置是放在高层建筑屋顶或裙房屋顶上。其优点是：空气自由流通对散热有利；高大的冷却塔可以通过建筑的造型处理把它掩盖起来，不影响美观；位置高，对周边建筑的不利影响少。

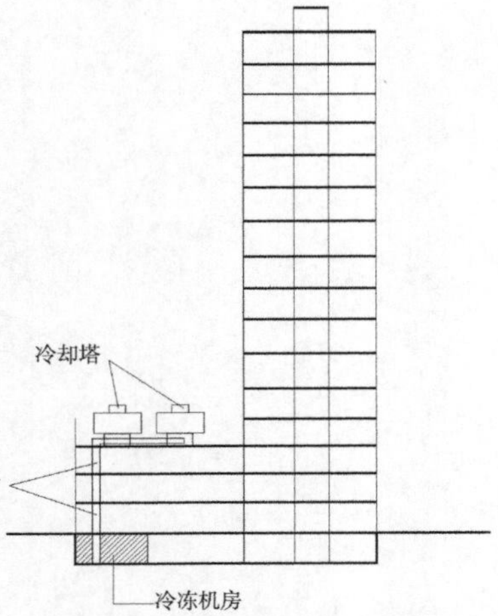

（2）冷却塔位置对工程造价的影响：如果将冷却塔放在高层塔楼屋顶上，它与冷冻站之间的一对冷却水管至少为2/3建筑高度（当冷冻站位于底部1/3处时），甚至等于建筑物高度（当冷冻站放在地下室时）。从节省工程造价观点看，当有裙房时，最好把冷却塔放在裙房屋顶上，这样可以减少冷却水管道行程（图5-1-12）。

（3）冷却塔对周围建筑的影响：采用开放式冷却塔时，因冷却产生的湿气挥发，可能对周围建筑物表面产生凝结水；特别是位于裙楼屋顶的冷却塔对本楼高层部分的表面影响甚大，必须在设计时解决湿气问题。

采用机械通风的冷却塔，其噪音较大，应考虑对周围建筑的影响。（机械通风冷却塔主要用在温湿度较高地区，或建筑物地处狭窄，自然通风不良的情况下采用）

（4）冷却塔平面布置要求见图5-1-13和图5-1-14。

图 5-1-12　冷却塔布置在裙房屋顶上

塔体间距 1.5～2m

φ

排距 ≥ 6m

常用的冷却塔：
每座水量　100～300m³/h
直径　3.9～6.4m
塔高　4.4～5.7m

图 5-1-13　冷却塔平面布置

①塔与塔的间距应大于塔体直径的 0.5 倍。

②塔与建筑物的墙体要有一定距离。

③塔顶不能有建筑物或构筑物。否则，热空气会被循环吸入冷却塔内。

④冷却塔不能安装在有热空气或有扬尘的场所。

（5）高层建筑的内部区（高层建筑的标准层空调分区通常分为内

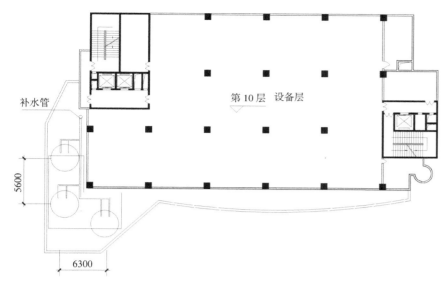

图 5-1-14 某高层建筑冷却塔平面布置

补水管

5600

6300

第 10 层 设备层

部区和周边区）往往需要常年送冷气，因此在严冬季节冷却塔也要运转，所以冬季要考虑用供热部件来防冻。

（三）锅炉房设计

1. 锅炉房的位置

（1）靠近热负荷集中的地方。

（2）高层建筑通常采用环境污染较小的燃油、燃气锅炉房。考虑到安全因素，宜设置在建筑物外的专用房间内；但当基地条件受限制时，也可布置在高层建筑或裙房内。一般布置在裙房首层或地下层，同时应避开人员密集房间的上下层及贴邻。上海商城的 3 台燃油锅炉，设在第 48 层（屋顶层）的锅炉房内，经过多年运行证明，只要选择可靠的设备，确保消防安全，设计屋顶锅炉房也是可行的。

（3）为减少烟尘的影响，尽可能布置在建筑的下风侧。

（4）在建筑平面中应考虑排烟道的合理布置，排烟道的外观处理应结合建筑立面造型设计（图 5-1-15）。

2. 锅炉房的布置

（1）锅炉房平面一般包括锅炉间、风机除尘间、水泵处理间、配电和控制室、化验室、修理间、浴厕等。

（2）单层布置的锅炉房出入口一般不少于 2 个，且在不同部位；多层布置的锅炉房各层出入口不少于 2 个。楼层出入口应有直通地面的安全梯。

（3）锅炉间外墙的开窗面积应满足采光、通风和泄压要求。泄压面积不少于锅炉间面积的 10%。

（4）锅炉上部检修平台距梁下不少于 2m。炉前净距（燃油、燃气锅炉）根据锅炉型号的不同，分别不小于 1.5～3m。炉侧、炉后净距分别不小于 0.8～1.8m。其他设备间距不小于 0.7m。

图 5-1-15 上海金茂大厦的排烟道造型设计

四、空气调节、分配设备与空调机房设计

（一）空气调节、分配设备

1.基本概念

1）空气调节、分配设备

主要包括三大部分——空气处理、空气输送、空气分配，通过自动控制系统统一控制。空气调节、分配设备具体有空调机、风机盘管等热交换设备以及过滤器、送风机、风管、送回风口与其他附属设备等（图 5-1-16）。

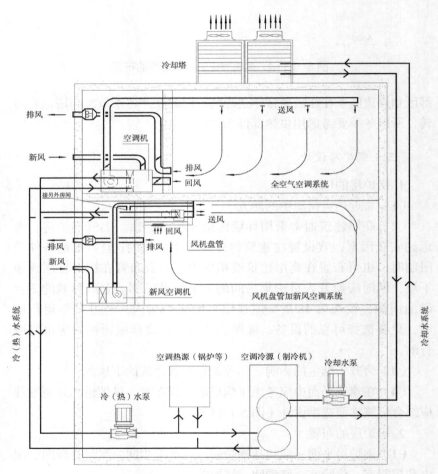

图 5-1-16　空调系统的组成

2）空气调节

用人工方法对空气进行过滤、冷却，或加热、加湿，或干燥等处理，使室内的空气温度、湿度、清洁度、气流速度等达到预定要求的技术。具体地讲，空气调节包括以下三个方面的调节：

（1）引入新鲜空气和排除二氧化碳以及其他废气，同时过滤空气中的微粒。

（2）加热或冷却空气：加热由锅炉提供蒸气或热水为热源，冷却由

冷冻站提供冷冻水为冷源。通常，在高层建筑中冷却需求比加热大得多。

（3）加湿或去湿：去湿通过制冷过程来达到，加湿则用喷蒸气来达到。

3）空气分配

调节以后的空气由送风机吹入管道系统，分别进入不同的使用房间，调节室内的空气。用过的空气需由回风机吸入回风管道，大部分空气进入空调机进行处理后再循环，少部分空气排出室外，同时补充一部分新鲜空气（新风）。

2. 高层建筑常用的几种空调系统

空调系统的选型一般由空调工程设计人员在充分了解业主及建筑师要求的基础上，提出几个不同方案供业主等选择，最后确定最适合的方案。选型中，设备投资费用是决定因素，但是也必须努力让业主理解室内环境质量与节能等问题的重要性。

常用的高层建筑空调系统类型详见表 5-1-2 及图 5-1-17。

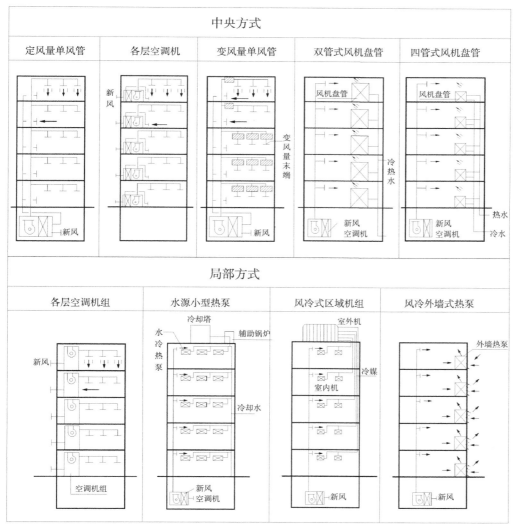

图 5-1-17　高层建筑常用的几种空调系统简图

高层建筑空调系统分类表　　　　　　　表 5-1-2

系统类型	集中式空调系统					局部式空调系统			
	全空气单风管方式	全空气各层机组方式	全空气变风量单风管方式	水—空气双管式风机盘管方式	水—空气四管式风机盘管方式	各层机组方式	水源小型热泵	风冷式区域空调机组（室内机）方式	风冷外墙热泵方式
简图				附图 5-1-17					
概要	这是最基本、最常用的方式。单一建筑物或局部区域设一台空调机，向室内送风	每层设一单风管空调机，可每层单独控制，常与外区风机盘管系统结合使用	在单风管系统的基础上分区域、分房间设变风量末端装置（VAV 装置），根据各区、各室的负荷变化，改变送风量来维持室内温湿度。送风机可采用转速控制	根据负荷在室内设置相应台数的风机盘管，新风由新风空调系统经风管送至室内。风机盘管形式多样，可设置在吊顶内、外窗下等。水系统为冬夏热冷水共用的双管式系统	水系统为冬夏冷热水分开的四管式风机盘管系统。又可分为冷热水共用一个盘管和冷热水各自独立盘管两种形式	机组每层设置，分层控制。有空冷和水冷两种形式。空冷一般多为热泵式，水冷的供热一般采用电加热器或其他热源	数个热泵机组公用同一水系统，供冷时由冷却水带走负荷热量；供热时可设辅助锅炉补充加热。新风集中处理，便于采用全热交换器	一般将室外机设置在屋顶，数台室内机分散布置，其间用冷媒管连接，多为供冷热的热泵机组。亦称多区域装配空调机（VRV）系统	设置在外墙百叶处的空冷小型热泵。可直接取用新风
优点	室内噪声小，送风量大，换气充分，过渡季节可采用全新风。维护方便	可每层单独控制运行。穿楼板风管面积减小。维护方便	可分区、分室控制温度。节能较好。维护管理方便。造价较高	可单独控制温度，适合不同方位的外区负荷处理。风机盘管体积小，布置灵活	除与双管式相同之处外，全年任何时候都可采暖、供冷	可分层控制管理。穿楼板风管面积小。室内无设备，维护方便	不需专用空调机房，管道空间很小，可独立运行控制或局部运行控制	不需专用空调机房，管道空间很小，可独立运行控制或局部运行控制	集中控制局部控制均可。除凝结水管外不需风管、水管故施工简便
缺点	局部温度控制困难	每层设 1 台空调机时，该层分区控制困难。每层需空调机房	低负荷时，难以保证新风量。变风量装置的成本高	不宜用于有漏水之虞的计算机房、美术馆等。维护管理较复杂	不宜用于有漏水之虞的计算机房、美术馆等。维护管理较复杂	每层设机组 1 台时，方位分区控制困难。每层需空调机房	不宜用于计算机房、美术馆等。室内温湿度环境稍差。维护管理不便	冬季维持温湿度环境稍差，维护管理不便	必须注意防雨问题
适用情况	高层建筑的公用部分，如商场、门厅、中庭等	一般写字楼、商住楼	写字楼、会议厅、单独房间或宴会厅等大空间均可采用	一般写字楼外区、酒店客房、病房及其他小房间	标准较高的写字楼外区、酒店客房、病房及其他小房间	中小型写字楼、商店及工厂	普通写字楼、商店	写字楼、商店及中小型建筑	小型建筑、大中型建筑物的外区、酒店客房及病房

系统的选型与比较应根据经验计算结果进行定量分析，详见表 5-1-3。

不同空调系统的比较参见下表：　　　　　　表 5-1-3

分类		空调系统　　评价项目	1 设备投资	2 年耗能量	3 风机水泵运行费	4 机房面积	5 风管水管空间	6 局部控制	7 分区控制	8 新风空调	9 维护难易	10 噪声振动
集中式	全空气	定风量单管	小~中	小~中	小~中	中~大	中	不可	可	可	普通	小
		变风量单管	中~（大）	小~（中）	小~（中）	中~大	中	可	可	可	普通	小~中
	水—空气	风机盘管（双管式）	小~中	小~中	小	小	小	（可）	可	可	容易	小~中
		风机盘管（四管式）	中~大	小~中	小	小	小	可	可	可	容易	小~中
局部式		各层空调机组	中~大	小~中	小	中	小	可	可	（可）	容易	中
		水源小型热泵	中~大	小~中	小	小	小	可	可	不可	容易	中
		风冷区空调机组	中~大	小~中	小	小	小	可	可	不可	普通	中
		风冷外墙式热泵	中~大	小~中	小	小	小	可	可	（可）	普通	中

3.各种空调方式的应用

高层建筑空调方式应适应不同的建筑形式和使用功能，以及空调负荷特点要求。下面分别以高层办公楼和旅馆为例作简要说明：

（1）高层办公楼

建筑面积在 10000m² 以下或标准层面积不大时（1000m² 左右），可采用各层机组方式，按朝向进行空调分区或按楼层分区（特别适用于出租性办公楼）。例如：上海联谊大厦（30 层）的办公标准层采用吊顶卧式风机盘管系统，冷热水由地下室冷、热源集中供应；设置独立的新风系统，同时在吊顶上按一定间距布置回风口（图 5-1-18）。

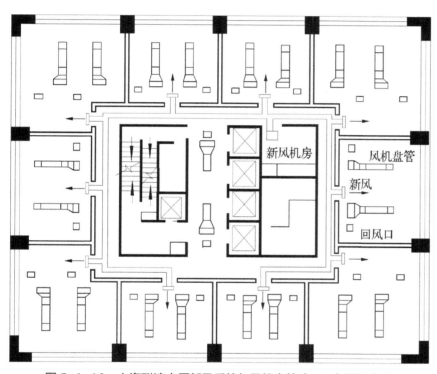

图 5-1-18　上海联谊大厦新风系统与风机盘管（F.C.）平面布置

对大型高层办公楼（建筑面积超过 10000m²），由于标准层面积大，会产生周边区与内部区空调负荷的不同：周边区受室外气温、朝向影响大，一般冬季需要供热，夏季需要供冷；内部区受外界影响小，但要考虑照明、办公设备及人员的散热问题，基本上全年都是冷负荷，同时考虑到人体需要，通风量大。因此，周边区与内部区往往使用不同的系统，周边区可采用风机盘管方式或变风量方式，而内部区可采用各层机组方式或定风量方式。例如：香港合和中心大厦（64 层）标准办公层为一直径 44.2m 的圆形平面，其内部区采用定风量方式，由环形总风管接出 48 条支管，通过顶棚送风；周边区采用变风量方式，设 12 个变风量末端装置（VAV），由周边条缝送风口送出。内、外区的空调机组均采用各层机组方式，机房设在核心筒内，各层机组的新风由中央空调机集中供给（图 5-1-19）。

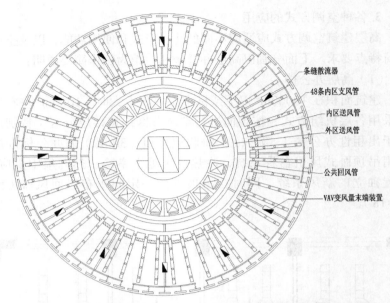

图 5-1-19　香港合和中心大厦标准层空调布置图

（2）高层旅馆

高层旅馆通常分为客房和公共用房两部分。

客房通常采用风机盘管加独立新风系统。如北京长城饭店（22 层）的标准客房（图 5-1-20），采用的四管制风机盘管系统。集中的新风系统需要根据层数和规模进行竖向或水平分区，竖向通常 10～15 层一个分区，水平通常 1000 m² 左右一个分区。如金陵饭店（37 层）的高层客设两套新风设备，分别置于第 2 层和第 37 层，其标准层风管布置见图 5-1-21。为了减少风道占用的建筑垂直空间，可采用风

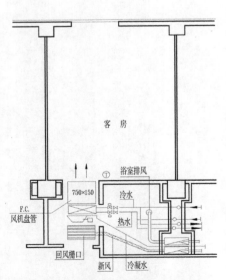

图 5-1-20　北京长城饭店标准客房设备平面布置

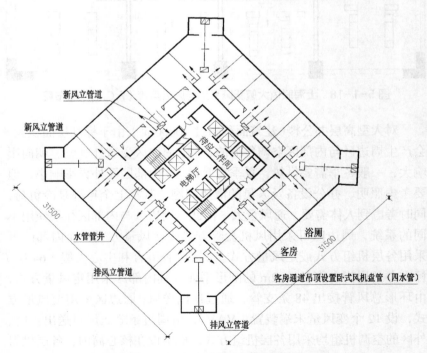

图 5-1-21　南京金陵饭店标准层设备布置图

管尺寸较小的每层局部新风系统，选用体积小的吊装式新风空调器。这样，也有利于旅游淡季的系统分层运行，从而达到节能的目的。

公共部分（包括门厅、大堂、餐厅、多功能厅、商店等）空间大、人员多、使用集中、空气污染较大，要求通风换气量大。其通常采用全空气的单风管（定风量或变风量）方式或各层机组方式，但需要兼顾不同功能空间的独立调节性，如金陵饭店旋转餐厅（图 5-1-22），分为内、外区（内区不旋转、外区旋转）。其外区为观景需要，设置了大面积玻璃窗，空调负荷不稳定，采用变风量方式；内区较稳定，采用定风量方式。同时餐厅一般要保持正压，以防止厨房气味溢入。

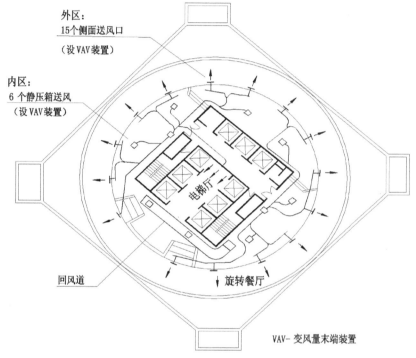

图 5-1-22　南京金陵饭店旋转餐厅风道布置图

（二）空调机房设计

（1）集中式大型空调机房宜设在底层或地下室。在地下室时，要有新风和排风道通向地面，在建筑平面上要考虑适当的风道竖井位置。地面以上的空调机房应尽可能靠外墙，使进新风和排风方便。

（2）集中式中型空调机房或半集中式空调机房应按各个防火分区分别独立设置。

（3）高层建筑裙房的空调机房宜分层设置，但最好能上下对齐，以便冷（热）管道在同一垂直线上。

（4）各空调机房应尽量靠近使用房间，且空调机房的作用半径不宜太大，一般为 30 ~ 40m，服务的面积在 500m² 左右。

（5）空调机房与使用房间相通时，须采用防火保温密闭门。机房转动设备应有减振措施，机房内应有消声措施，机房设计应考虑设备安装的出入口。

（6）空调机房的面积和层高见表 5-1-4。

建筑面积（m²）	机房占建筑面积的 %	层高（m）
< 10000	7.0 ~ 4.5	4.0 ~ 4.5
10000 ~ 25000	4.5 ~ 3.7	5.0 ~ 6.0
30000 ~ 50000	3.6 ~ 3.0	6.5

空调机房的面积和层高　　　　　表 5-1-4

当机房需要层高很高时，可以设计为双层高，通常需设进新风和排废气的通风窗，所以高层建筑设备层的建筑外观与其他楼层往往不一样。

五、实例

（一）某高层建筑 1~2 层商场空调系统（图 5-1-23）。

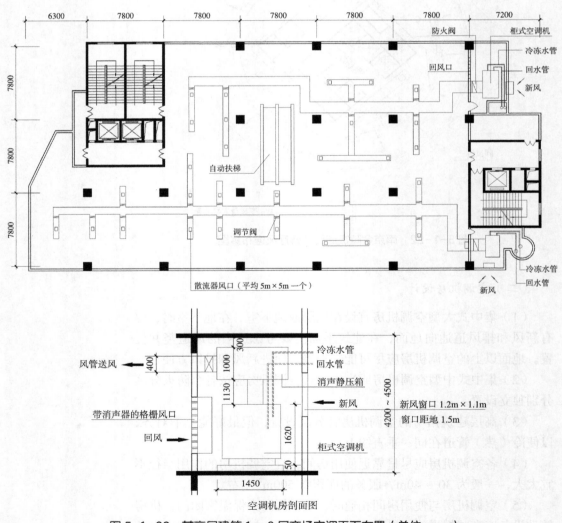

图 5-1-23　某高层建筑 1~2 层商场空调平面布置（单位：mm）

重庆某高层办公、居住综合建筑,25层,高度94m,总建筑面积3.5万m²,属一类高层建筑。各层的功能布置为:地下第2层为设备用房(包括蓄水池、水泵房、变配电房、冷冻机房),地下第1层为发电机房和停车库,第1～第9层为商场、餐饮及办公用房(其中第1～第2层为商场、第3～第5层为餐饮、第6～第9层为办公),第10层为设备与结构转换层,第11～第25层为住宅,屋顶第26、第27层局部设有设备用房(电梯机房、风机房、水箱间)。

裙房共9层,每层建筑面积约1200m²;采用集中式中央空调,每层使用空调的面积为840m²,设两个空调机房,调节的最远距离分别为42m和38m;主风管和支风管高400mm,宽2000～1400mm,出风口31个,平均每个风口覆盖27m²,平均间距为5m。

空调机房第1～第9层均布置在同一垂直空间上,冷冻水管从地下2层冷冻机房升至地下1层后分成两组,分别引入两个空调机房。

（二）上海新金桥大厦（图5-1-24）

上海新金桥大厦位于上海浦东金桥开发区,建筑面积为57993m²,高度为213m,由地下2层和地上41层组成。各层的功能布置如下:

· 地下第1层:车库、冷冻机房、高低压变配电间等。
· 地下第2层:洗衣房、泵房、冷热交换间等。
· 首层及夹层:商场、商务中心、咖啡厅、办公大堂。
· 第1～第20层,出租办公室。
· 第21层:会议厅、多功能厅、餐厅等。
· 第22层:设备层。
· 第23～第24层:大厦管理办公、附属服务设施(美发、健身等)。
· 第25～第35层:金桥公司办公室。
· 第37层:经理室。
· 第39～第41层:设备层。

1. 冷热源

采用两台离心式冷水机组作为冷源,供、回水温度分别为7℃、12℃,热源由热力公司集中供热,设气—水换热器和水—水换热器各1台,供、回水温度分别为60℃、50℃。该大厦为超高层建筑,为降低下部空调设备及管道的静压,将大厦空调水系统分为二部分:第22层以下为低区系统,第22层以上为高区系统。在第22层设备中设置水-水换热器和循环水泵,为高区系统供水。

2. 空调系统

办公部分采用风机盘管加新风系统,每若干层设一套新风机组,新风通过竖井进入空调机房。该大厦按第2～第10层、第10～第20层、第23～第29层、第30～第38层共分4个区。新风机组分别设于第1层、第22层及第37层。公共部分的大堂、商场等采用全空气系统,空调机房设于首层。

图5-1-24　上海新金桥大厦

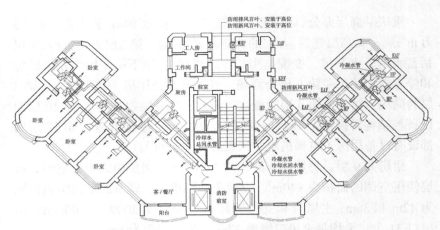

图 5-1-25　上海华山路高层住宅标准层空调平面图

（三）上海华山路高层住宅（图 5-1-25）

该工程是两幢 40 层高级住宅建筑，建筑面积约 33000m²。地下第 1 层和地下第 2 层为停车库和设备用房，首层为公共服务用房，第 2 ～ 第 39 层为住宅，第 40 层为机械用房。

空调采用水源热泵机组，在首层设置立式水源热泵机组，有独立机房。送风方式为全空气系统，送风由吊顶内风道经送风静压箱和条形风口进入室内。回风由吊顶条形风口和静压箱经风道接至机房，与新风混合进入热泵机组。工人用房采用窗式热泵型空调器，系统中还配置了冷却设备和加热设备。冷却设备是 2 台封闭式冷却塔，3 台冷却水泵（二用一备）。冷却水供、回水温度为 32℃、37℃。加热设备是 2 台煤气锅炉，系统的供、回水温度为 19℃、14℃。

地下车库设机械送风、排风系统（兼作消防排烟），每小时排风 8 次换气，送风 4 次换气。住宅中的厨房设排烟机。住宅浴室设窗口排气扇。防烟楼梯间设加压送风系统，前室自然排烟。

（四）上海久事大厦（图 5-1-26）

图 5-1-26　上海久事大厦

上海久事大厦建筑面积为 61000m²，其中塔楼为乙级智能化办公楼，扇形平面，地上 40 层，地下 3 层，高度 160m。塔楼内设立空中花园，外立面为内设活动百叶的双层通透玻璃幕墙。大厦裙房约 10000m²，6 层楼，主要用于商业、餐饮。地下设有 220 辆车位的停车库。

1. 空调冷、热源

空调水系统分为高、低两区，第 1～第 23 层为低区，第 24～第 40 层为高区。低区和高区系统的冷源均在地下第 3 层。低区冷源为 2 台蒸气型溴化锂吸收式冷水机组，1 台离心式冷水机组，供、回水温度 7℃、12℃。高区冷源为 2 台离心式冷水机组，供、回水温度 5℃、10℃，作为位于第 24 层板式换热器的一次水参数，板式换热器的二次水温度为 7℃、12℃。

低区与高区系统的热源是由 2 台锅炉提供的蒸气。空调热水通过气—水换热器获得供、回水温度为 60℃、50℃。低区、高区的气—水换热器分别位于地下第 3 层和地上第 24 层。

夏季时，低、高区的冷水机组及冷水系统独立使用。春秋季及冬季内区需供冷时，则可开启低、高区供水连通管上的阀门，用高区的离心式机组为低、高区供冷。

2. 塔楼空调（图 5-1-27）

塔楼空调原则上按周边区以及内区分设系统。周边区采用卧式暗装风机盘管（FCU）；内区采用空调器（AHU）加变风量末端装置（VAV）。周边区风机盘管按东北、西、南三个朝向，设置了三路二管制系统。冷热水在冷热源机房内从冷热阀站上切换而得，再送至风机盘管，因此可按不同的朝向同时进行采暖和供冷。塔楼标准办公层设两个空调机房，机房内空调器负责处理内区及新风负荷。标准办公层分为 8 个空调区，每个空调区约 100～150m²。每台空调器送风管

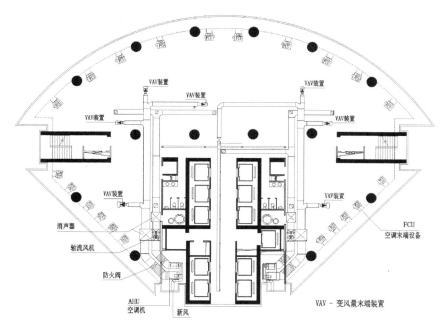

图 5-1-27 上海久事大厦标准层空调平面图

连接 4 个变风量末端装置，每个变风量末端装置负责调节一个空调区域的温湿度。空调器为四管制，加湿采用水喷雾方式。此外，为防止空中花园高大空间底部冬季时温度过低，故在空中花园外窗下设置了电加热器。

3. 通风系统

地下停车库设立了送、排风系统，排风系统兼排烟系统。废气由裙房屋面排出。变配电房、发电机房、锅炉房、冷冻机房、污水处理站均设送风及排风系统。塔楼的厕所、开水间设排风系统，防烟楼梯间及前室设正压送风系统，内走道排烟按垂直方向分为三个系统，即每隔 13 层左右设一个系统。内走道排烟系统兼作平时排风系统，排烟风口采用电动排烟风口。在防烟楼梯间的顶层还设有调节正压的电动活动百叶窗。

第二节　高层建筑的防排烟系统与建筑设计

高层建筑比低层建筑火灾危害性大，而且发生火灾后，也容易造成严重的人员伤亡事故和经济损失。火灾时，物质燃烧所产生的气体、水蒸气及固体微粒相互混在一起，统称烟气。烟气中含有大量的一氧化碳、二氧化碳、二氧化硫及少量的剧毒气体。烟气不但使人中毒致死，还能使人缺氧窒息而亡。据统计，发生火灾时，死于烟气中毒及窒息的人员要多于直接烧死的。所以在高层建筑中，必须采取有效的防排烟措施。

所谓防排烟，就是将火灾发生时产生的烟气在着火区域内尽早排出室外，防止烟气扩散到疏散道及其他防烟区域中去，以保证疏散人员迅速、顺利地疏散，避免人员伤亡，同时也给扑救火灾的人员创造有利条件，减轻经济损失。

防排烟的常用方式有自然排烟、机械排烟、机械防烟等方式。

一、自然排烟的建筑设计

（一）自然排烟的概念

（1）在房间、走廊、楼梯间和电梯厅等处开设可控制的排烟口或可开启的排烟窗，烟气利用热压、浮力和室外风力的作用排烟。在高层建筑中，由于烟囱效应使上下各层的烟气存在压差，对自然排烟有明显的影响。此外，室外的风力也是一个不稳定的因素，随着风压、风速、风向的作用位置的不同而不同，影响自然排烟。如排烟开口处于迎风面时，就会降低排烟效果，甚至把烟吹进其他区域，引起火势的扩散。

（2）当排烟口及排烟窗无法直接对外排烟时，可以再设置室内竖井进行自然排烟。但竖井自然排烟效果不稳定，且占用较大建筑面积，故适用范围有限。

（二）采用自然排烟的场所

鉴于上述原因，自然排烟应有限制的采用。我国新颁布的《建筑设计防火规范》GB 50016-2014 中，未对自然排烟做出详细要求，且相关的专业规范尚未正式颁布，此处引用《高层民用建筑设计防火规范》GB50045-95，2001 年版中对自然排烟的限制规定：

建筑高度＜50m 的一类公建、建筑高度＜100m 的居住建筑中才能采用自然排烟，主要是以下部位：

（1）靠外墙的防烟楼梯间、消防电梯前室和合用前室。

（2）长度＜60m 能直接自然通风的内走道。

（3）净空高度＜12m 的中庭（当中庭高度＞12m 时不能采用高侧窗或天窗进行自然排烟，因火灾初期，烟温仅 50～60℃，烟气不能再上升，产生层化现象❶，使烟气无法排出去）。

（三）自然排烟外窗的可开启面积大小

（1）靠外墙的防烟楼梯间每 5 层内可开启外窗面积之和不应小于 $2m^2$，防烟楼梯间前室或消防电梯前室不应小于 $2m^2$，合用前室不小于 $3m^2$。

（2）内走道外窗可开启面积≥走道地面积的 2%。

（3）房间外窗可开启面积≥房间面积的 2%。

（4）中庭可开启的天窗或高侧窗面积≥中庭地面面积的 5%。

（5）《汽车库、修车库、停车场设计防火规范》GB50067-2014 第 8.2.4 条对汽车库自然排烟口的要求：当采用自然排烟方式时，可采用手动排烟窗、自动排烟窗、孔洞等作为自然排烟口，并符合下列规定：自然排烟口的总面积不应小于室内地面面积的 2%；自然排烟口应设置在外墙上方或屋顶上，并应设置方便开启的装置；房间外墙上的排烟口（窗）宜沿外墙周长方向均匀分布，排烟口（窗）的下沿不应低于室内净高的 1/2，并应沿气流方向开启。

（四）自然排烟土建设计注意事项

（1）可开启外窗尽量设在上方，并有方便的开启装置。

（2）为减少室外风压影响，排烟窗口最好有挡风板（图 5-2-1）。

（3）内走道、房间的排烟窗应有两个以上朝向（图 5-2-2）。

（4）防烟楼梯间前室或合用前室，利用敞开的阳台、凹廊或前室内有不同朝向的可开启外窗进行自然排烟时，该楼梯间可不设机械防烟设施（即正压送风系统）（图 5-2-3）。

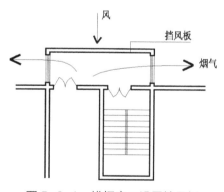

图 5-2-1 排烟窗口设置挡风板

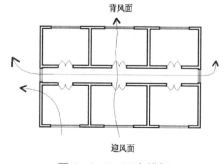

图 5-2-2 双向排烟

❶ 所谓"层化"现象是当建筑空间较高而火灾初期温度较低（一般火灾初期的烟气为 50～60℃），或在热烟气上升流动中途冷（如空调影响），部分烟气不再朝竖向上升，而按照倒塔形的发展半途改变方向，并停留在水平层面，也就是烟气过冷后其密度加大，当它流到与其密度相等空气高度时，便折转成水平方向扩展而不再上升。上升到一定高度的烟气随着温度的降低又会下降，使得烟气无法从高窗排出室外。

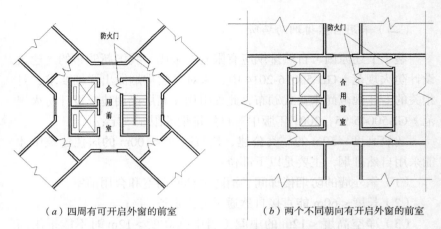

（a）四周有可开启外窗的前室　　　　　（b）两个不同朝向有开启外窗的前室

图 5-2-3　有可开启外窗的前室示意图

二、机械排烟的建筑设计

所谓机械排烟系统就是把建筑内部空间分成若干防排烟分区，在每个防排烟分区内设置排烟风机进行排烟。不具备自然排烟条件的建筑空间应采用机械排烟。新规《建筑设计防火规范》GB50016-2014第8.1.9条规定，设置在建筑内的防排烟风机应设置在不同专用机房内。

（一）需要机械排烟的部位

《建筑设计防火规范》GB50016-2014第8.5.3和第8.5.4条中规定民用建筑的下列场所或部位应设置排烟设施：

（1）设置在第1～第3层且房间建筑面积大于100m²的歌舞娱乐放映游艺场所，设置在第4层及以上楼层、地下或半地下的歌舞娱乐放映游艺场所；

（2）中庭；

（3）公共建筑内建筑面积大于100m²且经常有人停留的地上房间；

（4）公共建筑内建筑面积大于300m²且可燃物较多的地上房间；

（5）建筑内长度大于20m的疏散走道。（因人在浓烟中低头掩鼻的最大通行距离为20～30m）。

（6）地下或半地下建筑（室）、地上建筑内的无窗房间，当总面积大于200m²或一个房间建筑面积大于50m²，且经常有人停留或可燃物较多时，应设置排烟设施。

对于带裙房的高层建筑，其防烟楼梯间及前室、消防电梯前室或合用前室，靠主楼标准层的外墙设置。裙房以上可采取自然排烟。而裙房部分则无外窗、不能自然排烟。这时，有两种处理办法：

（1）不考虑裙房以上的自然排烟条件，整体按机械加压送风处理（包括裙房及以上各层）。

（2）对符合自然排烟的部位按自然排烟设计；对不符合自然排烟

的部位按机械排烟处理，即裙房部分的防烟楼梯间及前室、消防电梯前室或合用前室采用机械排烟。

以上两种办法，从防排烟角度看，第（1）种效果好些；但从尽量减少系统设置、节约设备的角度看，第（2）种办法也能满足防排烟要求。

（二）机械排烟口的位置与间距

（1）位置：顶棚上，或靠近顶棚的墙上，但距可燃物应 $\geq$ 1m。

（2）开关方式：平时关闭，火灾时应能手动和自动开启（即由消防控制室开启）。

（3）距最远点的水平距离 $\leq$ 30m。水平距离指烟气流动路线的水平距离，如图 5-2-4 所示。

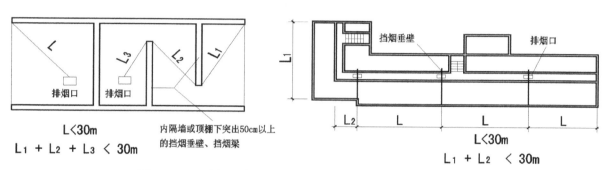

图 5-2-4 房间、走道排烟口至防烟分区最远水平距离示意图

（三）排烟系统的布置

（1）竖向布置——主要用于走道（图 5-2-5）。

（2）水平布置——主要用于房间，宜按防火分区设置（图 5-2-6）。走道也可采用水平布置（每层设风机分别排烟）。但由于投资大，供电系统复杂，同时烟气排放对环境污染严重，故不推荐。

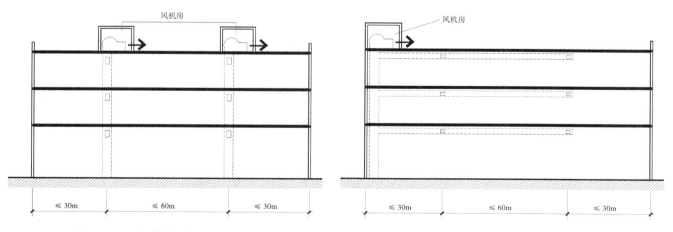

图 5-2-5 竖向布置主要用于走道   图 5-2-6 水平布置主要用于房间

（四）举例

某高层建筑的地下第 1 层和地下第 2 层机械防排烟及新风系统，详见图 5-2-7、图 5-2-8。

（1）该建筑地下 1 层为车库和柴油发电机房，地下 2 层为设备层，每层建筑面积约 1200m²。按高层民用建筑设计防火规范规定，应采取机械排烟措施。

（2）按地下室的排烟量计算，每层排烟竖井的截面积为 4 m²。每层地下室各配置一台排风机，两台排风机分别与布置在地下室上方的排烟管相连接，在风机的吸力作用下将烟气从排烟口吸入风管，再从排烟竖井排出室外。排烟井在高出地面 36m（即第 10 层设备层）处终止，比周围建筑物高出至少 10m。

（3）由于地下 2 层面积有限，排烟机只能集中布置在地下 1 层的风机房内，因此地下 2 层排烟管将穿越楼板与排烟机连接。

（4）按高层民用建筑设计防火规范要求，设置机械排烟的地下室应同时设置送风系统，且送风量不小于排烟量的 50%。地下 2 层的

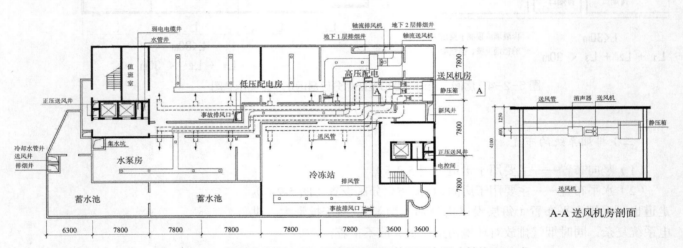

图 5-2-7　某高层建筑地下 2 层排烟送风系统平面布置（单位：mm）

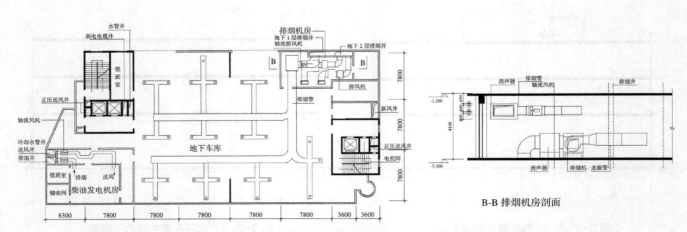

图 5-2-8　某高层建筑地下 1 层排烟系统平面布置（单位：mm，m）

送风系统由新风井将室外新风通过送风机吸入送风管，再从风口吹入地下室。送风管在排烟管的下方；地下 1 层的新风由两个疏散楼梯间直接进入，不再另设送风系统。

三、机械防烟的建筑设计

（详见本书第二章）

第三节　高层建筑给排水系统与建筑设计

高层建筑往往是人员密集、功能多样、业务来往频繁的建筑。服务于这类建筑的给水排水系统运行的好坏，直接影响建筑物功能的发挥。为了满足使用者的需求，建筑物的给水系统必须保证在水量、水质、水压等方面符合国家有关规定及使用者的要求，排水系统则必须保证做到整个系统能够顺利地收集、转输、排出产生于建筑物内部的全部污水，并尽量减少污染物的排放和对环境的污染。在给水排水系统的设计与运行管理中，还要特别注意节能、节水措施的采用，要采用新技术、新设备、新工艺、新流程，优化管理，以求达到给水排水系统在总体运行中的经济性与可靠性。

一、给水系统

（一）高层建筑给水系统的组成

高层建筑给水系统一般分为：

（1）生活给水系统——满足使用者日常生活用水（饮用、清洁、厨房以及卫生间用水等）。

（2）消防给水系统——包括消火栓系统、自动喷水灭火系统、水幕系统、雨淋自动喷水灭火系统以及水喷雾灭火系统等。

（3）生产给水系统——包括锅炉给水、洗衣房、空调冷却水循环补充水、景观水等。

（二）高层建筑给水系统的特征

高层建筑的给排水系统管线长、设备多、标准高、使用人数多，因此建筑内的给水系统与一般多层建筑有所不同，具体体现在：

（1）由于建筑高度大，给水产生的静压很大，容易损坏卫生洁具等设备。为减少管道及其配件的承压，保护设备，高层建筑给水一般都要采取分区及减压措施。

（2）在给水系统中，一定要充分考虑消防用水的供应，一般要有 2 ~ 3h 的消火栓贮水量及 1h 的喷淋贮水量。

（3）高层建筑建成投入使用后，还会有一定的沉降量，而且其主楼和裙房的沉降差异较大，所以横穿沉降缝的给排水管道一定要考虑伸缩、沉降构造；同时，还应考虑防震、隔声、防锈等方面的处理。

（4）给水的种类较多，按功能不同有：市政自来水、饮用水、热水、消防用水（消火栓、喷淋、雨淋及水喷雾等）、冷却水、软水以及其他特殊用水等。

（三）高层建筑给水系统的给水方式

高层建筑的给水系统只有在一定压力范围内才能正常工作。

水压太低时：高处用水点无水或水压偏小，无法正常使用。

水压太高时：水流流速大，龙头开启时呈射流喷溅，浪费水量；易产生噪声和水锤，会影响卫生器具及阀门的使用寿命；建筑下部各层出水流量大，导致顶部楼层水压不足。

1. 生活用水的最低和最高水压值

最低水压——0.02 ~ 0.10MPa（水龙头，淋浴器等）

0.03 ~ 0.05MPa（燃气热水器）

0.10 ~ 0.15MPa（用于大便器的延时自闭式冲洗阀）

最高水压——0.35 MPa

2. 消防用水的最低和最高水压值

（1）消火栓

栓口最低水压为 0.25 ~ 0.35MPa，顶层高位水箱最低有效水位距离水灭火设施最不利点的静水压力为 0.07 ~ 0.10MPa；栓口最大工作压力为 1.20MPa（静压），系统最大工作压力为 2.40MPa（工作压力）。

（2）自动喷淋

系统最不利点喷头工作压力 ≥ 0.05MPa。

系统最大工作压力：当报警阀处最大工作压力为 1.60MPa 或喷头处最大工作压力为 1.2MPa 时，系统最大工作压力 2.40MPa（工作压力）。

当建筑超过一定高度后，系统静压或工作压力大于规定值时，须在垂直方向分成几个区进行分区供水，使每一个分区给水系统内的最大压力和最小压力都在允许的范围内。通常分为高区、中区、低区。对不带居住功能的高层建筑分区距离应控制在 45m 以内；对带居住功能的高层建筑，居住部分分区距离应控制在 35m 以内。高层建筑的给水方式一般可归纳为有高位水箱供水方式和无高位水箱供水方式两大类，具体的分类详见图 5-3-1。通常，为充分利用市政水压，较低楼层（即低区）由市政管网直接供水。

①有高位水箱方式——设备简单，维修方便，在我国高层建筑中广泛采用。

②无高位水箱方式——对设备要求高，相对造价及维护费用较高，但不占用高层的有效空间，不增加结构荷载，可用于地震区或设置高位水箱受限时，或对建筑造型有特殊要求时。

（四）高层建筑给水系统的设备与建筑设计

高层建筑给水系统的构成包括：水池（低位水箱）、水泵房、高

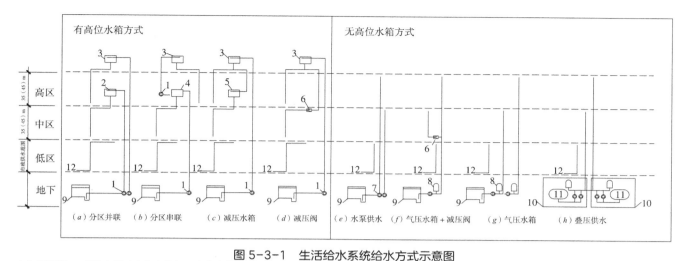

图 5-3-1　生活给水系统给水方式示意图

1. 加压泵组；2. 高位水箱（中位水箱）；3. 高位水箱；4. 高位水箱（蓄水池）；5. 高位水箱（减压水箱）；6. 减压阀；7. 变频调速水泵机组；8. 气压给水机组；9. 低位水箱；10. 叠压供水设备；11. 稳流罐；12. 市政供水

位水箱和管道系统（给水、消火栓及自动喷水灭火系统）。

1. 水池

高层建筑用水量大，一般不允许水泵从市政管网直接抽取供水，以免降低市政管网中的压力，影响其他用户用水。因此，为了确保高层建筑的生活、消防用水量，需要设置水池（低位水箱）。市政水源通过浮球阀（或水位控制阀）向水池进水，水泵再从水池抽水送到高位水箱或直接送到用户。

高层建筑的水池分为生活水池和消防水池。

生活水池通常采用不锈钢、玻璃钢板等不污染水质的材料，消防水池通常为钢筋混凝土结构。水池的设计应注意以下几点：

（1）水池可设在室内或室外。

设于室内时，一般多设在地下室。

设于室外时，其周围在 10m 以内不得有化粪池、污水处理构筑物、渗水井、垃圾堆放点等污染源；周围 2m 以内不得有污水管和污染物。

（2）为便于在不中断供水的情况下进行水池的清洗和维修，消防水池总有效容积大于 500m³ 时宜设计为两格能独立使用的水池，并设置满足最低有效水位的连通管，保证两池可并联工作。为防止水质污染，生活饮用水水池（箱）必要时应设置倒流装置（图 5-3-2）。

（3）水池设有溢流管，溢流排出的水由潜水泵排至室外雨水管网。水池的泄水、溢流管不得与污废水系统直接连接，应采取间接排水的方式（图 5-3-2）。

（4）根据《建筑给水排水设计规范》GB50015-2003（2009 版）的要求，供单体建筑的生活饮用水池（箱）应与其他用水的水池（箱）分开设置。

（5）储存室外消防用水的消防水池，或供消防车取水的消防水池应设置取水口（井），且满足消防车水泵吸水高度 ≤ 6m。取水口（井）距建筑物（水泵房除外）的距离宜 ≥ 15m。取水井大小应满足消防

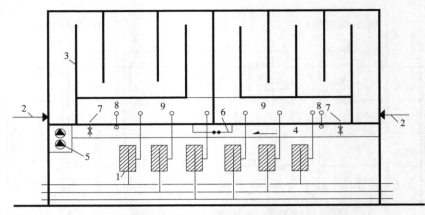

图 5-3-2　蓄水池及泵房平面布置示意图

1. 给水泵；2. 水池进水管；3. 导流板；4. 排水沟；5. 潜水泵；6. 连通管；7. 泄空管；8. 溢流管；
9. 吸水坑

车取水要求。

（6）水池的设置高度应考虑水泵吸水要求，尽量设计成自灌引水，即水池最低水位高于泵的轴线标高；同时应高出水泵吸水喇叭口边缘以上 0.6m。

2. 水泵房

（1）水泵房位置

水泵工作时会产生强烈振动和噪声，因此水泵房的上、下方和隔壁不应布置有防振或安静要求的房间。水泵房的用电量较大，所以应靠近供电中心布置；上下都有水泵房时，应尽可能布置在同一垂直位置上。

（2）水泵房的减振措施

消防水泵应采用低噪声水泵，在水泵机组、吸水管和出水管上应设隔振装置。水泵房内管道支架和管道穿墙和穿楼板处，应采取防止固体传声的措施。泵房内墙应采取隔声吸音的技术措施。

（3）水泵房的地面排水

水泵房应设有集水、排水措施，如排水沟、积水坑、排水泵等。

（4）供水系统的安全性和维护的灵活性

每个系统的水泵机组应采用"一用一备"两台，并应分别从蓄水池的不同两格取水，以保证供水系统的安全性和维护的灵活性（图 5-3-2）。

（5）消防水泵房的防火要求

当消防水泵房设在首层时，其出口宜直通室外；独立建造的消防水泵房耐火等级不应低于二级。附设在建筑内的消防水泵房，应采用耐火极限不低于 2.0h 的隔墙和 1.5h 的楼板，其疏散门应直通安全出口，并应采用甲级防火门。同时，建筑内的水泵房不应设置在地下第 3 层及以下，或室内地面与室外出入口地坪高差大于 10m 的地下楼层。

3. 高位水箱

1）设置高位水箱的目的

设置高位水箱的目的是为了保证给水系统中的水压。

（1）高位水箱在各给水系统中如何保证最低水压

①生活给水系统——水箱高度应根据建筑最高楼层用水点所需生活用水最低水压确定。由于大部分给水配件最低工作压力为 0.05 MPa，同时考虑一定的水头损失，高位水箱位置至少应高于最高用水点 7m（大约高出 2 ~ 3 层楼）。

②消火栓给水系统——高位消防水箱最低有效水位应满足水灭火设施最不利点处的静水压力。消防水箱最低有效水位距离建筑最顶层消火栓栓口距离应满足以下规定：

一类高层公共建筑不应低于 10m；

当建筑高度超过 100m 时，不应低于 15m；

高层住宅、二类高层公共建筑、多层公共建筑，不应低于 7m；

多层住宅不宜低于 7m。

③自动喷水灭火系统——水箱高度应根据喷头灭火的需求压力确定；同时，消防水箱最低有效水位距离建筑最顶层喷头不应小于 10m。

以上三项是保证最低水压的措施，如不能满足，则应采取增压措施，如采用气压水箱、变频调速水泵等。

（2）在高位水箱系统中如何保证不超过最高水压

在供水系统垂直分区的下部，可能会出现供水压力大于用水点所需水压的最高限值。此时，应采取的措施是：

①减压水箱——在一个垂直分区的下部设减压水箱，屋顶水箱的水输入到减压水箱，使下部的水压降低。此方法的缺点是全部的水都要提到屋顶，导致水泵耗能大，且水箱占用的建筑空间较多。但此方法投资相对较省，且管路简单，见图 5-3-1（c）。

②减压阀——在水压过大的区域设置减压阀，见图 5-3-1（d）。这种方式要求减压阀的质量一定要有保证，否则不安全。此方法的优点是节省建筑空间，简化给水系统，主要用于设减压水箱有困难的情况。

2）高位消防水箱的贮水量

一类高层公建 ≥ 36m³，但当建筑高度大于 100m 时 ≥ 50m³；多层公建、二类高层公建和一类高层住宅 ≥ 18m³，当一类高层住宅建筑高度超过 100m 时 ≥ 36m³；二类高层居住建筑 ≥ 12m³；总建筑面积大于 10000m² 且小于 30000m² 的商店建筑 ≥ 36m³，总建筑面积大于 30000m² 的商店 ≥ 50m³。

3）高位水箱设置

高位水箱上应设进水管、出水管、溢流管、通气管、呼吸管、水位计、信号装置、人孔、爬梯等。消防用水出水管上应设止回阀（只能顺流不能返回）。

4）高位水箱的保护与维护

高位消防水箱设置在屋顶露天时，水箱人孔以及进出水管阀门等应采取锁具或阀门箱等保护措施。当生活饮用水水池（箱）内的贮水 48h 内不能得到更新时，应设置水消毒处理装置。

5）高位水箱材料

钢筋混凝土、不锈钢、玻璃钢等，但生活水池（箱）的材质、衬砌材料和内壁涂料不得影响水质。水箱形状有长方形、方形、圆形等。

6）水箱布置的间距

水箱布置的间距要求见图5-3-3。

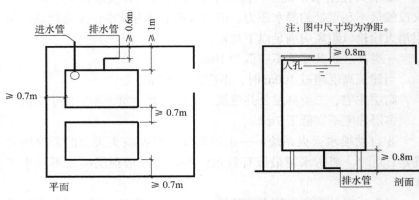

图5-3-3　水箱布置间距

4.消火栓供水系统

高层建筑必须设置室内和室外消火栓给水系统。

（1）室外消火栓应沿高层建筑周边均匀布置，且不宜集中布置在建筑一侧；建筑消防扑救面一侧的室外消火栓数量不宜少于2个。室外消火栓宜采用地上式，当采用地下式时，应有明显标志。

（2）室内消防给水应采用高压给水或临时高压给水系统。

（3）室内消火栓给水系统不应与生产生活给水系统合用。但当自动喷水灭火系统为局部应用系统和仅设有消防软管卷盘，或轻便水龙的室内消防给水系统时，可与生产生活给水系统合用。

（4）设置室内消火栓的建筑，包括设备层在内的各层均应设置消火栓。

室内消火栓应设置在楼梯间及其休息平台和前室、走道等明显、易于取用以及便于火灾扑救的位置。消火栓的间距应保证同层任何部位都有两个消火栓的水柱同时到达，其间距不超过30m。消防电梯前室应设消火栓。

5.自动灭火系统

1）宜设自动喷水灭火系统的建筑或场所

（1）一类高层公共建筑（除游泳池、溜冰场外）及其地下半地下室；

（2）二类高层公共建筑及其地下、半地下室的公共活动用房、走道、办公室旅馆的客房、可燃物品库房、自动扶梯底部；

（3）高层民用建筑内的歌舞娱乐、放映游艺场所；

（4）建筑高度>100m的住宅建筑；

（5）Ⅰ、Ⅱ、Ⅲ类地上停车库，停车数超过10辆的地下停车库、机械式立体汽车库或复式汽车库，以及采用垂直升降梯作汽车疏散出口的汽车库、Ⅰ类修车库。

2）宜设置水幕系统的部位

（1）特等、甲等剧场、超过 1500 个座位的其他等级的剧场，超过 2000 个座位的礼堂或会堂，高层民用建筑内 > 800 个座位的剧院或礼堂的舞台口，及上述场所内与舞台相连的侧台、后台的洞口宜设防火幕或水幕分隔。

（2）应设置防火墙等防火分隔物而无法设置的局部开口部位。

（3）需要防护冷却的防火卷帘或防火幕的上部。

3）宜采用水喷雾灭火系统的场所

（1）单台容量在 40MV·A 及以上的厂矿企业油浸变压器，单台容量在 90MV·A 及以上的电厂油浸变压器，单台容量在 125MV·A 及以上的独立变电站油浸变压器；

（2）飞机发动机试验台的试车部位；

（3）充可燃油并设置在高层民用建筑内的高压电容器和多油开关室。

4）宜采用气体灭火系统的场所

（1）国家、省级或人口超过 100 万的城市广播电视发射塔内的微波机房、分米波机房、米波机房、变配电室和不间断电源（UPS）室。

（2）国际电信局、大区中心、省中心和一万路以上的地区中心内的长途程控交换机房、控制室和信令转接点室。

（3）两万线以上的市话汇接局和六万门以上的市话端局内的程控交换机房、控制室和信令转接点室。

（4）中央及省级公安、防灾和网局级及以上的电力等调度指挥中心内的通信机房和控制室。

（5）建筑面积不小于 140m² 的电子信息系统机房内的主机房和基本工作间的已记录磁（纸）介质库。

（6）中央和省级广播电视中心内建筑面积不小于 120m² 的音像制品库房。

（7）国家、省级或藏书量超过 100 万册的图书馆内的特藏库；中央和省级档案馆内的珍藏库和非纸质档案库；大、中型博物馆内的珍品库房；一级纸绢质文物的陈列室。

（8）其他特殊重要设备室。

（五）供水系统设计实例

某高层办公、居住综合建筑，25 层，高度 94m，总建筑面积 3.5 万 m²，属一类高层建筑。各层的功能布置为：地下 2 层为设备用房，地下一层为设备用房和停车库，第 1 ～ 第 9 层为商场、餐饮办公写字间，第 10 层为设备与结构转换层，第 11 ～ 第 25 层为住宅，屋顶第 26、第 27 层局部设有设备用房（电梯机房、风机房、水箱间）。（图 5-3-4 ～ 图 5-3-8）。

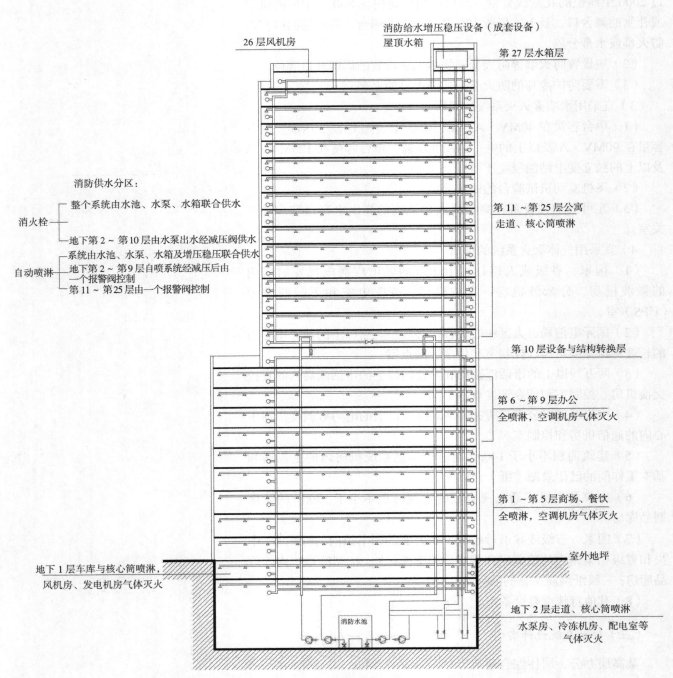

消防给水增压稳压设备（成套设备）

26 层风机房
屋顶水箱
第 27 层水箱层

消防供水分区：
- 整个系统由水池、水泵、水箱联合供水
- 消火栓
- 地下第 2 ～ 第 10 层由水泵出水经减压阀供水
- 系统由水池、水泵、水箱及增压稳压联合供水
- 自动喷淋
- 地下第 2 ～ 第 9 层自喷系统经减压后由一个报警阀控制
- 第 11 ～ 第 25 层由一个报警阀控制

第 11 ～ 第 25 层公寓
走道、核心筒喷淋

第 10 层设备与结构转换层

第 6 ～ 第 9 层办公
全喷淋，空调机房气体灭火

第 1 ～ 第 5 层商场、餐饮
全喷淋，空调机房气体灭火

室外地坪

地下 1 层车库与核心筒喷淋，
风机房、发电机房气体灭火

消防水池

地下 2 层走道、核心筒喷淋
水泵房、冷冻机房、配电室等
气体灭火

图 5-3-4　某高层建筑消防给水系统布置剖面示意图

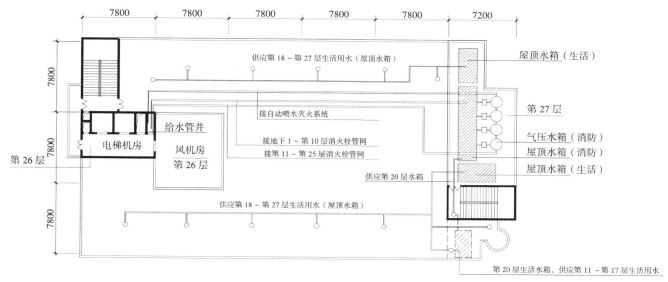

图 5-3-5 某高层建筑给水设备布置（屋顶平面）

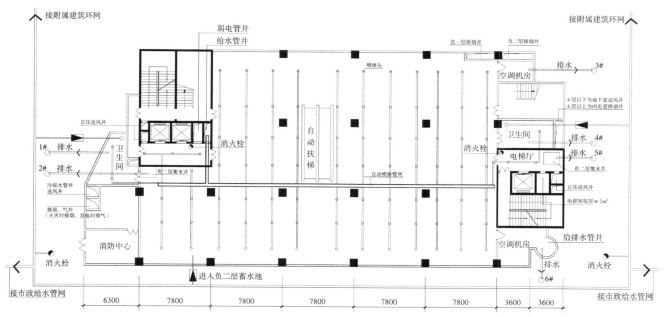

图 5-3-6 某高层建筑首层给排水进出口、自动喷淋系统平面布置

共 87 个喷头，平均 10m²/ 个，平均间距 2.8-3.6m，每层喷淋面积 800m²。

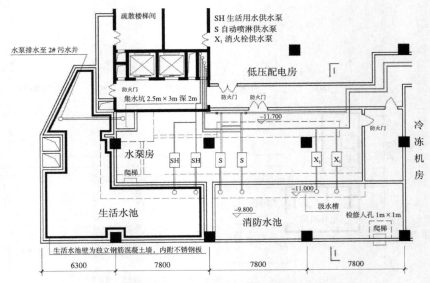

图 5-3-7 某高层建筑蓄水池、水泵房平面布置（单位：mm，m）
（位于地下二层）

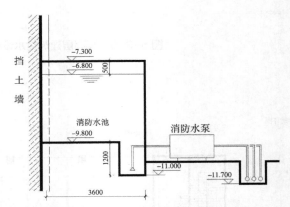

图 5-3-8 某高层建筑蓄水池、水泵房剖面（单位：mm，m）

本实例中供水系统分区及设计要点：

1. 生活与生产供水分为低、中、高三个区

低区：地下第 2 ～ 第 9 层由市政管网供水。

中区：第 11 ～ 第 17 层由第 20 层水箱供水。

高区：第 18 ～ 第 27 层由屋顶水箱供水。

2. 消防供水分为低、高两个区

消火栓：消火栓每层设 2 个，分别在两电梯厅内。

　　　　低区消火栓：地下第 2 ～ 第 10 层，由消火栓泵从水池抽水经减压阀后供水。

　　　　高区消火栓：第 11 ～ 第 20 层，由消火栓直接泵供水。

高位水箱及稳压设备提供火灾初期用水及水压。

自动喷淋：低区自动喷淋：地下第 2 ～ 第 9 层，由自喷泵经减压后供水。

　　　　　高区自动喷淋：第 11 ～ 第 27 层，由自喷泵供水。

　　　　　高位水箱及稳压设备维持系统所需压力及火灾初期用水及水压。

整个建筑除发电机房、冷冻站、配电间、水泵房、空调机房等设备用房不宜设置外,其余均设自动喷水灭火系统。

二、排水系统

（一）排水系统的分类与体制

1.排水系统分类

（1）建筑物排水系统按其排水的来源及水质污染程度可分为生活污水系统、生活废水系统、冷却水系统、雨水系统以及特种排水系统。

①生活污水系统——主要用以接纳并排出由大便器、小便斗排出的污水。这类污水含有一定程度的固体成分,具有腐化性,须经适当处理（化粪池或污水处理装置）后排出。

②生活废水系统——主要用以接纳除污水以外的,所含固体成分较少的生活排水,如盥洗、淋浴、洗涤等废水。这类废水水质的污染程度轻于生活污水。

③冷却废水系统——空调设备、冷冻机等排出的废水,水质好于生活废水。

④雨水系统——主要用以排除屋面、阳台、露台、天井、庭院等处的雨水及雪水。在高层建筑中可以采用外排水和内排水两种方式。

⑤特种排水系统——用于收集并排出厨房、餐厅含有动植物油的含油废水、车库洗车废水以及医院排水等,通常应先进行局部处理后才能排入室外的市政排水系统。

（2）根据排水系统管道内水流流态分为重力流排水、压力流排水（包括真空排水系统）。

2.排水体制

排水体制根据建筑物内生活污水与生活废水是否采用同一排水管道进行收集、输送及排放,分为合流制和分流制。

建筑物内下列情况下宜采用生活污水与生活废水分流的排水系统:

（1）建筑物使用性质对卫生标准要求较高时;

（2）生活废水量较大,且环卫部门要求生活污水需经化粪池处理后才能排入城镇排水管道时;

（3）生活废水需回收利用时。建筑内排水系统通常为重力流排水,但高层建筑地下层的排水,往往因其低于室外市政管网而无法重力流排出。此时,需用压力排水系统代替重力排水系统。

（二）排水系统设计注意事项

1.通气系统的设置

在高层建筑中,排水立管较长,接入卫生器具多,卫生器具同时放水的可能性大,立管断面被水流充满形成水塞的机会多。所以,通气系统的设置对高层建筑排水系统而言极为重要。

设专用通气立管是最常采用的通气方式（图5-3-9a）,每隔两层用结合通气管与排水立管相连接;另外也可采用副通气立管的通气方

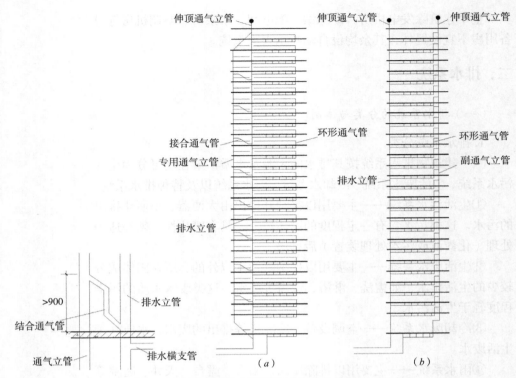

图 5-3-9 辅助排水系统通气方式（单位：mm）

式（图 5-3-9b）。伸顶通气管在与大气相通，可以调整压力，使管内压力保持平衡。

2. 地下层的排水

（1）消防电梯井排水

为保证消防电梯在消防时正常工作，消防电梯底应设置排水设施。一般在电梯井旁边设集水坑，用管道将集水坑与消防电梯井底相连。集水坑容积不得小于 2.0m³，排水泵的排水量不应小于 10L/s。

（2）地下车库排水

地下车库的排水一般采用明沟加铸铁排水栅系统。地下车库一般面积较大，排水明沟的最大深度控制在 200～300mm，最小坡度为 0.005。集水池有效容积不宜小于最大一台污水泵 5min 的出水量，且污水泵每小时启动次数不宜超过 6 次；同时应满足水泵设置、水位控制器、格栅灯安装和检查要求。

三、中水系统

中水系统是指将各类建筑使用过的排水，经处理达到中水水质要求后，而回用于厕所便器冲洗、绿化、洗车、清扫等各杂用水的一整套工程设施（图 5-3-10）。它包括中水原水系统、中水处理系统及中水给水系统。高层建筑用水量一般都很大，设置中水系统具有重要的现实意义。

中水系统的设置规定：缺水城市和缺水地区适合建设中水设施的工程项目，应按照当地有关的对应配套建设中水设施。

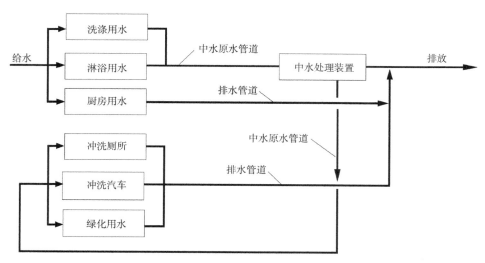

图 5-3-10　中水系统示意图

四、综合实例

深圳地王大厦：由 5 层商业裙房、一座 33 层，114m 高的公寓楼和一座 68 层，326m 高的办公楼组成，地下 3 层，总建筑面积约 27 万 m²。

1. 生活给水

（1）水源——由城市自来水管网引入两条 DN200mm 的供水管形成环网，再从环网上引出两条 DN150mm 的供水管供办公、公寓用水。为便于管理，办公和商场为一个独立供水系统，在地下第 2 层设 2×35m³ 及 2×62m³ 的生活水池；公寓也为一个独立供水系统，在地下第 2 层设 2×18.6m³ 的生活水池。冲厕水由中水系统提供，不足部分由生活水补充。办公和商场在地下第 2 层，设 2×15m³ 及 2×16m³ 的冲厕水池，公寓也在地下第 2 层设 2×4.5m³ 的冲厕水池。

（2）供水系统——采用高位水箱串联供水方式，按不同的水压分区供水，办公楼为 9 个区，公寓为 4 个区。办公楼水池总容积 100m³，占日用水量的 20%；除在地下第 2 层外，分别在第 22 层、第 41 层及天台设有 2×10m³、2×15m³、2×10m³ 的生活水箱和转输泵，同时设有加压及稳压装置，直接加压供水。公寓水池总容积 168m³，占日用水量的 25%；除在地下第 2 层外，分别在第 17 层及天台设有生活水箱、转输泵、加压及稳压装置，直接加压供水。

2. 消防给水

水源——由城市自来水管网引入两条 DN200mm 的进水管，引进地下一二层的消防水池。

供水方式——公寓的建筑高度为 114m：在第 33 层设 20m³ 水箱及加压、稳压泵以保证第 25～第 33 层的消防水压；第 5～第 24 层则利用水箱高度满足水压，同时设减压阀保证水压在 0.1～0.8Pa 之间。办公楼的建筑高度为 326m：采用串联分区方式供水，在第 22、第 41、第 51、第 66 层设 20m³ 的高位水箱一个，其中第 22、第 41、第 51 层各设两台加压泵和传输泵。在第 66 层设两台加压泵和一台稳压泵，以满足第 56～第 68 层的消防水压。

自动喷淋系统——采用无水箱分区供水方式，靠稳压泵来维持系统水压，保证最不利点的压力不小于 0.05Mpa。稳压泵与喷淋泵均设于地下第 2 层的消防泵房内。自动喷淋分 4 个区，办公楼第 2～第 40 层为一区，第 41～第 68 层为二区，公寓楼为三区，裙楼为四区。

3. 排水

采用内排水系统。粪便污水与生活废水分流制：废水经生化处理后成为中水，供冲厕用；污水经污水处理间处理后直接排至市政管网。排水系统采用三管制，由污水主管、废水主管和专用通气管组成。设独立雨水系统。

第四节　高层建筑电气系统与建筑设计

高层建筑发展的趋势和现代化的主要标志，就是越来越广泛地使用电能、电气设备，特别是微电子设备。按传统分类方法，可将现代建筑中应用电能的设备分为两大类：一类是为建筑物提供照明、动力，即电力（强电）设备；另一类是传递信息和控制信号，即电子（弱电）设备。这两类设备按需要组合成若干功能性子系统，进而构成整个建筑功能复杂、完备的电气系统。

一、高层建筑电气设备的特点、内容

（一）特点

其特点可以概括为"一大、二高、三多"。

一大：用电量大，宾馆、办公室、商住楼、综合楼等高层建筑均在 60W/m² 以上（有些甚至可达 150W/m²）。

二高：动力及负荷密度高，如空调负荷约占总负荷的 40%～50%。

供电可靠性要求高，建筑通常设有两个及两个以上电源，如消防报警、消防动力、应急照明、计算机、电话站、医院等均要求双电源。

三多：用电设备种类多。空调、通风、给排水等系统的各种设备、消防设备、垂直交通设备……

设备用房多。配变电房、消防室、监控室、水泵房、物管室、空调机房……

电气线路多。高压线路、低压线路、火灾报警线路、广播线路、通信线路、监控线路……

（二）内容

工程上常将用电设备分为两大类：

1. 强电设备

指照明、动力用电的设备。低压动力用电设备一般指以 AC380V 电压供电的各类水泵、风机、空调机组、冷水机组、锅炉、电梯等设备。常规照明设备（灯具、插座）通常使用 AC220V 电压。

2. 弱电设备

泛指传递信息和控制信号的电子设备。其特点是低电压、小电流，用于通信及自动控制系统。

这两类设备根据需要组合成若干功能性子系统，并将这些子系统构成整个建筑完备的电气系统。通常有以下一些功能性子系统：

（1）供配电系统：高压设备间、变压器室、低压配电室、发电机房及供配电网络。

（2）照明系统：正常照明、应急照明等。

（3）火灾报警及联动控制系统。

（4）电话系统。

（5）广播音响系统。

（6）有线电视系统。

（7）安防系统：传呼、防盗报警、闭路电视监视。

（8）建筑物防雷及接地系统。

（9）自动控制系统。

（三）发展趋势

随着科学技术的飞速发展以及人民生活水平的不断提高，高层建筑正向着计算机综合管理方向发展。绿色建筑的兴起，对建筑的自动化、节能化、信息化的功能提出了更高的要求。如果说智能建筑的出现，使建筑电气，尤其是高层建筑电气技术成为一门综合性的应用技术，那绿色建筑则使建筑综合要求更加明确和具体。建筑电气技术中各功能子系统不再各自独立，而是有着一个共同的目标——节能减排。即要求在建筑的全寿命期内，最大限度地节约资源（节能、节地、节水、节材），保护环境，减少污染，为人们提供健康、适用和高效的使用空间，与自然和谐共生。

二、高层建筑的供电方式

由发电厂发出的电能，经过变压器升压，再经过高压电力线输送至城市电网及区域供电系统。区域供电系统由两级或两级以上降压变电站及若干开关站构成（图5-4-1）。

第一级变电站将城市干线电网的高压（220kV 或 110kV）降为中压（10kV，20kV 或 35kV），为建筑小区或大型建筑提供电力，称为区域变电站。通常高层建筑的中压电缆引自第一级变电站。

第二级变电站是建筑小区内部大型建筑（群）所附属的用户变配电站。它将区域变电站提供的中压电能变为三相 380V/220V 的用户电压，为建筑内的动力、照明负荷供电。有些超高层建筑，用电量很大，需在单体建筑内设两个及两个以上的用户变电站。（一个单中压电源

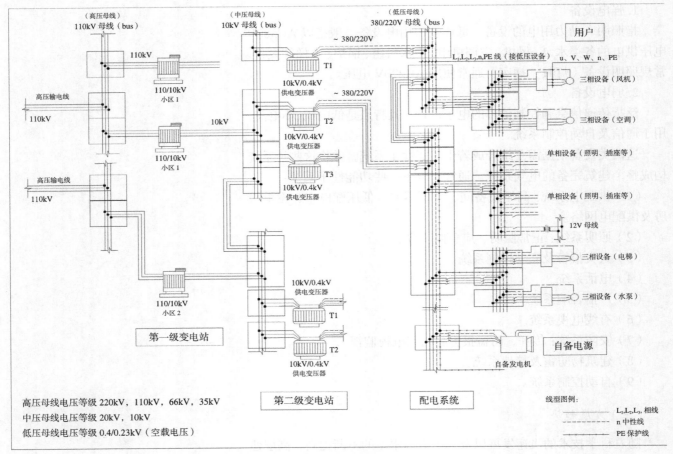

图 5-4-1　区域供电系统

的用户变电站的供电能力约为 5000kW）

用户变电站将中压电降为用户电压后，经过供配电系统的分配，才能送至大楼内各用电设备。配电系统一般不多于 2～3 级。

传统上将 1kV 及其以下的电压的电力系统称为低压电力系统（包括配电系统及用电设备）。将 1kV 电压以上的电力系统称为高压电力系统，包括电力干线网络和区域供电系统。

为保证重要负荷的供电可靠性，高层建筑内通常需要设置柴油发电机组，作为应急电源（自备电源）。发电机输出的电压一般为 AC380/220V，少数超高层建筑内，也有 10kV 的输出电压。

三、高层建筑的电力负荷等级与供电要求

所谓电力负荷就是以电为能源的设备。我国根据对供电可靠性的要求及中断供电在对人身安全、经济损失上所造成的影响程度，将电力负荷分为三级。

（一）一级负荷

（1）符合下列情况之一时，应视为一级负荷：

①中断供电将造成人身伤害时，如县级以上人民医院的手术室、

监护病房、血库、恒温箱等。

②中断供电将在经济上造成重大损失时，如大型车站、码头、规模大的城市超高层建筑（高度＞100m）中的重要负荷等。

③中断供电将影响重要用电单位的正常工作，如省级以上广播电台、电视台的播音室、演播厅、电话电信大楼机房等。

④建筑高度大于50m的乙、丙类厂房和丙类仓库，一类高层民用建筑的消防用电应按一级负荷供电。

（2）在一级负荷中，当中断供电将造成人员伤亡或重大设备损坏或发生中毒、爆炸和火灾等情况的负荷，以及特别重要场所的不允许中断供电的负荷，应视为一级负荷中特别重要的负荷。

（3）一级负荷的供电要求：应由双重电源供电，当一电源发生故障时，另一电源不应同时受到损坏。结合我国目前的经济、技术条件和供电情况，满足以下三种情况之一均可视为一级负荷供电：

①电源来自两个不同的发电厂；

②电源来自两个区域变电站（一路电压35kV及其以上）；

③电源来自一个区域变电站，另一个为自备发电设备。

高层建筑中常用的应急电源通常为柴油发电机组。

一级负荷中特别重要的负荷供电，除应由双重电源供电外，尚应增设应急电源，并严禁将其他负荷接入应急供电系统。

设备的供电电源的切换时间，应满足设备允许中断供电的要求。

（二）二级负荷

（1）符合下列情况之一时，应视为二级负荷：

①中断供电将在经济上造成较大损失时。

②中断供电将影响较重要用电单位的正常工作。

二类高层民用建筑、座位数超过1500个的电影院、剧场，座位数超过3000个的体育馆，任一层建筑面积大于3000m²的商店和展览建筑，省（市）级及其以上的广播电视、电信和财贸金融建筑的消防用电为二级负荷。

（2）二级负荷的供电要求：宜由两回线路供电。在负荷较小或地区供电条件困难时，二级负荷可由一回6kV及其以上专用的架空线路供电。

（三）三级负荷

对供电无特殊要求。

四、高层建筑用电负荷估算、负荷比例、负荷分布

（一）估算

各类高层建筑的用电负荷很难统一计算方法。已建同类高层的变压器装机容量可以作为设计时的参考。

（1）宾馆：80～140VA/m²

（2）办公、综合楼：70～140VA/m²

（3）住宅：非电炊户：建筑面积 ≤ 80m²，6 kW/ 户；80m² < 建筑面积 ≤ 120m²，8 kW/ 户；120m² < 建筑面积 ≤ 150m²，10 kW/ 户；150m² 以上的住宅，超过面积部分按照 50W/m² 的标准进行配置。基本供电容量最高为 16kW/ 户。住户数量不同，需要系数亦不同。

（二）负荷比例

空调负荷、照明负荷、一般电力负荷这三者之间的比例，在不同类型的高层建筑中有所不同。

宾馆饭店：照明占 20% ～ 30%；

空调占 35% ～ 45%；

一般电力 35% ～ 40%。

办公、综合楼：照明 30% ～ 40%；

空调 35% ～ 45%；

一般电力 30% ～ 35%。

高层住宅：照明 15% ～ 30%；

空调 50% ～ 65%；（不采用中央空调）；

一般电力 15% ～ 25%。

（三）负荷分布

从建筑各部位用电负荷来看，地下层是高层建筑用电负荷较为集中的地方，因为用电量大的设备大多集中在地下室，如冷冻站、各种水泵（冷却水泵、冷冻水泵、生活水泵、消火栓泵、喷淋水泵）及各类风机（送风机、排风机、排烟机等）。

大楼的顶部也是用电的集中区，如电梯机房、防排烟机、正压送风机、冷却塔风机、风冷热泵等大多布置在大楼的顶部。

超高层建筑通常沿建筑垂直方向分区设电梯、水泵、空调等设备，因此超高层建筑的中间设备层也是用电负荷密集的地方。

五、变配电房的建筑设计

（一）用户变配电房中的主要设备

中压开关柜：接受和分配中压电能（10kV、20kV，少数为35kV）。中压开关柜分为固定式和手车式两大类。手车式中压开关柜的特点是：中压断路器等主要电气设备安装于可以拉出和推入的开关柜的手车上。与固定柜相比，其具有检修安全、供电灵活、大大缩短停电时间和价格较高的特点。

变压器：将中压开关柜送来的 10kV（或 20kV、35kV）中压电变成低压电（380V/220V）。变压器室应采光、通风良好，无振动，无有害气体及灰尘污染，不允许水管、煤气管等与之无关的管线穿越。

低压配电柜：接受和分配低压电能（380V/220V）。低压柜一般为离墙安装（距墙不小于 1m）。根据开关的接线情况分为固定式和抽屉式两种。抽屉式配电柜便于检修，但价格较高，用于供电可靠性要求较高的建筑。

中压开关柜和低压配电柜的进出线方式有下列几种：

（1）下进下出方式：需要在柜下做电缆沟或电缆夹层。

（2）上进上出方式：采用电缆桥架或封闭式母线架设。

（3）混合式出线：上进上出和下进下出根据需要混合使用。

（二）变配电房的建筑设计要求

20kV及以下的变配电房的房间构成主要由三部分组成，即高压配电室、变压器室及低压配电室。有人值班的配变电所，应设单独的值班室（可兼控制室）。设有低压室时，值班室可与低压室合并，在工作人员经常工作的一面（端），低压配电柜到墙的距离不应小于3m。高压室与值班室应直接相通或经过走廊相通，值班室应有门直接通向户外或通向走廊。

为了减少低压硬母线的长度，低压室应与变压器室相邻。

可燃油油浸电力变压器室的耐火等级应为一级。非燃（或难燃）介质的电力变压器、中压室、中压电容器室的耐火等级应不低于二级。低压配电装置室、低压电容器室的耐火等级应不低于三级。

变压器室的通风窗应采用非燃烧材料。门通常为防火门。配电室及变压器室的门宽（高）宜按最大不可拆卸部件宽（高）度加0.3m。变压器室、配电室、电容器室等应有防止小动物从采光窗、通风窗、门、电缆沟等进入屋内的措施。

独立变电所宜单层布置。当采用双层布置时，变压器应设在底层，设于二层的配电装置应有吊装设备的吊装孔或吊装平台。

高压配电室及电容器室宜设不能开启的自然采光窗。窗户下沿距室外地面高度不小于1.8m。临街的一面不宜开窗。配电装置室、变压器室、电容器室的门应向外开，并装有弹簧锁。装有电气设备的相邻房间有门时，此门应能双向开启，或向低压方向开启。

除变压器室外，配变电所各房间内墙面均应抹灰刷白。配电装置室、变压器室、电容器室的顶棚及变压器室的内墙面应刷白，屋顶棚板不得抹灰，以防脱落，但要求平整光洁。地（楼）面宜采用高标号水泥抹面压光，或采用水磨石地面。

长度大于7m的配电室应设两个安全出口；并宜布置在配电室的两端。当配电室的长度大于60m时，宜增加一个安全出口；相邻安全出口之间的距离不应大于40m。

（三）变配电房的位置

1. 原则

①安全运行、技术经济性能好，经营管理方便。

②接近负荷中心，进出线方便，接近电源侧。

③设备吊装运输方便。

④不应设在厕所、浴室、厨房或其他经常积水场所的正下方处，也不宜设在与上述场所相贴邻的地方。当贴邻时，相邻的隔墙应做无

渗漏、无结露的防水处理。

⑤不宜设在地下室的最底层。

⑥不宜设在对防电磁干扰有较高要求的设备机房的正上方、正下方或与其贴邻的场所。当需要设在上述场所时，应采取防电磁干扰的措施。

⑦当与有爆炸或火灾危险的建筑物毗连时，变电所的所址应符合现行国家标准《爆炸和火灾危险环境电力装置设计规范》GB 50058的有关规定。

⑧高层或超高层建筑物根据需要可以在避难层、设备层和屋顶设置配电所、变电所，但应设置设备的垂直搬运及电缆敷设的措施。

2. 具体位置

当建筑为一般高层建筑、屋面无大功率用电设备时，可设于地下室或辅助建筑内。

当建筑高度＞100m时，分别设在地下室、中间设备层。屋面有大容量用电设备时，顶层可设置变压器。

以深圳地王大厦为例：该建筑共设6个变电所，分别为A、B、C、D、E、F。由于办公主楼是高达300多米的超高层建筑，考虑到集中设置变电所会造成电能及线材的损耗过大，因此变电所都靠近用电大户——空调冷冻水机组及泵房。变电所A、B位于地下第1层，供商场及公寓用电；变电所C、D、E、F分别位于办公主楼的第2、第22、第41、第66层，与冷冻水机组毗邻，并供应附近楼层的照明用电。

（四）变配电房的平剖面布置

（1）当变配电房长度＞7m时，应设两个门，门向外开。

民用建筑内变电所防火门的设置应符合下列规定：

①变电所位于高层主体建筑或裙房内时，通向其他相邻房间的门应为甲级防火门，通向过道的门应为乙级防火门；

②变电所位于多层建筑物的二层或更高层时，通向其他相邻房间的门应为甲级防火门，通向过道的门应为乙级防火门；

③变电所位于单层建筑物内或多层建筑物的一层时，通向其他相邻房间或过道的门应为乙级防火门；

④变电所位于地下层或下面有地下层时，通向其他相邻房间或过道的门应为甲级防火门；

⑤变电所附近堆有易燃物品或通向汽车库的门应为甲级防火门；

⑥变电所直接通向室外的门应为丙级防火门。

（2）为了便于设备出线，下出线的配电柜下面应设电缆沟，以便布置电缆。电缆沟应采取防水、排水、防鼠措施，沟上设盖板。室内电缆沟一般采用花纹钢板，以便与检修。上出线的配电柜上方应预留电缆桥架位置。

（3）高层建筑物内的地下室配变电所可以布置非充油电气设备，不应选用有可燃性油的电气设备（如油浸变压器，少油或多油断路器等）。当高层建筑物裙房内附设变电所时，其油浸变压器室内应设置容量为100%变压器油量的储油池。

（4）在高层建筑物裙房的首层布置油浸变压器的变电所时，首层外墙开口部位的上方应设置宽度不小于1m的不燃烧体防火挑檐或高度不小于1.2m的窗槛墙。不应设在人员密集场所和疏散出口的两旁。

（5）变配电房的平剖面布置要求见图5-4-2。

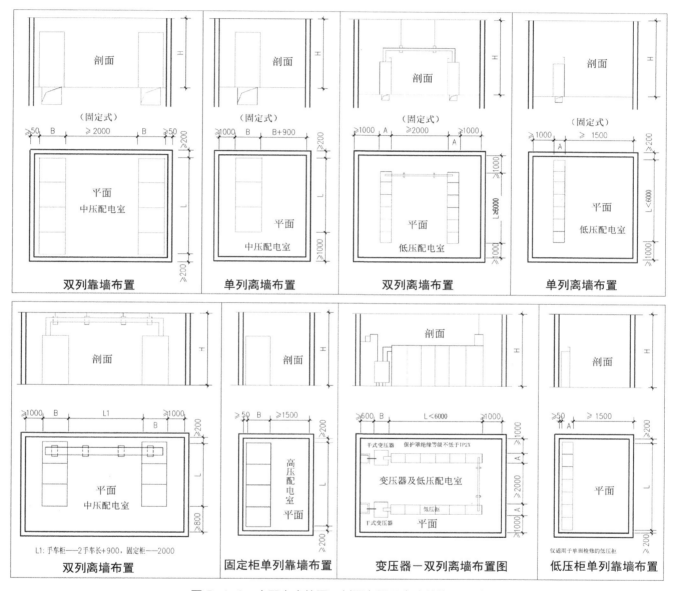

双列靠墙布置　　　单列离墙布置　　　双列离墙布置　　　单列离墙布置

双列离墙布置　　　固定柜单列靠墙布置　　　变压器-双列离墙布置图　　　低压柜单列靠墙布置

L1：手车柜—2手车长+900，固定柜—2000

图5-4-2　变配电房的平、剖面布置要求（单位：mm）

（五）工程实例

某高层变配电房位于地下第2层（图5-4-3，图5-4-4）。

一般而言，高层建筑变配电房面积为：中压配电房60～100m²；低压配电房150～200m²；值班室25m²。

配电室的高度按配电柜顶引出线确定，柜顶的配电母线距屋顶

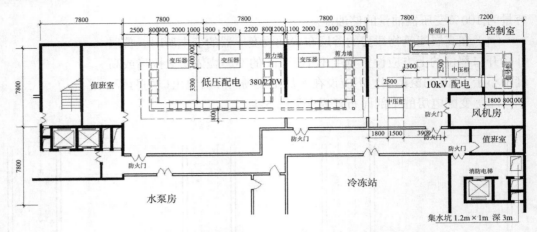

图5-4-3　某高层建筑配电室平面布置（地下2层）（单位：mm，m）
高低压配电室共计325m²

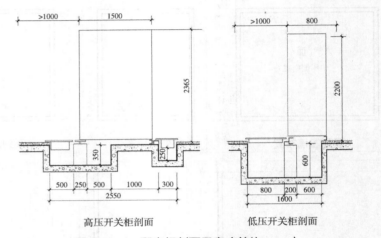

图5-4-4　配电柜剖面示意（单位：mm）

（梁除外）一般不小于0.8m。据此，中压配电室的净空高度一般不小于3.5m，低压配电室的净空高度一般不小于3.0m。

六、电气竖井与配电小间

电气竖井是高层建筑物强电及弱电竖向干线敷设的主要通道。竖井内可采用金属管、金属线槽、电缆、电缆桥架和封闭式母线等布线方式。

在电气竖井内，如果除敷设干线回路外，还设置各层的电力、照明分配电箱及弱电设备的端子箱等电气设备，则称为电气小间。

（一）电气竖井的位置和数量

电气竖井的位置和数量应根据建筑物规模、用电负荷性质、供电半径、建筑物的沉降缝设置和防火分区等因素确定，应保证系统的可靠性，并尽量减少电能损耗。

电气竖井的位置宜靠近负荷中心，并注意与变电所或机房等部位的联系方便。这样，可减少干线电缆沟道或干线电缆桥架的长度，从而减少损耗，节省投资。

电气竖井应是专用竖井；不得与电梯井、管道井等共用竖井，以保证电气竖井内电气线路及电气设备的运行安全。电气竖井内不应设用与其无关的管道。

电气竖井应避免邻近烟道、热力管道及其他散热大或潮湿的设施，否则会使电气竖井内温度升高，影响线路导体的传导能力，导致误动作；或者因潮湿使竖井内线路绝缘强度降低、金属性腐蚀。如果无法远离烟道等热源或潮湿设施，则应采取相应的隔热、防潮措施。

电气竖井的井壁应采用耐火极限不低于 1h 的非燃烧体，电气竖井在每层楼应设维护检修门，并应开向公共走廊。检修门的耐火极限不应低于丙级。楼层间应采用防火密封隔离。电缆和绝缘线在楼层间穿钢管时，两端管口空隙应做密封隔离。

电气竖井的尺寸，应满足布线间隔要求。

为了保证线路的运行安全，避免强电对弱电的干扰，并便于维护管理，有条件时宜分别设置强电和弱电竖井。

（二）配电小间的面积与布置

配电小间的面积应根据线路及设备的布置来确定，除了应满足布线间隔及配电箱、端子箱等设备的布置所必需的尺寸外，还应充分考虑布线施工及设备运行的操作维护距离。一般在箱体前留不小于 0.80m 的操作维护距离（图 5-4-5）。

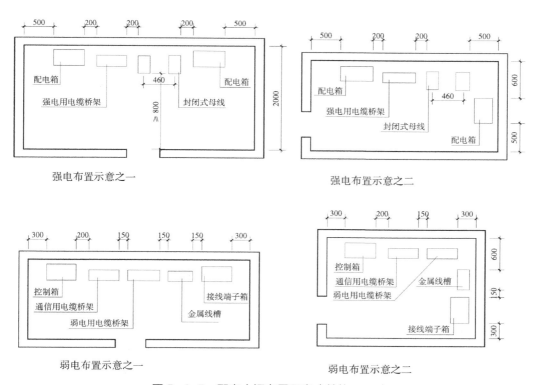

图 5-4-5 配电小间布置示意（单位：mm）

（三）综合配电柜

由于在电气竖井中敷设的线路除动力干线、照明干线外，还有电话、电视、广播、火灾报警、控制信号等多种线路，为节省空间，简化设计，便于施工和维护管理，可设置综合配电柜，将插接母线、电缆及各种电气管线一并装于柜内。综合配电柜的安放位置及竖井可利用建筑内部的装饰层、夹层等，而不占用建筑物的使用面积，竖井门可与建筑物房间的房门统一考虑，以获得整齐、紧凑、美观大方的效果。综合配电柜内一般用钢板隔成强电与弱电两个部分。在强电隔间中安装动力、照明干线和断路器、接触器、端子板等；弱电隔间中设有电话、控制、报警、电视、计算机等用的电缆及端子板。综合配电柜内还设有紧固母线或电缆用的支架。综合配电柜的尺寸、结构均可视具体要求而定。

七、柴油发电机房与建筑设计

符合以下情况之一时，宜设自备应急柴油发电机组：

①为保证一级负荷中特别重要的负荷用电；

②有一级负荷，但从市电网中取得第二电源有困难或不经济合理时；

③大、中型商业建筑，当断电会造成较大经济损失时。

柴油发电机主要用作紧急状态时的供电设备，主要用电设备为：

①应急照明；

②消防电梯（紧急状态时其他电梯均自动降落至基站（平街层）并停止使用）；

③消防水泵、排水泵；

④防排烟系统；

⑤计算中心；

⑥广播室、电视监控室等。

柴油发电机房的土建设计，除与变配电房的要求相同外，还应满足以下要求：

（1）宜设在首层或地下第1层，宜靠近一级负荷或配电所设置。

（2）发电机工作时的发热量很大，同时有烟气产生，需要进行强制排热，排烟，要求发电机室应有良好的采光通风条件。位于地下层的发电机室应设专用排烟、送风竖井，废气经竖井排向高空或经处理排向室外。

（3）发电机工作噪声很大，机房应有吸音、隔声处理。例如控制室与机房之间的观察窗应为隔音窗。柴油机的基础应采取隔振措施。

（4）机房内的管沟、电缆沟应有0.3%的坡度和排水、排油措施，沟边缘应作挡油处理。电缆沟和管沟盖板采用花纹钢板。

（5）柴油发电机房应有两个直通室外的出口，其中一个的大小应满足搬运机组的要求，且门应向外开。与控制室之间的门应为防火隔声门，并开向发电机房。

（6）机房平剖面设计要求（图5-4-6）。

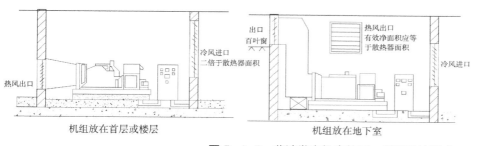

图 5-4-6　柴油发电机室的平、剖面设计要求

间距 L——根据机组冷却方式及机组
容量确定民用建筑通常为 1.8～2m

（7）设计举例

风冷式柴油发电机组机房建筑面积 40～60m²，一般设有 3 个竖井供排烟、排气、送风使用。机房的常规布置如图5-4-7所示。

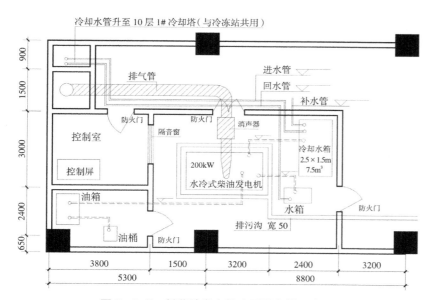

图 5-4-7　某柴油发电机房平面布置示意图
（位于地下第 1 层）

八、火灾自动报警系统及消防控制室的建筑设计

（一）火灾自动报警系统

对于高层建筑，火灾报警与消防联动系统是必备的一种建筑设备工程。报警指火灾的先期预报；联动则指发生火灾后的扑救与疏散。从设计与施工角度看两者可以统称为"消防报警"。其内容包括：火灾自动报警、火灾事故照明和疏散指示标志系统、紧急广播及通信系统、自动灭火控制系统、水喷淋的信号系统、防火门与防火卷帘的配电与控制系统、消防电梯及水泵的配电与控制系统、机械防排烟的配电与控制系统等。消防系统的繁简应视建筑物的使用性质和高度

而定，例如 18 层以下的高层住宅一般仅设火灾事故照明、消防电梯、正压送风系统和消火栓泵的配电与控制系统；而具有地下车库的高层建筑则可能需设上述的全部系统。这些需要严格执行规程、规范的要求，而且需报当地消防主管部门审查。

要求设火灾自动报警系统的民用建筑及部位如下：

（1）一类高层公共建筑；

（2）二类高层公共建筑内建筑面积大于 50m² 的可燃物品库房和建筑面积大于 500m² 的营业厅；

（3）大、中型幼儿园的儿童用房等场所，老年人建筑，任一层建筑面积 1500m² 或总建筑面积大于 3000m² 的疗养院的病房楼、旅馆建筑和其他儿童活动场所，不少于 200 床位的医院门诊楼、病房楼和手术部等；

（4）歌舞娱乐放映游艺场所；

（5）净高大于 2.6m 且可燃物较多的技术夹层，净高大于 0.8m 且有可燃物的闷顶或吊顶内；

（6）电子信息系统的主机房及其控制室、记录介质库，特殊贵重或火灾危险性大的机器、仪表、仪器设备室、贵重物品库房；

（7）任一层建筑面积大于 1500m² 或总建筑面积大于 3000m² 的商店、展览、财贸金融、客运和货运等类似用途的建筑，总建筑面积大于 500m² 的地下或半地下商店；

（8）图书或文物的珍藏库，每座藏书超过 50 万册的图书馆，重要的档案馆；

（9）地市级及其以上的广播电视建筑、邮政建筑、电信建筑，城市或区域性电力、交通和防灾等指挥调度建筑；

（10）特等、甲等剧场，座位数超过 1500 个的其他等级的剧场或电影院，座位数超过 2000 个的会堂或礼堂，座位数超过 3000 个的体育馆。

（二）消防控制室

具有消防联动功能的火灾自动报警系统应设置消防控制室。消防控制室应满足现行国家规范《火灾自动报警系统设计规范》（GB50116）的要求。

1. 消防控制室的功能

消防控制室是建筑消防系统的信息中心、控制中心、日常运行管理中心和各自动消防系统运行状态监视中心，也是建筑发生火灾和日常火灾演练时的应急指挥中心；在有城市远程监控系统的地区，消防控制室也是建筑与监控中心的接口。

建筑使用形式和功能不同，其包括的消防控制设备也不尽相同。消防控制室应将建筑内的所有消防设施，包括火灾报警和其他联动控制装置的状态信息都能集中控制、显示和管理，并能将状态信息通过网络或电话传输到城市建筑消防设施远程监控中心。

2. 消防控制室内的控制装置

火灾报警控制器；

应急照明和疏散指示控制装置；

非消防电源控制装置；

消火栓系统控制装置；

自动喷淋系统控制装置；

气体灭火系统、泡沫灭火系统控制装置；

电动防火门、防火卷帘控制装置；

防烟排烟设备控制装置；

电梯控制装置；

火灾警报和消防应急广播系统控制装置；

消防电话等。

3. 消防控制室的土建设计

（1）控制室的位置

应设在交通方便、消防人员能迅速到达，且火灾不易延燃的部位。消防控制室内严禁穿过与消防设施无关的电气线路及管路。消防控制室不应设置在电磁场干扰较强（例如配电房）的附近。不应设在厕所、锅炉房、浴室等房间的隔壁、上方或下方，也不宜设在人流密集的场所。为了便于管理，消防控制室宜与安防监控室、广播室、通讯用房等毗邻或共用房间。

因此，控制室应设在建筑首层或地下第 1 层，靠近大楼入口，并且有通向室外的安全出口；出口应有明显标志。

（2）控制室的面积大小

除消防控制设备位置外，应考虑操作、维修和值班人员休息的位置。

根据《火灾自动报警设计规范》（GB50116）要求，消防控制室内设备的布置应符合下列规定：

①设备面盘前的操作距离，单列布置时不应小于 1.5m；双列布置时不应小于 2m。

②在值班人员经常工作的一面，设备面盘至墙的距离不应小于 3m。

③设备面盘后的维修距离不宜小于 1m。

④设备面盘的排列长度大于 4m 时，其两端应设置宽度不小于 1m 的通道。

⑤在与建筑其他弱电系统合用的消防控制室内，消防设备应集中设置，并应与其他设备间有明显间隔。

控制室内严禁无关的管线穿过，送回风管在墙上穿过时应设防火阀。

一般消防控制柜（信号柜等）的尺寸为 500mm × 600mm，消防控制室设置 8 面柜；单列布置时，控制室最小净空长度为 6.8m，最小径深为 4.5m。消防控制室的面积为 30 ~ 60m^2。

为便于检修设备，敷设电缆，最好设地板沟（或槽），且应有阻燃措施。控制室宜设防静电架空活动地板，将各种管线和电缆铺在地板下的线槽内。

（3）控制设备布置要求及实例（图 5-4-8、图 5-4-9）

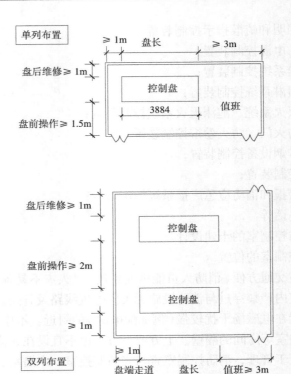

图 5-4-8 消防控制室设备布置要求

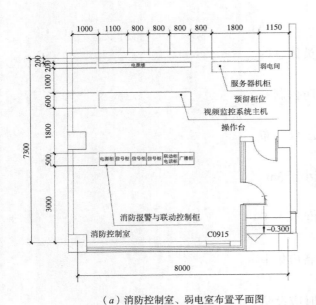

（a）消防控制室、弱电室布置平面图

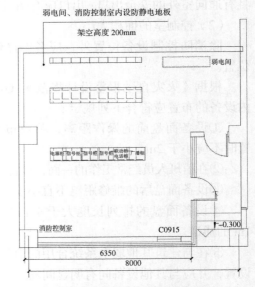

（b）消防控制室、弱电室防静电地板

图 5-4-9 某办公楼消防控制室、弱电室布置平面图（单位：mm）

图中列举的消防控制中心使用面积 58m²，留有安装其他设备的发展余地。

九、高层建筑的智能化系统与建筑设计

所谓"智能建筑"即是以智能化技术与建筑技术融合的"建筑智能化系统工程"。以节约资源、保护环境为主题的绿色建筑是国家对建筑工程建设要求的基本导向，智能建筑建设应围绕这一目标，通过智能化技术与建筑技术的融合，有效提升建筑综合性能。

（一）智能化建筑的基本含义

以建筑物为平台，基于对各类智能化信息的综合应用，集架构、系统、应用、管理及优化组合为一体，具有感知、传输、记忆、推理、判断和决策的综合智慧能力，形成以人、建筑、环境互为协调的整合体，为人们提供安全、高效、便利及可持续发展功能环境的建筑。

习惯上，智能化建筑是指具备"3A"的建筑：

1. 办公自动化 OA（Office Automation）系统

办公自动化 OA 系统主要内容是：

（1）通过局域网（LAN）联接的电脑网络系统，用户每人只用一台工作站或终端个人电脑，便可完成所有的业务工作；

（2）通过网络和数据交换技术实现无纸化办公；

（3）通过数据库、专家系统、可视图文信息系统等实现信息资源共享。

2. 建筑设备自动化 BA（Building Automation）系统

建筑设备自动化 BA 系统一般具有三个层次：

（1）最下层是现场控制器，对设备或对象参数实行自动检测、自动保护、自动故障报警和自动调节控制。

（2）中间层为系统监督控制器。它负责 BA 中某一子系统的监督控制，管理这一子系统内的所有现场控制器，并将子系统的信息上传到中央管理级计算机。

（3）最上层为中央管理系统，是整个 BA 系统的核心，对整个 BA 系统实施组织、协调、监督、管理、控制的任务。

3. 通讯自动化系统 CA（Communication Automation）

通讯自动化系统 CA 是以大楼数字专用交换机为中心，在楼内联接程控电话系统、电视会议系统和多媒体声像服务系统，对外与广域网（WAN）或城域网（MAN）以及卫星通信系统相联，实现大楼内外的声像数字通讯。同时，还应具有路由管理功能和自动计费功能。

如此复杂的系统的网络布线，是通过综合布线系统 PDS（Premises Distribution System）来实现的。PDS 系统提供开放式的标准通信接口，能支持多厂商的不同类型设备的数据传输和网间互联，采用标准材料（例如光纤）和非屏蔽双绞线作为传输介质。在智能化大楼里，综合布线系统几乎包容了全部弱电系统的布线，可以传输数据、文本、图像、传感器、模拟或数字语音等信号。

（二）高层建筑智能化系统的设备空间

智能化系统机房宜包括信息接入机房、有线电视前端机房、信息设施系统总配线机房、智能化总控室、信息网络机房、用户电话交换机房、消防控制室、安防监控中心、应急响应中心和智能化设备间（弱电间、电信间）等，并可根据工程具体情况独立配置或组合配置。

智能化设备间（弱电间）是指建筑物内区域或楼层智能化设备安装间。智能化设备安装间内包括各智能化系统的部分设备或信息传输设备及缆线系统等。

1. 智能化高层建筑的层高

智能化高层建筑的标准层在土建施工阶段一般做成大空间开敞形式，由用户自行隔断和装修。这种布局提高了建筑面积的有效利用率，适合于高层结构体系。空调、照明、消防、电源和通信线路插座均按建筑模数网格布置，一般按一个人的使用面积（例如 $9m^2$）划分网格。由于这么多的电缆线和管线要到位，因此智能化建筑中要有架空地板或吊顶空间；同时又要保证一定的净空（通常为 $2.8 \sim 3.3m$），以免造成压抑感。由此可见，如果加上架空地板的架空高度（$300 \sim 600mm$）、结构及吊顶空间高度（$900 \sim 1200mm$），则智能化建筑的层高可达 $4 \sim 4.8m$。

2. 电信间

在每一楼层设电信间，将垂直通讯干线与水平布线联接。水平布线最长距离为 $90m$。每 $1000m^2$ 办公面积至少设一间（最好是 $500m^2$ 设一间），房间尺寸不小于 $2.6m \times 2m$。电信间应作全高防火墙（耐火极限 $2h$）、防水吊顶，吊顶高度至少为 $2.5m$。室内无窗，门高不小于 $2m$，宽 $1m$。室内设架空地板。

3. 信息网络机房

智能化建筑里的信息网络机房是为安装小型机乃至巨型机用的，同时还应包括外围设备、电源（UPS）、数据通信设备和操作管理人员用房。信息网络机房的面积至少应为办公面积的 10%，入口通道宽度不小于 $2m$。为机房服务的电梯载重量不少于 $1200kg$，其轿箱尺寸不小于 $2m \times 3m$。为满足安装计算机柜及安装架空地板（高度为 $300 \sim 600mm$），通常机房的层高不小于 $3.5m$。

4. 配线室

是指安装电讯电缆接线架用的房间。大楼的总进线（与市话网的接口）称交接线室。每层楼干线与平面布线的接口称配线室。该房间用全高防火墙和防水吊顶，无窗，要有防尘措施和保安防卫措施。房间的最小尺寸为 $2m \times 2m$。在考虑配线室尺寸时应按如下原则：每 $100m^2$ 办公面积需要在墙上安装的单边接线架宽度为 $100mm$，双边接线架宽度为 $50mm$。

5. 数字程控小交换机总机室

总机室中的设备包括电话接线板、传真机、电传机、分理台、紧急电话、电话会议控制设备、内部无线寻呼和接通记录装置等。

十、其他设备

（一）电梯

电梯是高层建筑中重要的垂直交通工具。电梯的构成包括机房、井道、轿箱等（图 5-4-10）。电梯的土建要求主要是机房和井道方面的要求。

1. 机房

一般都设在电梯井道的正上方（无机房电梯或液压梯也有设在井

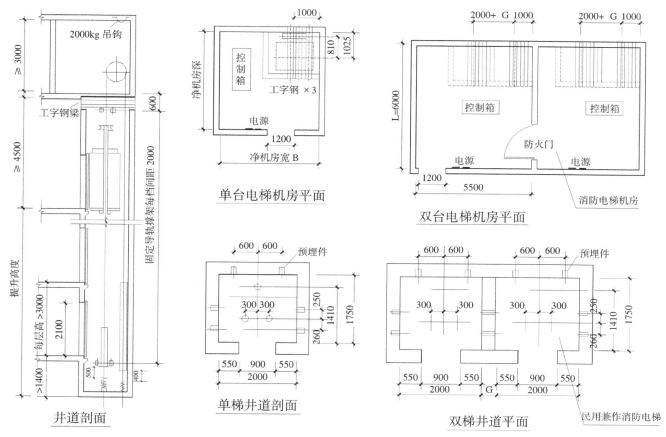

图 5-4-10 电梯的土建要求（单位：mm）

道底部和侧面的）。应设专用电梯机房，且通风散热良好。机房应与水箱和烟道隔开，不能有非电梯用水管、煤气管和电缆等其他设备进入电梯机房。

（1）机房大小

一般机房的建筑面积是井道截面面积的 2 倍以上，交流低速电梯为 2~2.5 倍，大型轿厢的电梯机房面积更大。

（2）机房高度

是指从机房地面到机房顶端或梁的下表面之间的垂直净空距离。客梯机房的高度应大于 3m；货梯机房的高度应大于 2.5m；杂梯机房的高度应大于 1.8m。

实际工程中，电梯机房的高度应满足生产厂家提出的安装检修高度要求。

（3）机房设备的布置要求

主机、控制屏应尽量远离门窗、与门窗正面的距离不小于 600mm。

曳引机与墙壁之间的距离应大于 500mm，以便于检修。控制屏前间距应有 800mm，后面和侧面间距应大于 700mm，以便于维修。曳引机与控制屏的距离不小于 500mm。电梯的照明、动力电源箱应装在机房出口处，距出口不大于 0.5m，箱下缘距地面 1.3~1.5m。

（4）机房的承重

机房的地板要能承受 $700kg/m^2$ 的均布荷载。

2. 井道

一般采用框架填充墙或钢筋混凝土结构，强度应符合电梯轿厢和对重（平衡）锤的规格要求。一般井道内壁与轿厢外壁的间距应大于200mm，井道内壁与对重（平衡）锤的间距应大于350mm。为了防止电梯冲顶可能造成的危害，电梯在最高一层要留有一定空间作为缓冲，也称为顶层高度。该缓冲层的高度尺寸按：低速梯为大于4.5m；中、高速梯则为 5 ~ 6m。井道底坑的深度是按轿底、导靴、安全钳和缓冲器的结构并结合有关规定来确定的，一般低速电梯（0.5 ~ 1.0m/s）的底坑深度应大于1.4m，而中速电梯（2m/s）的底坑深度则应为2.5m以上。

（二）擦窗机

擦窗机是高层建筑物外墙立面和采光屋面清洗、维护作业的常设专用设备。需根据建筑物的高度、立面及楼顶结构、承载、设备行走的有效空间选用不同形式的擦窗机。即要考虑到安全、经济、实用，又要考虑到安装的擦窗机能与建筑物协调一致，不影响建筑物的美观。所以擦窗机的选型与建筑设计及施工等密切相关。擦窗机是室外高空载人设备，因此对擦窗机的安全性和可靠性要求很高。

擦窗机可分为：屋面轨道式（简称轨道式）、轮载式、悬挂轨道式（简称悬挂式）、滑车式、插杆式和滑梯式。

轨道式擦窗机自动化程度高，安全可靠，是擦窗机的首选形式。轨道式擦窗机由主机和轨道二部分组成。

（1）主机部分

主机由动力系统、电气系统、安装装置和工作吊篮组成。

（2）轨道部分

以特大型钢铺设在屋面周围作一圈环路，并与屋面上的预埋钢板和预埋螺栓牢固联接，轨道转弯需有较大的曲率半径，便于主机通畅运行。

安装轨道式擦窗机必须满足楼面结构承载要求，预留出擦窗机的行走通道等。其主要技术参数为：额定载荷 200 ~ 300kg；升降速度 8m/min；行走速度 8m/min；变幅速度 2 ~ 3m/min；回转速度180° /100s。

1. 菲利普·奥德菲尔德等主编，世界高层建筑前沿研究路线图，上海：同济大学出版社，2017

2. 魏琏主编，深圳超限高层建筑工程设计及实例，北京：中国建筑工业出版社，2016

3. 陈星，梁艳云，罗赤宇，宋恒强主编.超限高层建筑抗震设防专项审查工程实录与分析，北京：中国城市出版社，2016

4.《高层建筑混凝土结构技术规程》JGJ3—2010，北京：中国建筑工业出版社，2010

5.《高层民用建筑钢结构技术规程》JGJ99-2015，北京：中国建筑工业出版社，2015

6. 窦以德主编.全国优秀建筑设计选.北京：中国建筑工业出版社，1995

7. 中国住宅设计十年精品选编委会编.中国住宅设计十年精品选.北京：中国建筑工业出版社，1996

8. 住宅设计资料集.北京：中国建筑工业出版社，1999

9. 华东建筑设计研究院作品集·哈尔滨：黑龙江科学技术出版社，1998

10. 建设部建筑设计院作品集·哈尔滨：黑龙江科学技术出版社，1998

11. 住宅设计50年——北京市建筑设计研究院住宅作品选.北京：中国建筑工业出版社，1999年

12. 高层建筑设计资料图集.沈阳：辽宁科学技术出版社，1995

13. 深圳建设局，深圳市城建档案馆主编·深圳高层建筑实录.深圳：海天出版社，1997年

14. 雷春浓编著.现代高层建筑设计.北京：中国建筑工业出版社，1995

15. 吴景祥主编.高层建筑设计.北京：中国建筑工业出版社，1994

16. 童林旭著.地下汽车库建筑设计.北京：中国建筑工业出版社，1996

17. 姚时章主编.高层建筑设计图集.北京：中国建筑工业出版社，2000

18. 唐玉恩，张皆正主编.旅馆建筑设计.北京：中国建筑工业出版社，1993

19. 北京宾馆建筑编委会.北京宾馆建筑

20. 赵和生著.城市规划与城市发展.南京：东南大学出版社，1999

21. 许安之，艾至刚主编.高层办公综合建筑设计.北京：中国建筑工业出版社，1997

22. 翁如壁编著.现代办公楼设计.北京：中国建筑工业出版社，1995年

23. 华东建筑设计院编著.高层公共建筑空调设计实例.北京：中国建筑工业出版社，1997

24. 钱以明编著.高层建筑空调与节能.上海：同济大学出版社，1990

25. 高层民用建筑设计防火规范GB50045-95（2001版）.北京：中国计划出版社，

参考文献

2001

26. 过荣南编著.高层建筑设备维修管理手册.北京：中国建筑工业出版社，1999

27. 张关林、石礼文主编.金茂大厦 决策·设计·施工.北京：中国建筑工业出版社，2000

28. 深圳地王大厦.北京：中国建筑工业出版社，1997

29. 建筑给水排水设计规范 GB50015-2003.北京：中国计划出版社，2003

30. 刘大海、杨翠如编著.高层建筑结构方案优选.北京：中国建筑工业出版社，1996

31. 陈富生、邱国桦、范重 编著.高层建筑钢结构设计.北京：中国建筑工业出版社，2000

32. [美]高层建筑和城市环境协会 编著.罗福午、英若聪、张似赞、石永久译.高层建筑设计.北京：中国建筑工业出版社，1997

33. 赵西安编著.现代高层建筑结构设计（上、下册）.北京：科学出版社，2001

34. 资料集编写组编.高层钢结构建筑设计资料集.北京：机械工业出版社，1999

35. 李培林、吴学敏编著.多层与高层混凝土建筑结构设计.北京、中国建筑工业出版社，1998

36. 梁启智编著.高层建筑结构分析与设计.广州：华南理工大学出版社，1992

37. 黄子云、袁志华主编.高层建筑结构设计.北京：中国铁道出版社，1998

38. 高层建筑混凝土结构技术规程（JGJ3-2002）.北京：中国建筑工业出版社，2002

39. 高层民用建筑钢结构技术规程（JGJ99-98）.北京：中国建筑工业出版社，1998

40. [英]帕瑞克·纽金斯著.顾孟潮、张百年译.世界建筑艺术史.合肥：安徽科学技术出版社，1990

41. 同济大学等编著.外国近现代建筑史.北京：中国建筑工业出版社，1982

42. [美]悉尼·利布兰克著.许为础、章恒珍译.20世纪美国建筑.广州/合肥：百通集团/安徽科学技术出版社，1997.12

43. 乐嘉龙主编.中外著名建筑1000例.杭州：浙江科学技术出版社，1991.5

44. [美]伊凡·扎可涅克、马修·史密斯、朵洛丽斯·莱斯编著.周文正译.世界最高建筑100例.北京：中国建筑工业出版社，1999.5

45. 日本建筑学会编.日本建筑设计资料集成.综合篇.北京：中国建筑工业出版社，2003.2

46. 邹德侬、戴路著.印度现代建筑.郑州：河南科学技术出版社，2003.10

47. 吴焕加著.论现代西方建筑.北京：中国建筑工业出版社，1997.6

48. 吴焕加著.20世纪西方建筑史·郑州：河南科学技术出版社，1998.12

49. 窦以德等编译.诺曼·福斯特.北京：中国建筑工业出版社，1997.10

50. 马国馨编译.丹下健三.北京：中国建筑工业出版社，1989.3

51. 朱德本编著.当代工业建筑.北京：中国建筑工业出版社，1996.5

52. 卢鸣谷，史春珊编著.世界著名建筑全集.沈阳：辽宁科学技术出版社，1992.3

53. 黄健敏编.阅读贝聿铭.北京：中国计划出版社/香港：贝思出版有限公司，1997.6

54. 华东建筑设计院编.世界综合办公楼图集.上海：上海翻译出版公司，1987.5

55. 罗昭宁、许顺法编.罗昭宁摄影.亚洲新建筑.北京：中国建筑工业出版社，1998.8

56. 世界建筑、建筑学报、世界建筑导报、香港建筑、台湾建筑等杂志